普通高等院校"十四五"计算机基础系列教材

赠送**考试系统**、免费提供**教学资源**

新编大学计算机

白 鑫 甘 勇 白朋飞 ◎ 主编

中国铁道出版社有限公司
CHINA RAILWAY PUBLISHING HOUSE CO., LTD.

内 容 简 介

本书依据教育部高等学校大学计算机课程教学指导委员会编制的《大学计算机基础课程教学基本要求》，结合计算机最新技术以及高等学校计算机基础课程改革的最新动向编写而成。全书分为3篇，共11章，内容包括计算机概述、操作系统、计算与计算思维、文字处理和排版技术、电子表格处理、演示文稿制作、多媒体技术与应用、软件技术基础、计算机网络、计算机新技术和信息安全等。

本书将抽象的计算思维融入具体的计算机知识中，重点培养学生运用计算机科学的基础概念进行问题求解、利用计算思维解决具有一定难度的实际问题的能力。

本书适合作为普通高等院校非计算机专业的计算机基础课程教材，也可作为计算机技术培训教材和自学参考书。

图书在版编目（CIP）数据

新编大学计算机 / 白鑫，甘勇，白朋飞主编. —北京：中国铁道出版社有限公司，2022.1（2023.7 重印）
普通高等院校"十四五"计算机基础系列教材
ISBN 978-7-113-28809-9

Ⅰ.①新… Ⅱ.①白… ②甘… ③白… Ⅲ.①电子计算机－高等学校－教材 Ⅳ.① TP3

中国版本图书馆 CIP 数据核字（2022）第 003994 号

书　　名：新编大学计算机
作　　者：白　鑫　甘　勇　白朋飞

策　　划：韩从付	编辑部电话：（010）63549508
责任编辑：陆慧萍　彭立辉	
封面设计：尚明龙	
封面制作：刘　颖	
责任校对：焦桂荣	
责任印制：樊启鹏	

出版发行：中国铁道出版社有限公司（100054，北京市西城区右安门西街 8 号）
网　　址：http://www.tdpress.com/51eds/

印　　刷：三河市国英印务有限公司

版　　次：2022 年 1 月第 1 版　2023 年 7 月第 4 次印刷
开　　本：880 mm×1 230 mm　1/16　印张：19　字数：572 千
书　　号：ISBN 978-7-113-28809-9
定　　价：56.00 元

版权所有　侵权必究

凡购买铁道版图书，如有印制质量问题，请与本社教材图书营销部联系调换。电话：（010）63550836
打击盗版举报电话：（010）63549461

前 言

当前，信息技术日新月异，物联网、云计算、大数据、人工智能等新概念、新技术的出现，在各个领域都引发了一系列革命性的突破。计算机课程的改革如同信息技术的发展一样迅速，主要的变化是教育部高等学校大学计算机课程教学指导委员会提出了以计算思维为切入点的大学计算机课程的教学改革思路，目的是着力提升大学生的信息素养，在学生掌握一定计算机基础知识、技术和方法的基础上，培养学生的计算思维能力，适应信息化社会对人才需求的新变化，以及利用计算机解决本专业领域问题的能力。

本书以突出"应用"和强化"能力"为目标，结合目前计算机基础教育改革新理念、新思想、新要求和新技术，以及多年来的教学改革实践和建设成果，组织教学工作一线的教师和专家，经过数月研讨编写而成。为了深入贯彻党的教育方针，落实立德树人根本任务，实施以计算思维为切入点的教学改革，适应计算机基础教学的新变化，在大学计算机基础课程中增加了信息安全和计算机新技术等内容。编者从教学实际出发，以提高应用能力为目的，结合计算机学科的特点和《全国计算机等级考试一级计算机基础及 MS Office 应用考试大纲（2021 版）》的要求，有选择地确定了本书的具体内容，以期体现计算机最基本、最重要的概念、思想和方法。

全书分为信息素养篇、应用技能篇、网络与信息技术拓展篇，共 11 章。第 1 章主要介绍计算机发展及应用、信息技术与信息处理、微型计算机的系统组成、计算机的工作原理。第 2 章主要介绍计算机操作系统的类型、基本操作、管理文件和文件夹等操作。第 3 章主要介绍计算思维的内涵与应用、计算思维的方法等。第 4～6 章分别介绍了文字处理软件 Word 2016、电子表格软件 Excel 2016、演示文稿软件 PowerPoint 2016 的基本功能与应用。第 7 章主要介绍音频及视频信息处理技术、图形图像处理信息技术。第 8 章主要介绍算法与数据结构的基本思想。第 9 章主要介绍计算机网络的基础知识、局域网以及 Internet 的基础知识及其应用。第 10 章主要介绍云计算、大数据、人工智能等计算机新技术的相关知识与应用。第 11 章主要介绍信息安全相关技术与产品、计算机病毒与防治、网络安全、信息安全的应急处置和信息安全的道德与法规等。

为方便教师教学和学生学习，本书提供了配套的电子教案、相关素材文件（网络下载地址为 http://www.tdpress.com/51eds/），另外免费提供考试系统，可以辅助实验教学，如有读者需要，可与作者（QQ:147898565）联系获取。

本书由白鑫、甘勇、白朋飞任主编，杨东芳、赵会燕、夏冰、赵丽红、秦丽娜、张小峰参与编写。全书由白鑫整体策划并进行统稿。本书在编写过程中得到了中国铁道出版社有限公司和编者学校的大力支持和帮助，在此表示衷心感谢。

在本书编写过程中，尽管我们做出了种种努力，付出了许多劳动，但由于编者水平有限、时间仓促且计算机的发展日新月异，书中疏漏或不妥之处在所难免，恳请同行和读者批评、指正。

编　者
2023 年 7 月

目 录

第1篇 信息素养

第1章 计算机概述 2

1.1 计算机发展及应用 2
    1.1.1 计算机发展简史 2
    1.1.2 计算机的分类 6
    1.1.3 计算机的应用 7

1.2 信息技术与信息处理 9
    1.2.1 信息技术基础 9
    1.2.2 信息处理基础 11
    1.2.3 计算机与社会信息化 13

1.3 微型计算机的系统组成 16
    1.3.1 微型计算机硬件系统 16
    1.3.2 微型计算机软件系统 20

1.4 计算机的工作原理 22
    1.4.1 计算机指令系统 22
    1.4.2 计算机基本工作原理 23

思考与练习 23

第2章 操作系统 25

2.1 操作系统概述 25
    2.1.1 操作系统的发展 25
    2.1.2 操作系统的分类 28
    2.1.3 Windows 操作系统 31

2.2 Windows 7 的桌面组成 32

2.3 Windows 7 的基本操作 33
    2.3.1 窗口的组成和操作 33
    2.3.2 菜单 36
    2.3.3 对话框 38

2.4 设置桌面外观 39
    2.4.1 更换桌面主题 39
    2.4.2 任务栏个性化设置 40
    2.4.3 "开始"菜单个性化设置 41

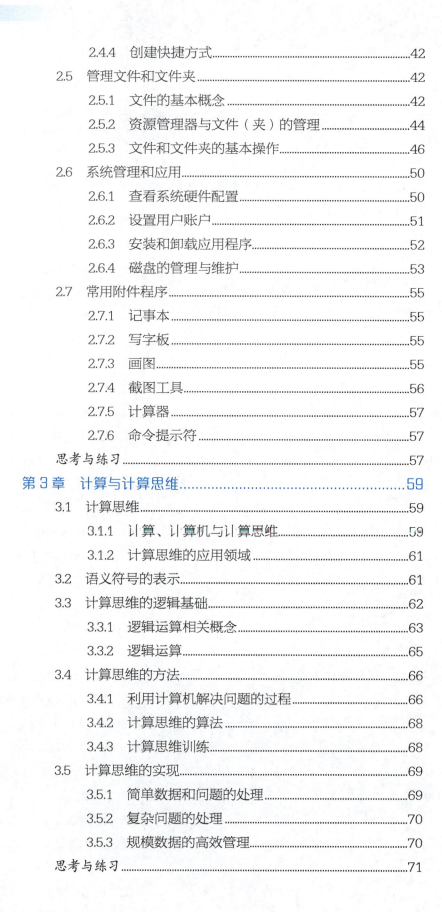

  2.4.4 创建快捷方式 42
 2.5 管理文件和文件夹 42
  2.5.1 文件的基本概念 42
  2.5.2 资源管理器与文件（夹）的管理 44
  2.5.3 文件和文件夹的基本操作 46
 2.6 系统管理和应用 50
  2.6.1 查看系统硬件配置 50
  2.6.2 设置用户账户 51
  2.6.3 安装和卸载应用程序 52
  2.6.4 磁盘的管理与维护 53
 2.7 常用附件程序 55
  2.7.1 记事本 55
  2.7.2 写字板 55
  2.7.3 画图 55
  2.7.4 截图工具 56
  2.7.5 计算器 57
  2.7.6 命令提示符 57
 思考与练习 57

第 3 章　计算与计算思维 59

 3.1 计算思维 59
  3.1.1 计算、计算机与计算思维 59
  3.1.2 计算思维的应用领域 61
 3.2 语义符号的表示 61
 3.3 计算思维的逻辑基础 62
  3.3.1 逻辑运算相关概念 63
  3.3.2 逻辑运算 65
 3.4 计算思维的方法 66
  3.4.1 利用计算机解决问题的过程 66
  3.4.2 计算思维的算法 68
  3.4.3 计算思维训练 68
 3.5 计算思维的实现 69
  3.5.1 简单数据和问题的处理 69
  3.5.2 复杂问题的处理 70
  3.5.3 规模数据的高效管理 70
 思考与练习 71

第 2 篇　应用技能

第 4 章　文字处理和排版技术 73

4.1　Word 2016 使用基础 73
- 4.1.1　Word 2016 的启动和退出 73
- 4.1.2　熟悉 Word 2016 工作界面 74

4.2　Word 2016 文档基本操作 75
- 4.2.1　新建文档 75
- 4.2.2　保存文档 75
- 4.2.3　将文档另存为 75
- 4.2.4　保护文档 75
- 4.2.5　打开文档 76
- 4.2.6　关闭文档 77

4.3　输入和编辑文档内容 77
- 4.3.1　输入文本和特殊符号 77
- 4.3.2　插入、改写和删除文本 78
- 4.3.3　选择文本 79
- 4.3.4　移动和复制文本 79
- 4.3.5　查找和替换 80
- 4.3.6　撤销、恢复和重复 82
- 4.3.7　视图方式 82

4.4　设置文档格式 83
- 4.4.1　字符格式 83
- 4.4.2　段落格式 86
- 4.4.3　设置项目符号和编号 89
- 4.4.4　段落格式的复制 92
- 4.4.5　边框和底纹 93
- 4.4.6　页面排版 95

4.5　表格处理技术 101
- 4.5.1　创建表格 101
- 4.5.2　编辑表格 103
- 4.5.3　格式化表格 107

4.6　插入对象 108
- 4.6.1　插入图片 108
- 4.6.2　插入图形对象 112
- 4.6.3　创建公式 114

4.7　高效排版 115
- 4.7.1　样式的创建及使用 115

  4.7.2 自动生成目录 116

  4.7.3 邮件合并 117

 4.8 修订及打印文档 120

  4.8.1 修订文档 120

  4.8.2 打印文档 121

思考与练习 121

第 5 章 电子表格处理 123

 5.1 Excel 2016 使用基础 123

  5.1.1 Excel 2016 的启动与退出 123

  5.1.2 Excel 2016 的工作界面 124

  5.1.3 工作簿、工作表和单元格的概念 125

  5.1.4 工作簿的基本操作 125

  5.1.5 工作表的基本操作 126

 5.2 工作表的操作 128

  5.2.1 输入工作表数据 128

  5.2.2 数据有效性输入 130

  5.2.3 编辑工作表 131

  5.2.4 工作表的拆分和冻结 135

 5.3 设置工作表格式 137

  5.3.1 设置数字格式 137

  5.3.2 设置字体格式 138

  5.3.3 设置行高、列宽 138

  5.3.4 设置对齐方式 138

  5.3.5 设置表格边框 139

  5.3.6 设置表格填充 140

  5.3.7 设置条件格式 140

 5.4 使用公式与函数 141

  5.4.1 使用公式 141

  5.4.2 使用函数 142

  5.4.3 单元格引用 144

 5.5 图表制作 145

  5.5.1 创建图表 145

  5.5.2 编辑图表 146

  5.5.3 格式化图表 147

  5.5.4 迷你图 148

 5.6 数据管理 148

  5.6.1 建立数据清单 148

目录

- 5.6.2 数据排序 148
- 5.6.3 数据筛选 149
- 5.6.4 分类汇总 151
- 5.6.5 数据透视表 152
- 5.6.6 数据链接 153
- 5.6.7 数据合并计算 154
- 5.6.8 分组显示 155
- 5.6.9 宏功能的简单应用 156
- 5.7 打印工作表 157
  - 5.7.1 设置打印内容 157
  - 5.7.2 页面设置 158
  - 5.7.3 预览与打印 159
- 5.8 保护工作簿和工作表 160
  - 5.8.1 保护工作簿 160
  - 5.8.2 保护工作表 161
  - 5.8.3 隐藏工作表 161
- 思考与练习 161

第 6 章　演示文稿制作 163

- 6.1 PowerPoint 2016 使用基础 163
  - 6.1.1 启动和退出 PowerPoint 2016 163
  - 6.1.2 熟悉 PowerPoint 2016 工作界面 163
  - 6.1.3 演示文稿的组成和制作要点 164
- 6.2 PowerPoint 2016 演示文稿基本操作 165
  - 6.2.1 创建演示文稿 165
  - 6.2.2 保存、关闭和打开演示文稿 166
  - 6.2.3 PowerPoint 2016 的视图模式 166
- 6.3 幻灯片基本操作 167
  - 6.3.1 新建幻灯片 167
  - 6.3.2 设置幻灯片版式 167
  - 6.3.3 复制、移动和删除幻灯片 168
- 6.4 制作幻灯片内容 168
  - 6.4.1 文本的输入与格式设置 168
  - 6.4.2 对象及其操作 169
- 6.5 修饰演示文稿 170
  - 6.5.1 设置演示文稿主题 170
  - 6.5.2 设置幻灯片背景 171
  - 6.5.3 使用幻灯片母版 172

6.6 演示文稿的交互 173
　　6.6.1　添加超链接 173
　　6.6.2　创建动作按钮 174
　　6.6.3　设置切换效果 175
　　6.6.4　设置动画效果 176
6.7 放映和打包演示文稿 177
　　6.7.1　设置放映方式 177
　　6.7.2　设置放映时间 178
　　6.7.3　创建自定义放映 178
　　6.7.4　放映演示文稿 179
　　6.7.5　打包演示文稿 180
思考与练习 181

第 7 章　多媒体技术与应用 182

7.1 认识多媒体技术 182
　　7.1.1　多媒体的概念 182
　　7.1.2　多媒体的特征 183
　　7.1.3　多媒体相关技术 183
7.2 多媒体处理技术 187
　　7.2.1　图形图像处理 187
　　7.2.2　音频处理 194
　　7.2.3　视频处理 199
思考与练习 203

第 8 章　软件技术基础 205

8.1 程序设计概述 205
　　8.1.1　程序设计语言分类 205
　　8.1.2　程序设计语言的选择 206
　　8.1.3　程序设计的基本过程 206
8.2 算法 207
　　8.2.1　算法的定义 207
　　8.2.2　算法的三种结构 210
　　8.2.3　描述算法的工具 210
　　8.2.4　算法的分类 212
8.3 数据结构 213
　　8.3.1　数据结构的基本概念及术语 213
　　8.3.2　线性表 215
　　8.3.3　栈 217
　　8.3.4　队列 218

目录

    8.3.5 树与二叉树 218

    8.3.6 查找 221

    8.3.7 排序 222

  8.4 软件工程 224

    8.4.1 软件工程基础 224

    8.4.2 软件开发方法 226

    8.4.3 软件测试 227

    8.4.4 软件维护 227

  思考与练习 228

第3篇　网络与信息技术拓展

第9章　计算机网络 230

  9.1 计算机网络概述 230

    9.1.1 计算机网络的定义 230

    9.1.2 网络协议和体系结构 235

    9.1.3 计算机网络功能 237

    9.1.4 计算机网络分类 238

  9.2 认识Internet 239

    9.2.1 Internet应用 239

    9.2.2 Internet提供的关键服务 241

    9.2.3 组建与使用有线/无线局域网 245

  9.3 移动互联网及应用 247

    9.3.1 移动互联网概述 247

    9.3.2 移动互联网应用 248

  思考与练习 249

第10章　计算机新技术 250

  10.1 云计算 250

    10.1.1 云计算概述 250

    10.1.2 云计算主要技术 251

    10.1.3 云计算典型应用 253

  10.2 物联网技术 254

    10.2.1 物联网概述 254

    10.2.2 物联网的体系结构 254

    10.2.3 物联网关键技术 256

    10.2.4 万物智联 258

  10.3 大数据技术 259

    10.3.1 大数据基础知识 259

- 10.3.2 大数据定义 ... 259
- 10.3.3 大数据处理基本流程 ... 260
- 10.3.4 大数据处理关键技术 ... 261
- 10.3.5 大数据典型应用 ... 261
- 10.4 人工智能技术 ... 262
  - 10.4.1 人工智能概述 ... 262
  - 10.4.2 人工智能技术发展 ... 262
  - 10.4.3 机器学习 ... 263
  - 10.4.4 深度学习 ... 267
  - 10.4.5 知识图谱和知识推理 ... 270
  - 10.4.6 自然语言处理 ... 273
- 思考与练习 ... 275

第 11 章 信息安全 ... 276

- 11.1 信息安全概述 ... 276
  - 11.1.1 信息安全定义 ... 276
  - 11.1.2 信息安全威胁 ... 277
  - 11.1.3 信息安全的主要特征 ... 279
- 11.2 信息安全技术 ... 279
  - 11.2.1 访问控制技术 ... 279
  - 11.2.2 数据加密技术 ... 280
  - 11.2.3 防火墙技术 ... 282
- 11.3 计算机病毒与防治 ... 285
  - 11.3.1 计算机病毒 ... 285
  - 11.3.2 计算机病毒危害及防治 ... 287
- 11.4 网络道德规范与相关法规 ... 288
  - 11.4.1 大学生应遵守的网络道德 ... 288
  - 11.4.2 我国信息安全的相关法律法规 ... 289
- 思考与练习 ... 290

第1篇

信息素养

第1章
计算机概述

随着信息社会的到来,计算机已成为人们不可缺少的工具,比如网络通信、网上购物、网上汇款、数据存储、办公自动化等都离不开计算机,它极大地改变了人们的工作、学习和生活方式,成为信息时代的主要标志。本章主要介绍计算机的产生、发展、应用,数制的转换,计算机系统的软硬件组成,计算机的工作原理等。

> **学习目标:**
> 通过对本章内容的学习,学生应该能够做到:
> ① 了解:计算机发展的历史、计算机信息编码的基本原理、计算机系统的组成。
> ② 理解:计算机工作的基本原理、微型计算机系统的硬件组成和软件系统、计算机内的信息单位、进位计数制及其相互转换。
> ③ 掌握:二进制算术运算和逻辑运算的基本方法。

1.1 计算机发展及应用

计算机是一种通用的信息处理工具,具有极高的处理速度、超大的信息存储空间、精准的计算和逻辑判断能力,以及按事先安排好的程序智能化地运行等功能。

1.1.1 计算机发展简史

借助机器进行计算是人们永远的追求,追忆计算机的发展历程可以发现,人们总是希望获得更快的计算速度,利用计算机伸展研究领域、扩展研究深度。

1. 电子数字计算机的诞生

一般认为世界上的第一台电子数字计算机是于1946年2月诞生在美国宾夕法尼亚大学的ENIAC(Electronic Numerical Integrator And Calculator),如图1-1所示。它是由美国物理学家莫克利(John Mauchly)教授和他的学生埃克特(Presper Eckert)为计算弹道和射击特性而研制的。它用了近18 000个电子管、6 000个继电器、70 000多个电阻、10 000多只电容及其他器件。机器表面布满了电表、电线和指示灯,总体积约90 m³,质量为30 t,功率为150 kW,机器被安排在一排2.75 m高的金属柜里,占地170 m²,其内存是磁鼓、外存为磁带,操作由中央处理器控制,使用机器语言编程。ENIAC虽然庞大无比,但它的加法运算速度达到了5 000次/s,可以在0.003 s时间内完成两个10位数的乘法,使原来近200名工程师用机械计算机需要7～10 h的工作量,缩短到只需 30 s 便能完成。

2. 计算机的发展

现代电子数字计算机问世之前,计算机的发展经历了机械式计算机、机电式计算机和萌芽期的电子数字计算机三个阶段。在这个过程中,科学家们经过了艰难的探索,发明了各种各样的"计算机",这些"计算机"顺应了当时的历史发展,发挥了巨大的作用,推动了计算机技术的不断发展。

(1)机器计算的由来

今天的计算机有一个十分庞大的家谱。最早的计算设备可追溯到古希腊、古罗马和古代中国。

图 1-1 诞生于美国宾夕法尼亚大学的 ENIAC 计算机

算筹又称筹、策、算子等,是中国古代劳动人民用来计数、列式和进行各种数式演算的工具。成语"运筹帷幄"中的"筹"指的就是算筹。现在的算盘是由古代的算筹演变而来的,素有"中国计算机"之称。直到今天,算盘仍是许多人喜爱的计算工具。

1623 年,德国科学家契克卡德(W. Schickard)为天文学家开普勒(Kepler)制作了一台能做六位数加减法和乘除运算的机械计算机,如图 1-2 所示。契克卡德一共制作了两台原型机,遗憾的是留给后人的只有设计示意图。法国科学家布莱斯·帕斯卡(Blaise Pascal)是目前公认的机械计算机制造第一人。帕斯卡先后做了三个不同的模型,1642 年所做的第三个模型"加法器"获得成功。1971 年瑞士苏黎世联邦工业大学的尼克莱斯·沃尔斯(Niklaus Wirth)教授将发明的计算机通用高级程序设计语言命名为 Pascal 语言,以纪念帕斯卡在计算机领域中的卓越贡献。

1674 年,莱布尼茨(G. W. Leibniz)在一些著名机械专家和能工巧匠的协助下,于巴黎制造出了一台功能更完善的机械计算机,如图 1-3 所示。1700 年,莱布尼茨系统地提出了二进制的运算法则。

图 1-2 世界上第一台机械计算机

图 1-3 莱布尼茨发明的机械计算机

1822 年,英国剑桥大学著名科学家查理斯·巴贝奇(Charles Babbage,见图 1-4)研制出了第一台差分机,1847—1849 年,巴贝奇完成了 21 幅差分机改良版的构图,可以操作第七阶相差(7th order)及 31 位数字。

19 世纪末,赫尔曼·霍列瑞斯(Herman Hollerith)首先用穿孔卡完成了第一次大规模的数据处理工作,穿孔卡第一次把数据转变成二进制信息,这种用穿孔卡片输入数据的方法一直沿用到 20 世纪 70 年代,霍列瑞斯的成就使他成为"信息处理之父"。1890 年,他创办了一家专业"制表机公司",后来 Flent 兼并了"制表机公司",改名为 CTR(C 代表计算机,T 代表制表,R 代表计时)。1924 年,CTR 公司更名为 IBM 公司,专门生产打孔机、制表机等产品。

图 1-4 查理斯·巴贝奇

1873 年,美国人鲍德温(F. Baldwin)利用齿数可变齿轮设计制造了一种小型计算机样机,两年后获得专利，鲍德温便大量制造这种供个人使用的"手摇式计算机"。

1938年，在AT&T贝尔实验室工作的斯蒂比兹（G. Stibitz）运用继电器作为计算机的开关元件，设计出用于复数计算的全电磁式计算机，使用了450个二进制继电器和10个闸刀开关，由三台电传打字机输入数据，能在30 s算出复数的商。1939年，斯蒂比兹将电传打字机用电话线连接上纽约的计算机，异地操作进行复数计算，开创了计算机远程通信的先河。

1938年，28岁的楚泽（K. Zuse）设计了一台可编程数字计算机Z-1。1939年，楚泽用继电器组装了Z-2。1941年，他设计制作了电磁式计算机Z-3（见图1-5），实现了二进制程序控制。1945年，建造了Z-4，并在1949年成立了"Zuse计算机公司"。

在计算机发展史上占据重要地位、计算机"史前史"中最后一台著名的计算机，是由美国哈佛大学的艾肯（H. Aiken）博士发明的"自动序列受控计算机"，即电磁式计算机马克一号（Mark I）。

（2）以电子器件发展为主要特征的计算机的发展阶段

从第一台电子数字计算机诞生到今天，计算机技术得到了迅猛的发展，功能不断增强，所用电子元器件不断更新，可靠性不断提高，软件不断完善。直到现在，计算机还在日新月异地发展着。计算机的性能价格比继续遵循着著名的摩尔定律：芯片的集成度和性能每18个月提高一倍。表1-1列出了第一代、第二代、第三代、第四代计算机的特征。

图1-5 Z-3电磁式计算机

表1-1 第一代至第四代计算机主要特征

特 征	第一代 （1946—1958年）	第二代 （1959—1964年）	第三代 （1965—1970年）	第四代 （1971年至今）
逻辑元件	电子管	晶体管	中小规模IC	VLSI
内存储器	汞延迟线、磁芯	磁芯存储器	半导体存储器	半导体存储器
外存储器	磁鼓	磁鼓、磁带	磁带、磁盘	磁盘、光盘
外围设备	读卡机、纸带机	读卡机、纸带机、电传打字机	读卡机、打印机、绘图机	键盘、显示器、打印机、绘图机
处理速度	$10^3 \sim 10^5$ IPS	10^6 IPS	10^7 IPS	$10^8 \sim 10^{10}$ IPS
内存容量	数千字节	数十千字节	数十千字节~数兆字节	数十兆字节
价格/性能比	1 000美元/IPS	10美元/IPS	1美分/IPS	10^{-3}美分/IPS
编程语言	机器语言	汇编语言、高级语言	汇编语言、高级语言	高级语言、第四代语言
系统软件	无	操作系统	操作系统、实用程序	操作系统、数据库管理系统
代表机型	ENIAC IBM 650 IBM 709	IBM 7090 IBM 7094 CDC 7600	IBM 360系列 富士通F230系列	大型、巨型计算机 微型、超微型计算机

（3）计算机的未来发展

直到今天，人们使用的所有计算机，都采用美国数学家冯·诺依曼（John von Neumann）提出的"存储程序"原理为体系结构，因此也统称为冯·诺依曼型计算机。20世纪80年代以来，美国、日本等发达国家开始研制新一代计算机，是微电子技术、光学技术、超导技术、电子仿生技术等多学科相结合的产物，目标是希望打破以往固有的计算机体系结构，使计算机能进行知识处理、自动编程、测试和排错，能用自然语言、图形、声音和各种文字进行输入和输出，能具有人那样的思维、推理和判断能力。已经实现的非传统计算技术有：利用光作为载体进行信息处理的光计算机，利用蛋白质、DNA 的生物特性设计的生物计算机；模仿人类大脑功能的神经元计算机以及具有学习、思考、判断和对话能力，可以辨别外界物体形状和特征，且建立在模糊数学基础上的模糊电子计算机等。未来的计算机还可能是超导计算机、量子计算机、DNA 计算机或纳米计算机等。

3. 奠定现代计算机基础的重要思想和人物

在计算机科学与技术的发展进程中，以下一些人物及其思想是不能不提的，正是这些科学家们的重要思想奠定了现代计算机科学与技术的基础。

英国数学家布尔（G. Boole）：布尔（图 1-6）广泛涉猎著名数学家牛顿、拉普拉斯、拉格朗日等人的数学名著，并写下了大量笔记，这些笔记中的思想在 1847 年收录到他的第一部著作《逻辑的数学分析》中。1854 年，已经担任柯克大学教授的布尔又出版了《思维规律的研究——逻辑与概率的数学理论基础》，凭借这两部著作，布尔建立了一门新的数学学科——布尔代数，构思了关于 0 和 1 的代数系统，用基础的逻辑符号系统描述物体和概念，为数字计算机开关电路的设计提供了重要的数学方法。

艾达·奥古斯塔（Ada Augusta）：计算机领域著名的女程序员，她是著名诗人拜伦的女儿。艾达在 1843 年发表了一篇论文，指出机器将来有可能被用来创作音乐、制图和在科学研究中运用。艾达为如何计算"伯努利数"写了一份规划，首先为计算拟定了"算法"，然后制作了一份"程序设计流程图"，被人们认为是世界上"第一个计算机程序"。1979 年 5 月，美国海军后勤司令部的杰克·库帕（Jack Cooper）在为国防部研制的一种通用计算机高级程序设计语言命名时，将它起名为 Ada，以表达人们对艾达的纪念和钦佩。

美国数学家香农（C. Shannon）：香农（图 1-7）于 1938 年发明了以脉冲方式处理信息的继电器开关，从理论到技术彻底改变了数字电路的设计。1948 年，他写作了《通信的数学基础》，被誉为"信息论之父"。1956 年，香农率先把人工智能运用于计算机下棋，发明了一个能自动穿越迷宫的电子老鼠，以此验证了计算机可以通过学习提高智能。

阿兰·图灵（Alan Turing）：图灵（图 1-8）发表了一篇具有划时代意义的论文——《论可计算数及其在判定问题中的应用》（On Computer Numbers With an Application to the Entscheidungs Problem）中，论述了一种假想的通用计算机，即理想计算机，被后人称为"图灵机"（Turing Machine，TM）。1939 年，图灵根据波兰科学家的研究成果，制作了一台破译密码的机器——"图灵炸弹"。1945 年，图灵领导一批优秀的电子工程师，着手制造自动计算引擎（Automatic Computing Engineer，ACE），1950 年 ACE 样机公开表演，被称为世界上最快、最强有力的计算机。1950 年 10 月，图灵发表了《计算机和智能》（Computing Machinery and Intelligence）的经典论文，进一步阐明了计算机可以有智能的思想，并提出了测试机器是否有智能的方法，人们称之为"图灵测试"，图灵也因此荣膺"人工智能之父"的称号。1954 年，42 岁的图灵英年早逝。从 1956 年起，每年由美国计算机学会（Association for Computing Machinery，ACM）向世界最优秀的计算机科学家颁发"图灵奖"（Turing Award），类似于科学界的诺贝尔奖，"图灵奖"是计算机领域的最高荣誉。

维纳（L. Wiener）：控制论之父，1940 年提出现代计算机应该是数字式的，应由电子元器件构成，采用二进制，并在内部存储数据。

冯·诺依曼（John von Neumann）：美籍匈牙利数学家冯·诺依曼（图 1-9），提出了著名的"存储程序"设计思想，是现代计算机体系的奠基人。1944 年，冯·诺依曼成为 ENIAC 研制小组的顾问，创建了电子计算机的系统设计思想。冯·诺依曼设计了"电子式离散变量自动计算机"（Electronic Discrete Variable Automatic Calculator，EDVAC），明确规定了计算机的五大部件，并用二进制替代十进制运算。EDVAC 最重要的意义在于"存储程序"。1946 年 6 月，冯·诺依曼等人提出了更为完善的设计报告《电子计算机装置逻辑结构初探》。同年七八月间，他们又在莫尔学院为美英二十多个机构的专家讲授了课程《电子计算机设计的理论和技术》，推动了存储程序式计算机的设计与制造。EDVAC 完成于 1950 年，只用了 3 536 只电子管和 1 万只晶体管，以 1 024 个 44 比特水银延迟线来存储程序和数据，消耗的电力和占地面积只有 ENIAC 的 1/3。EDVAC 完成后应用于科学计算和信息检索，充分体现了"存储程序"的优点。

图1-6　布尔　　　　图1-7　香农　　　　图1-8　图灵　　　　图1-9　冯·诺依曼

1946年，英国剑桥大学威尔克斯（M. Wilkes）教授到宾夕法尼亚大学参加了冯·诺依曼主持的培训班，完全接受了冯·诺依曼的存储程序的设计思想。1949年5月，威尔克斯研制成了一台由3 000只电子管为主要元件的计算机，命名为电子延迟存储自动计算机（Electronic Delay Storage Automatic Calculator，EDSAC），他也因此获得了1967年度的"图灵奖"。EDSAC 成为世界上第一台程序存储式数字计算机，以后的计算机都采用了程序存储的体系结构，采用这种体系结构的计算机统称为冯·诺依曼型计算机。

4. 信息技术与计算机

人们普遍认为，信息是现实世界中事物的状态、运动方式和相互关系的表现形式，而信息技术就是获取、处理、传递、存储和使用信息的技术。因此，从广义上来讲，信息技术可以分为四类：感测技术、通信技术、计算机技术和控制技术，分别研究信息的传感、采集技术，信息的传递技术，信息的处理、存储技术以及使用和反馈信息的技术。

联合国教科文组织对信息技术的定义：应用在信息加工和处理中的科学、技术与工程的训练方法和管理技巧；这些方法和技巧的应用，涉及人与计算机的相互作用，以及与之相应的社会、经济和文化等诸多事物。

作为信息技术主体的计算机与计算机技术，已经成为人类社会的重要组成部分，并且正在改变着人类社会的各个方面。社会学、心理学、社会文化研究领域的拓展，自然科学的研究思想、研究内容、研究方法的改变，科学技术的发展等，都离不开计算机技术的应用和发展。

1.1.2　计算机的分类

按照计算机的用途，可将计算机分为通用机和专用机两类。通用机能满足各类用户的需求，解决多种类型的问题，通用性强；专用机针对特定用途配备相应的软硬件，功能比较专一，但能高速、可靠地解决特定的问题。

按照计算机的实现原理，可以将计算机分为电子数字计算机和电子模拟计算机两类。电子数字计算机参与运算与存储的数据是用0和1构成的二进制数形式表示的，基本运算部件是由数字逻辑电路组成的计算机；电子模拟计算机是指用连续变化的模拟量表示数据，基本运算部件是由运算放大器及各类运算电路所组成的计算机。

按照计算机的规模，即运算速度、存储容量、软硬件配置等综合性能指标，人们又常常将计算机分为微型机、小型机、大型机、巨型机和服务器等几类。

1. 微型机

微型机（Microcomputer）是企事业单位、学校及家庭中最常见的计算机，可独立使用，也可连接在计算机网络中使用，通常只处理一个用户的任务。微型机有台式机、一体机、笔记本计算机和掌上计算机。掌上计算机的低端产品是个人数字助理（PDA），其高端产品是 Pocket PC。两者的主要区别是，Pocket PC 内装有开放式的操作系统，可以装入很多种应用软件，功能非常强，应用软件可以扩充或更新，而 PDA 的功能在出厂时已经固定好了，用户不能自行扩充功能。

微型机中的高档机型称为工作站（Workstation），它的突出特点是具有很强的图形交互与处理能力，在工程领域特别是在计算机辅助设计（CAD）领域得到广泛应用。工作站一般采用开放式系统结构，以鼓励其他厂商围绕工作站开发软、硬件产品，因此其工作领域也已从早期的计算机辅助设计扩展到了商业、金融、办公等领域，还经常用作网络中的服务器。在服务器/客户机型（Severer/Client）的计算机网络中，常把客户机也叫作工作站，这里的"工作站"是指其在网络中的地位，而不是微型计算机的机型。

微型计算机中还有一类称为单板机、单片机的嵌入式机器，它们往往和仪器设备紧密地结合成一个整体（嵌入），使仪器和设备具有某种智能化功能。

2. 小型机

小型机（Minicomputer）可为多个用户执行任务。它可以连接若干终端构成小型机系统。使用者可在终端用键盘、鼠标输入处理请求，从屏幕上观察处理结果，也可将处理结果打印输出，或者实时接收生产过程中各种传感器送来的信息，同时经过分析计算，把控制生产过程的一系列命令输出给执行机构。例如，管理一家宾馆的事务或一家银行支行的事务，控制一个生产自动化过程等，都是小型机的典型应用案例。

3. 大型机

大型机（Mainframe）的特点是大型、通用，装备有大容量的内、外存储器和多种类型的 I/O 通道，能同时支持批处理和分时处理等多种工作方式。新型主机还采取了多处理、并行处理等新技术，使整机处理速度高达 750 MIPS（每秒 750 百万条指令），内存容量达到十几吉字节，具有很强的处理和管理能力。大型机在大银行、大公司、大学和科研院所中曾占有统治地位，直至 20 世纪 80 年代 PC 与局域网技术兴起，这种情况才发生改变。

4. 巨型机

巨型机（Super Computer）是各种计算机中功能最强的一类。在现代科技领域，有一些数据量特别大的应用要求计算机既有很高的处理速度，又有很大的存储容量。巨型机采用高性能的元器件，使其时钟周期达到纳秒（ns）级，且采取多处理机结构、几十个到上千个处理器，形成大规模并行处理矩阵来提高整机的处理能力。巨型机多用于战略武器的设计、空间技术、石油勘探、中长期天气预报，以及社会模拟等领域。

5. 服务器

"服务器"一词更适合描述计算机在应用中的角色，而不是刻画计算机的档次。随着 Internet 的普及，各种档次的计算机在网络中发挥着各自不同的作用，服务器是网络中最重要的一个角色。担任服务器的计算机可以是大型机、小型机或高档次的微型机。服务器可以提供信息浏览、电子邮件、文件传输、数据库、音频/视频流等多种服务业务。服务器的主要特点：只在客户请求下才为其提供服务；服务器对客户是透明的，一个与服务器通信的用户面对的是具体的服务，可以完全不知道服务器采用的是什么机型、运行的是什么操作系统。服务器严格地说是一种软件的概念，一台作为服务器的计算机通过安装不同的服务器软件，可以同时扮演几种服务器的角色。

1.1.3 计算机的应用

计算机的主要特点：运算速度快、计算精度高；记忆能力强、逻辑判断准；具有自动运行能力和灵活性，支持人机交互，在各个应用领域都有用武之地。

1. 计算机的应用领域

（1）科学计算

科学计算是计算机最早的应用领域，第一批问世的计算机全部用作快速计算的工具。尽管电子计算机的基本运算是对二进制数进行加、减、乘、除等运算，人们利用数值分析的方法，很容易便可做高级一点的数学运算，如积分、处理超越函数、解代数方程、解微分方程组、作概率统计计算、作频谱分析、求复杂问题最优化的解等。

（2）数据处理

早在20世纪50年代，计算机产业稍具规模，人们就开始把登记账目等单调的事务工作交给计算机处理。后来，大银行、大企业和政府机关纷纷由计算机来处理账册、管理仓库或统计报表，从数据的收集、存储、整理到检索统计，直至支持科学管理和决策，应用范围日益扩大，很快就超过了科学计算，成为最大的计算机应用领域。

（3）实时控制

到20世纪60年代，随着计算机的小型化和可靠性（平均无故障运行时间）的提高，人们可以放心地让计算机参与工业过程的实时控制，由计算机对操作数据进行实时采集、检测、处理和判断，按最佳值迅速对控制对象进行自动调节。在制造业中，数控机床应用广泛，在电力、冶金、石化行业中计算机参与了生产过程的实时控制，在地铁和高铁的运营中计算机参与了自动驾驶的实时控制。计算机自动控制技术还在国防和航空航天领域起着决定性的作用，如无人驾驶飞机、导弹、人造卫星和宇宙飞船等飞行器的控制，都是依靠计算机实现的，可以说计算机是现代国防和航空航天领域的神经中枢。

（4）计算机的现代应用

这是一个正在发展和变化着的议题，读者可以利用因特网搜寻有兴趣的领域进行深入了解，这里仅列出一些主要的应用领域供参考。

① 办公自动化（Office Automation，OA）。
② 生产自动化（Production Automation）。
③ 数据库应用（Database Applications）。
④ 嵌入式系统（Embedded System，ES）。
⑤ 人工智能（Artificial Intelligence，AI）。
⑥ 计算机仿真（Computer Simulation，CS）。
⑦ 计算机辅助教育（Computer Aided Instruction，CAI）。
⑧ 电子商务（E-Business，EB）。
⑨ 企业资源管理（Enterprise Resource Planning，ERP）。

2. 计算机的应用模式

在计算机诞生后的70多年时间里，人们一直在探索着计算机的应用模式，尝试着如何更好地利用计算机解决各领域中的问题。

（1）单主机计算模式（Terminal/Host）

20世纪80年代之前，计算机的应用普遍采用单主机计算模式（终端+主机），这种模式的特征是单台计算机构成一个系统，应用方式是通过终端进行编程计算，用于大型科学计算和大量的数据处理，以及工业生产中的过程控制。

（2）客户机/服务器计算模式（Client/Server）

客户机/服务器计算模式与人类生产、生活及交流中的各种群体协作活动模型十分相似，银行业务系统、民航售票系统、计算机辅助教学系统等，都是采用客户机/服务器模式。在这种应用模式中，微机担任客户机的角色，高档次的计算机作为服务器。用户在客户机上提出服务请求（如飞机订票、银行异地存取、学习课件点播等），服务器则提供服务、完成客户提出的请求。

客户机/服务器模式使计算机的应用从完成某种软件功能的层次上升到了系统的层次。这种模式是对集中计算与分散计算的结合，由客户机/服务器共同承担责任、合理分工、各尽所能、协调完成用户的工作。客户机/服务器模型降低了服务器的负担，减少了网络上的数据传输流量，极大地提高了计算机的性能价格比。

（3）网络计算模式

随着计算机网络的出现，计算机网络互联的规模越来越大。在互联网环境下，每个客户机都成为资源无比强大的终端。用户既可以是网络资源的受益者，也可以是网络资源的提供者。在网络计算模式下，数据分布在网络中的不同计算机上，在相应的分布式操作系统等软件的调度下共同参与到一项计算中，各自发挥各自的资源优势，快速、可靠地完成大型的计算任务。

另一方面，智能网络（Intelligent Web）正向我们走来。现今网络技术正呈现出四方面的变化趋势：从静态网到动态网；从被动方式到主动方式；从呈现信息和浏览的窗口到智能生成的平台；从 HTML 到 XML。互动性和可编程性成为崭新的动态网络的主要特征，而软件技术的进步将推动网络技术的飞跃。凝聚了网络通信、计算机和娱乐三个传统行业优势的新技术具有极其广阔的应用前景——互动的、动态的多媒体技术依托于网络环境创建出更加生动逼真的 2D 与 3D 场景，这个虚拟世界将具有个性化、智能化及可搜索的特征。被多数人认为"有能力思考的"计算机将有可能随着新一代用户界面技术与人工智能技术的重大突破而在某些特定领域诞生。

1.2 信息技术与信息处理

随着计算技术的不断发展，信息与物质、能源一起成为人类社会赖以生存和发展的三大资源。人们通过获取信息来认识外部世界，通过交换信息来与人交流、建立联系，通过运用信息来组织生产、生活，推动社会的进步。

1.2.1 信息技术基础

信息是表现事物特征的普遍形式，往往以音频、视频、气味、色彩等形式表现，它能被人类和其他生物的感觉器官（包括传感器）所接受，再经过加工处理后用文字、符号、声音、动画、图像等媒体形式再现，成为可利用的资源。

信息技术的基础就是研究如何将日常所感受到的信息用计算机技术进行表达，即信息的编码、存储和交换。

1. 计算机内的信息单位

在计算机内部，各种信息都是以二进制的形式存储的，信息在计算机中常用的单位是"位""字节""字"等几种量纲。

（1）位（bit）

位是度量数据的最小单位，表示一个二进制数字，常用小写的字母 b 表示。

（2）字节（B）

字节是信息组织和存储的基本单位，也是计算机体系结构的基本单位，一个字节由 8 位二进制数字组成（1B = 8 bit）。

除了用字节作为表示容量的单位外，还会用到一些更大的单位，如 KB（1 KB= 1 024 B）、MB（1 MB=1 024 KB）、GB（1GB=1 024 MB）、TB（1 TB=1 024 GB）等。

（3）字（word）

字是计算机存储、传送、处理数据的信息单位，一个字包含的二进制位数称为字长。字长是计算机的处理器在一次操作中能够处理的最大数据单位，它代表了机器的精度，也体现了一条指令所能处理数据的能力，是计算机硬件设计的一个指标。字长总是字节的 2^k（k=0，1，2，3…）倍，如 2 字节（16 位）、4 字节（32 位）或 8 字节（64 位）等。

2. 进位计数制与数制转换

（1）进位计数制的表示

任何一个进位计数制所表示的数，都可以表示为有效的数码与位权乘积的和。计算机中用的是二进制数，它的计数方式是逢二进一，它有两个数码 0、1。与十进制数相似，当它们出现在二进制数的不同位置时，将代表不同的值，该值是它本身的数码再乘上以基数为底的权值。

例 1-1　$(101.011)_2 = 1\times 2^2 + 0\times 2^1 + 1\times 2^0 + 0\times 2^{-1} + 1\times 2^{-2} + 1\times 2^{-3}$

用一个通用表达式来表示二进制数，则

$$S_B = K_n\times 2^n + K_{n-1}\times 2^{n-1} + \cdots + K_1\times 2^1 + K_0\times 2^0 + K_{-1}\times 2^{-1} + K_{-2}\times 2^{-2} + \cdots + K_{-m}\times 2^{-m}$$

$$= \sum_{i=n}^{-m} K_i \times 2^i$$

其中，S_B 为二进制表示的数值，K_i 可以是 0 或 1；2 是二进制基数，2^i 为 K_i 在第 i 位的权值。

其他进制数，比如八进制数，由 0～7 八个数码表示，逢八进一，基数为 8。而十六进制，则逢十六进一，基数为 16，数码除了 0～9 十个符号外，还有 A、B、C、D、E、F 六个字符。

表示任意进制数的通用表达式为

$$S = \sum_{i=n}^{-m} K_i \times R^i$$

式中的 R 表示进制的基数，K_i 表示 R 进制数中的一个数码，R^i 为第 i 位的权值，而 n、m 为整数。同一个数在不同进位制中表现出不同的形式。表 1-2 列出了常用数制下 0～15 的不同表达形式。

标识一个数的进位计数制的方法有两种：一种是将要表示的数用括号括起来后，用一个表示进制的数作为下标来表示，如 $(110.111)_2$ 表示一个二进制数。另一种是在数的后面直接跟上一个大写的字母来表示进位计数制，大写字母对应的进制分别为：B 表示二进制，Q（或 O）表示八进制，D 表示十进制，H 表示十六进制，如 1F20H 表示一个十六进制的数 1F20。

表 1-2　常用数制对照表

十进制数	二进制数	八进制数	十六进制数	十进制数	二进制数	八进制数	十六进制数
0	0	0	0	8	1000	10	8
1	1	1	1	9	1001	11	9
2	10	2	2	10	1010	12	A
3	11	3	3	11	1011	13	B
4	100	4	4	12	1100	14	C
5	101	5	5	13	1101	15	D
6	110	6	6	14	1110	16	E
7	111	7	7	15	1111	17	F

（2）数制转换

① 二进制与十进制之间的转换。对二进制数求其等值十进制数，只需按上述二进制数展开规则，直接计算其和便可。

例 1-2　$(110.111)_2 = 1\times 2^2 + 1\times 2^1 + 0\times 2^0 + 1\times 2^{-1} + 1\times 2^{-2} + 1\times 2^{-3}$
　　　　　　　$= 4 + 2 + 0 + 0.5 + 0.25 + 0.125 = (6.875)_{10}$

对十进制数求其等值二进制数，则要将十进制数的整数部分和小数部分分开处理。对整数部分采取"除二取余"，得到的商再除以 2，依次进行，直到最后的商等于 0。先得到的余数为低位，后得到的余数为高位。而小数部分采取"乘二取整"，乘积的小数部分继续乘 2，依次进行，直到乘积的小数部分为 0。先得到的整数为高位，后得到的整数为低位。

例 1-3　将十进制数 13.375 化为二进制数。

先考虑整数部分 13，则

```
2 | 13     余1  最低位
2 | 6      余0
2 | 3      余1
2 | 1      余1  最高位
    0
```

得到其对应的二进制整数为 $(1101)_2$。

再考虑小数部分 0.375，则

```
      0.375
    ×   2
      0.75     整0  最高位
    ×   2
      1.5      整1
    ×   2
      1.0      整1  最低位
```

小数部分对应的二进制数为 $(0.011)_2$。将整数部分和小数部分合起来，得

$$(13.375)_{10} = (1101.011)_2$$

② 二进制与八进制、十六进制之间的互换。计算机只能识别二进制，但人们阅读和表示二进制十分不便，八进制、十六进制与二进制之间存在简单的对应关系，人们便使用八进制、十六进制来记述计算机中表示的二进制数。

八进制数有八个不同的数码，用二进制来表示，则三个二进制位正好能表达八种状态。同样十六进制数有 16 个不同数码，用二进制来表示，正好对应于四个二进制位。所以，一个八进制数在转换为二进制数时，只要将八进制数的每一位分别转换成对应的三位二进制数即可。同理，将十六进制数转换为二进制数时，只要分别转换成对应的四位二进制数即可。

反之，一个二进制数用八进制表示时，将二进制数从小数点开始，整数部分向左、小数部分向右每三位为一段，位数不足添零（整数添在有效数字的左边，小数添在有效数字的右边），每段用一个对应的八进制数码表示即可。而一个二进制数用十六进制表示时，同样将二进制数从小数点开始，整数部分向左、小数部分向右每四位为一段，位数不足添零（整数添在有效数字的左边，小数添在有效数字的右边），每段用一个对应的十六进制数码表示即可。

例 1-4 　730Q = 111 011 000 B
A58 H = 1010 0101 1000 B

例 1-5 　101010.01 B = 101 010.010 B = 52.2Q
101010.101 B = 0010 1010.1010 B = 2A.A H

1.2.2　信息处理基础

信息处理的过程就是将存储在计算机内的信息按照一定的规则进行相应的计算，获取计算后的结果，并将结果按照一定的形式予以表示。二进制数的算术逻辑运算是信息处理的基础。

1．二进制数的算术运算

算术运算是指加、减、乘、除四则运算，是计算机运算的最基本功能。再复杂的函数运算都能化成四则运算，例如：

$$e^x = 1 + x + \frac{x^2}{2!} + \frac{x^3}{3!} + \cdots$$

利用数值计算方法,能把各种复杂的计算转化成基本运算方法能完成的计算任务。于是代数方程组,微分方程组的求解或其他令人生畏的数学求解变得不再困难。

(1)二进制数加法运算法则

0+0=0、1+0=0+1=1、1+1=10(向高位进位)

例如:
```
           1 1 0
       +) 1 0 1 1
   进位   1 1 1
      ─────────
       1 0 0 0 1
```

(2)二进制数减法运算法则

0-0=1-1=0、1-0=1、0-1=1(向高位借位)

例如:
```
         1 1 0 0 0 0 1 1
      -) 0 0 1 0 1 1 0 1
   借位     1 1 1 1
      ─────────────────
         1 0 0 1 0 1 1 0
```

(3)二进制数乘法运算法则

0×0=0×1=1×0=0、1×1=1

算式省略,有兴趣的读者可以自行试算。

(4)二进制数除法运算法则

0÷1=0、1÷1=1(1÷0或0÷0无意义)

算式省略,有兴趣的读者可以自行试算。

实际上,在计算机的运算器中,减法是通过负数的加法来实现,同理,可以将乘法和除法转化为二进制的加法运算来实现。因此,二进制数的加法运算是计算机中最基本的运算。

2. 二进制数的逻辑运算

逻辑运算是对逻辑变量作"与""或""非""异或"等逻辑运算。逻辑变量只能取"1""0"两值:前者表示真,命题成立;后者表示假,命题错误。逻辑运算的输入和输出关系(运算规则)用真值表(Truth Table)表示,如表1-3~表1-6所示。

表1-3 与(∧)运算

输入A	输入B	输出A∧B
0	0	0
0	1	0
1	0	0
1	1	1

表1-4 或(+)运算

输入A	输入B	输出A+B
0	0	0
0	1	1
1	0	1
1	1	1

表1-5 非(¯)运算

输入A	输出A
0	1
1	0

表1-6 异或(⊕)运算

输入A	输入B	输出A⊕B
0	0	0
0	1	1
1	0	1
1	1	0

设变量xh中存有信息09120021,变量age中存有信息28,则下列逻辑表达式的运算结果为:

① (xh > "09120101") ∧ (age < 40)　　结果为"0"。

② (xh > "09120101") + (age < 40)　　结果为"1"。

③ (xh > "09120101") ⊕ (age < 40)　　结果为"1"。

1.2.3　计算机与社会信息化

信息是人对现实世界事物存在方式或运动状态的某种认识，表示信息的媒体形式可以是数值、文字、声音、图形、图像和动画等，这些媒体表示都是数据的一种形式。利用计算机进行信息处理，就是要将这些媒体形式用计算机能够识别的数据予以表示。

计算机处理的数据有数值数据也有非数值数据，对数值本身，计算机采用的是二进制数字系统，为了记忆和书写方便，人们将二进制数转换成八进制数或十六进制数的表示形式。而对非数值数据中的各种符号、字母及数字字符等，计算机采用特定的编码来表示，编码仍用二进制来表示。这种对数据进行编码的规则称为码制。

1. 数值数据

（1）原码、反码和补码

对数值数据，采用在数值位的前面设置一个符号位来表示符号数，用"0"表示正，用"1"表示负。计算机中有多种不同的符号位和数值位一起编码的方法，常用的有原码、反码和补码。

原码的编码规则：符号位用"0"表示正，用"1"表示负。数值部分用二进制的绝对值表示。

反码的编码规则：正数的反码是其原码，负数的反码符号位为"1"，数值部分是它原码的按位取反。

补码的编码规则：正数的补码是其原码，负数的补码则是其反码再加1。

例1-6　两个整数的加减法运算 42 − 84，用补码表示。

如果用两字节存放数值，其中最高位为符号位，则 42 − 84 = 42+（−84）用补码表示为：

42 的补码是

| 0000 0000 | 0010 1010 |

−84 的补码是

| 1111 1111 | 1010 1100 |

42 − 84 的运算，是 42 的补码加上 −84 的补码运算，得到结果：

| 1111 1111 | 1101 0110 |

结果便是 −42 的补码。

（2）定点表示与浮点表示

计算机中表示的数值如果采用固定小数点位置的方法则称为定点表示。定点表示的数值有两种：定点整数和定点小数，如图1-10所示。采用定点数表示的优点是数据的有效精度高，缺点是数据表示范围小，如用16位表示定点整数，则补码表示的整数的范围是 −32 768 ~ +32 767。

图1-10　定点数的小数点位置

为了能表示更大范围的数值，数学上通常采用"科学计数法"，即把数据表示成一个纯小数乘10的幂的形式。计算机数据编码中则可以把表示这种数据的代码分成两段：一段表示数据的有效数值部分，另一段表示指数部分，即表示小数点的位置。当改变指数部分的数值时，相当于改变了小数点的位置，即小数点是浮动的，因此称为浮点数。计算机中称指数部分为阶码，数值部分为尾数，格式如图1-11所示。

通常阶码用定点整数表示，尾数用定点小数表示。

图 1-11 浮点数格式

2. 西文字符

目前，对西文字符使用最广泛的编码是美国标准信息交换码（American Standard Code for Information Interchange），简称 ASCII 码。ASCII 码是用 7 位二进制数来进行编码的。这样可以表示 128 种不同的字符。在这 128 个字符中，包括 0～9、52 个大小写英文字母、32 个标点符号和 34 个不可打印或显示的控制代码，每个字符在计算机内正好占用 1 个字节中的 7 位，最高位不用（为 0），如表 1-7 所示。最高位为 1 时定义的 128 个代码称为扩展 ASCII 码。

表 1-7 7 位 ASCII 码表

$b_3b_2b_1b_0$ \ $b_6b_5b_4$	000	001	010	011	100	101	110	111
0000	NUL	DLE	SP	0	@	P	`	p
0001	SOH	DC1	!	1	A	Q	a	q
0010	STX	DC2	"	2	B	R	b	r
0011	ETX	DC3	#	3	C	S	c	s
0100	EOT	DC4	$	4	D	T	d	t
0101	ENQ	NAK	%	5	E	U	e	u
0110	ACK	SYN	&	6	F	V	f	v
0111	BEL	ETB	'	7	G	W	g	w
1000	BS	CAN	(	8	H	X	h	x
1001	HT	EM	)	9	I	Y	i	y
1010	LF	SUB	*	:	J	Z	j	z
1011	VT	ESC	+	;	K	[	k	{
1100	FF	FS	,	<	L	\	l	|
1101	CR	GS	-	=	M	]	m	}
1110	SO	RS	.	>	N	^	n	~
1111	SI	US	/	?	O	_	o	DEL

从表 1-7 中可以得知，字母 A 对应的 ASCII 码为 1000001（41H）、字母 a 对应的 ASCII 码为 1100001（61H）。

3. 汉字编码

汉字信息处理的首要任务是要解决汉字在计算机中的表示（汉字编码），其次要解决汉字的输入与输出。由于键盘是计算机的主要输入设备，因此人们首先研究了各种用键盘输入汉字的方法，同样为了能在屏幕显示汉字，人们首先考虑如何用"描点"的方式将汉字显示出来。

每一个汉字从键盘输入，到汉字在计算机内的存储和处理，再到屏幕上输出有各种字体的汉字字形，其中要经过一系列的转换和处理，转换和处理流程可表示为：

汉字 →（输入）→ 汉字输入码 →（转换）→ 机内码 →（转换处理）→ 地址码 →（处理）→ 字形码 →（输出）→ 汉字

（1）汉字交换编码方案

① 国家标准 GB 2312—1980（信息交换用汉字编码字符集 基本集）。1980 年，我国颁布的第一个汉字

编码字符集标准，简称 GB 2312—1980 或 GB 2312，是所有简体汉字系统的基础，GB 2312 共有 7 445 个字符，其中，汉字 6 763 个，图形符号 682 个。

GB2312—1980 规定，所有的国标汉字与符号组成一个 94×94 的矩阵，在此方阵中的每一行称为一个"区"，每一列称为一个"位"，每个"区"和"位"的编号分别为 01～94，因此任意一个国标汉字都有一个确切的区号和位号相对应。

> 🎯 **小知识：**
> 汉字与符号在方阵中的分布情况如下：
> 01～09 区：图形符号，共 682 个，如数学序号符、日文假名、表格符号等。
> 16～55 区：第一级汉字字符，共 3 755 个常用汉字，按拼音/笔形顺序排列。
> 56～86 区：第二级汉字字符，共 3 008 个次常用汉字，按部首/笔画顺序排列。
> 10～15 区及 87～94 区：空白位置，用于扩展及用户造字范围。

鉴于汉字数量众多，在计算机内存储时采用双字节编码方式，为避免与 ASCII 基本集冲突，机内码两个字节均取码 A1～FE。

- 区位码：将汉字在 GB 2312—1980 中的区号和位号直接转换为二进制后各用一个字节表示，每个字节各有 94 种选码。例如，"啊"字位于 16 区 01 位，则其对应的区位码为 1601。
- 机内码：又称内码，由两个字节组成，分别称为机内码的高位字节和低位字节，与区位码有对应关系：机内码高位字节 = 区码 +A0H，机内码低位字节 = 位码 +A0H。例如，"啊"字的区码是 10H，位码是 01H，则机内码的首字节为 10H+A0H=B0H，次字节为 01H+A0H=A1H，因此"啊"字的机内码为 B0A1。

两种编码中，机内码可直接用于计算机的信息处理，区位码主要用于定义汉字编码。

② BIG5 码（大五码）：BIG5 是繁体字编码方案，也是双字节编码方案，首字节在 A0～FE 之间，次字节在 40～7E 和 A1～FE 之间。共收录 13 461 个汉字和符号，按照首字节分为三个区：A1～A3，408 个符号；A4～C6，5 401 个常用汉字；C9～F9，7 652 个次常用字。

③ GBK 码（汉字内码扩展规范）：GB 2312—1980 仅收汉字 6 763 个，远不够日常工作、生活应用所需，为扩展汉字编码，以及配合 UNICODE 的实施，全国信息化技术委员会于 1995 年 12 月 1 日制定颁布了 GBK（汉字内码扩展规范，GB 即国标，K 是扩展的汉语拼音第一个字母），并在 MS Windows 系列产品、IBM OS/2 的系统中广泛应用。GBK 向下与 GB 2312—1980 完全兼容，向上支持 ISO 10646 国际标准。GBK 共收入 21 886 个汉字和图形符号，包括了 GB 2312—1980、BIG5、CJK 中的所有汉字及符号。GBK 仍采用双字节表示，总体编码范围为 8140～FEFE，首字节在 81～FE 之间，次字节在 40～FE 之间。

④ 国际标准 ISO 10646.1 和 Unicode。为了统一全世界所有字符集（包括原西方以 ASCII 码为核心的各语种、中日韩等象形文字、阿拉伯语、泰国语等世界其他语种、数学和科学等图形符号），国际标准化组织（ISO）于 1992 年通过 ISO 10646 标准，它与 Unicode 组织的 Unicode 编码完全兼容。ISO 10646.1 是该标准的第一部分《体系结构与基本多文种平面》。

ISO 10646 中的汉字部分称为"CJK 统一汉字"（C 指中国，J 指日本，K 指韩国）。ISO 10646 中的汉字字符集定义了按《康熙字典》部首序的 20 902 个 CJK 统一汉字。

（2）汉字输入编码

汉字输入的目的是使计算机能够记录并处理汉字，汉字输入方法可分类两大类：键盘输入法和非键盘输入法，每类都有许多种。

（3）汉字字模信息

为了在屏幕上显示字符或用打印机打印汉字，需要建立一个汉字字模库。字模库中所存放的是字符的形状信息。它可以用二进制"位图"（Bitmap）表示，也可以用"矢量"方式表示。位图中最典型的是用"1"来表示有笔画经过，"0"表示空白，如图1-12所示。位图方式占存储量相当大，例如，采用64×64点阵来表示一个汉字（其精度基本上可以提供给激光打印机输出），则一个汉字占$64 \times 64 \div 8$ bit= 512 B=0.5 KB，一种字体（例如宋体）的一二级国标汉字（6 763个）所占的存储量为$0.5 \text{ KB} \times 6\ 763$=3 384 KB，接近3.4 MB。由于汉字常用的字体种类多，字模库所占的存储量是相当大的。

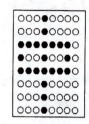

图1-12　"中"字的8×8字模二值位图

4. 声音编码

信息编码不仅针对数值和文字，其他所有需要利用计算机进行处理的信息，如声音、图形、图像、动画等多媒体信息也要采用相应的编码技术进行编码。由于多媒体信息的信息量巨大，其中含有大量重复的数据，直接存储会占用很多空间，也会浪费很多时间，带来经济上的损失，因此需要采用相应的压缩技术对多媒体信息进行压缩和还原处理。有关声音、图形、图像、动画等多媒体信息的编码、压缩和还原技术，将在第7章中进行详细介绍。

1.3　微型计算机的系统组成

一个完整的计算机系统由硬件系统和软件系统所组成，所谓硬件系统，是计算机系统中所有物理装置的总称，而软件系统是与硬件系统相互依存，使计算机具有强大功能的核心。

1.3.1　微型计算机硬件系统

冯·诺依曼型计算机的硬件系统由运算器、控制器、存储器、输入设备、输出设备五个基本部分组成，如图1-13所示。

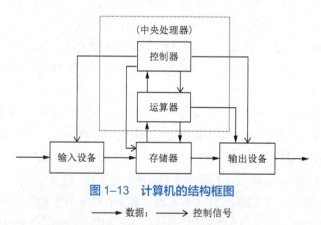

图1-13　计算机的结构框图

微型计算机是人们日常接触最多的机种，其逻辑结构如图1-14所示。其物理构成主要由主机箱、显示器、键盘和鼠标组成。主机箱内的主要配件有主板、电源、硬盘驱动器、光盘驱动器、显卡、扩充槽、总线、主存等，需要处理音频信号的，则要加配声卡，需要与计算机网络连接的，则要加配网卡（Network Interface Card，NIC）或调制解调器（Modem）。

总线是微机中各功能部件之间通信的信息通路，主要有数据总线（DB）、地址总线（AB）、控制总线（CB）三种，每种总线都由若干根信号线（信号线的数量称为总线宽度）构成，总线的宽度也是衡量微机处理能力的重要指标之一。数据总线的宽度体现了微机传输数据的能力，通常与CPU的位数相对应，如32位CPU的数据总线为 32 位、64 位 CPU 的数据总线通常为 64 位。地址总线的宽度决定了微机 CPU 可以直接寻址的内存范围，如 32 位地址总线的 CPU，可以区分 2^{32} 个不同的内存地址，即可以访问的内存容量最多是 4 GB（2^{32} = 4 294 967 296 B）。

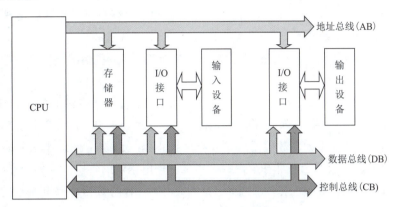

图 1-14　微型计算机的逻辑结构图

1. 主板

主板（Mainboard）是整个微机系统的主体部件，其一般形态如图 1-15 所示。主要有以下几大部件：

（1）CPU 及支持 CPU 的核心逻辑芯片组

Intel 和 AMD 两家公司生产的 CPU 主导着市场。主流的微机 CPU 大多是双核、四核甚至八核的，其中 Intel 的产品主要有第三代或第四代智能英特尔酷睿 i 系列产品，主频 1.30 GHz 起，制造工艺为 32 nm 或 22 nm，AMD 的产品主要有闪龙、羿龙、FX 序列等，如图 1-16 所示。

图 1-15　微机主板

图 1-16　Intel 与 AMD 产品标识

支持芯片组是 CPU 与所有元件的接口，直接配合 CPU 控制内存、高速缓存、输入/输出和总线等，它决定了 CPU 性能的发挥。支持芯片组以前都由 CPU 厂商自己提供，现在第三方厂商也能供应性能良好的支持芯片组，匹配 Intel 的支持芯片组品牌较好的有 Intel、nVIDIA、VIA、SiS、ATi 等，而匹配 AMD 的支持芯片组品牌较好的有 nVIDIA、VIA、SiS 和 ATi。支持芯片组是一款主板最重要的组成部分。

（2）高速缓存和主存储器

高速缓存（Cache）是用来解决高速 CPU 与相对低速的内存之间的矛盾的，它是介于 CPU 与内存之间的一种特殊存储机构，不属于内存也不占用内存地址。当用户启动一个任务时，计算机预测 CPU 可能需要哪些数据，并将这些数据预先送到高速缓存。当指令需要数据时，CPU 首先检查高速缓存中是否有所需要的数据。如果有，CPU 就从高速缓存取数据而不用到内存去取。在其他条件相同的情况下，高速缓存越大，处理的速度也会越快。为了提高效率，高速缓存做成 2～3 级，1 级（L1）缓存速度最快，集成在 CPU 芯片内，2 级（L2）缓存以前集成在主板上，现大多集成在 CPU 芯片内，还有一些 CPU 内部还集成了 3 级（L3）缓存。

微机主存储器（又称内存）主要是随机存储器（RAM），其种类十分丰富，工艺上制作成条状的插片，因此常被称为"内存条"。现在绝大多数机器内安装的是 DDR III（Double Data Rate Synchronous DRAM，第三代同步双倍速率动态随机存储器），具有工作频率高和工作电压低的特点。一根内存条的容量有 4 GB、8 GB、16 GB、32 GB 等的区别，主频也有多种选择，选购时必须选择与 CPU 主频相一致的。

（3）扩展槽

为了适应插卡式的结构，主板上设有扩展槽（Slots）。扩展槽又称总线槽，每一个扩展槽都连接着主板所支持的总线（Bus）。总线连接计算机中各个部件，形成计算机不同部件的共享信息通路，分别传输不同类型的信息，如数据、地址以及控制信号等。

扩展槽类型总的来说主要有 ISA、PCI、AGP、CNR、AMR、ACR 和比较少见的 WI-FI、VXB，以及笔记本计算机专用的 PCMCIA 等。其中 ISA 已经被淘汰。PCI 是最常见的接口，通常作为网卡、声卡和显卡的标准接口。AGP1X 表示一倍速 AGP，传输速度恰好是 PCI 的两倍；AGP 还有 2X、4X、8X。PCI-E 是比较新的数据传输标准，原理和 AGP 相似，不同的是提高了接口的速度，已逐渐取代了 AGP 标准。

微机上设置有通用串联总线 USB（Universal Serial Bus）以及相应的 USB 接口。USB 总线标准是为了解决外围设备越来越多、计算机接口有限的矛盾而制定，按目前的工业标准，它是一种四芯的串行通信设备接口，可以连接多达 128 个外围设备。USB 接口允许对外接设备在计算机运行状态下的热插拔，数据传输速率达 480 Mbit/s，甚至更高。几乎所有设备配备了 USB 接口，如扫描仪、摄像头、键盘、鼠标、Modem、游戏柄、移动硬盘、光盘驱动器、数码照相机、MP3 播放器等。此外，还有一种称为火线（Firewire）的总线，它是 1995 年由 IEEE（Institute of Electrical & Electronic Engineers，电气电子工程师协会）制定的一种标准总线（IEEE 1394），传输速率高达 400 Mbit/s，一些数码摄像机是典型的装有 IEEE 1394 接口的外围设备，摄录的内容可通过 IEEE 1394 接口送入计算机进行编辑或存储。

（4）装有基本输入/输出系统（BIOS）的 ROM 和可擦写的 CMOS 存储器芯片

只读存储器 ROM 中固化的是 BIOS，BIOS 是一组底层程序，是计算机硬件与其他程序的接口，直接对键盘、显示器、磁盘驱动器、打印机等进行控制，并以中断的方式向高层软件和编程人员提供许多基础功能调用服务。BIOS 还包含计算机通电后自测程序。

CMOS（Complementary Metal Oxide Semiconductor，互补金属氧化物半导体）存储器依靠主板上的专门电池来供电，不依赖主机箱内的电源，其中存放了日期时间数据，还存放系统的配置参数和用户自行设置的一些参数。BIOS 中有专门的 Setup 程序，帮助用户查看和设置 CMOS 中的参数。

2. 机箱和电源

机箱（见图 1-17）是微机的外壳，用于安装微机的所有主体部件，机箱内有各种支架和紧固件，可以帮助固定电源、主板、硬盘驱动器、光驱、各种扩展卡和接插件等。

电源是一个单独装置，将 220 V 交流电变换成微机所需的几种直流电，通过引出的电源线及其插头，分别供主板、硬盘驱动器、光盘驱动器、各种适配卡和键盘使用。

图 1-17 机箱

3. 盘驱动器

微机上常带的盘类介质及其驱动器有 USB 闪存盘、硬磁盘及硬盘驱动器、光盘及光盘驱动器等。

（1）USB 闪存盘接口

用半导体闪存（Flash RAM）做成的 USB 闪盘体积小，无可动机械部件，使用寿命长，存储容量大，安全性强。目前常见的规格有 8 GB、16 GB、32 GB、64 GB、128GB 和 512GB 等。USB 闪盘外观如图 1–18 所示。

（2）硬盘和硬盘驱动器

硬盘外观及内部结构如图 1–19 所示。硬盘的盘片（或称碟片）是用硬质的铝合金材料或玻璃制成，盘片的磁性介质涂层的精密度很高，信息容量也很大，单盘片容量最大的现已达到 500 GB。一个硬盘可以由多层盘片构成，单个硬盘的容量已达 2 TB。由于工作时盘片的转速很快，主流的转速是 7 200 r/min，速度高的每分钟超过一万转，所以硬盘一般都被密封起来，以保证它所需要的洁净的无尘环境。微机上常用的硬盘驱动器接口标准有三种：一种为 EIDE（Enhanced Integrated Drive Electronics），又称增强型 IDE，也就是俗称的并行规格的 PATA 硬盘；另一种硬盘接口标准为 SATA（Serial ATA），采用串行方式进行数据传输，具有较强的纠错能力，传输速度也更高；还有一种硬盘驱动器接口标准是 SCSI（Small Computer System Interface），使用时要附加一块 SCSI 卡接入主板，配用 SCSI 硬盘。SCSI 硬盘读/写速度更快，适合于多任务工作状态，目前多用于服务器的硬盘上。

图 1–18　USB 闪盘外观

图 1–19　硬盘外观及内部结构

（3）光盘和光盘驱动器

光盘是利用光学方式进行读/写的圆盘，分成三种类型：

只读光盘（CD-ROM）：信息在出厂前已存入，用户只能读取，而不能写入修改。

① 一次写光盘（CD-Recordable）：只能写入信息一次，以后可多次读取，但不能写入修改。

② 可读/写光盘（CD-ReWritable）：可重复擦写，功能类似磁盘。

③ 只读光盘和一次写光盘通过利用激光束在盘表面的光存储介质薄膜上熔刻微小洞穴的方法来记录二进制信息，根据在激光束下有洞和无洞处反射光的强弱不同来读取存储的二进制信息。可读/写光盘则通过利用激光束的热作用对盘表面的磁光存储介质薄膜上微小磁化点以正反两种不同方向的磁化方式来存储二进制信息。

光盘要用与其类型、规格相匹配的光盘驱动器进行读/写。光盘驱动器有带动光盘旋转的驱动机构、读/写头、寻道定位机构和电子线路等，其读/写头是由半导体激光器和光路系统组成。普通的光盘驱动器只能读光盘，能用于读/写光盘的驱动器称为刻录机。

光盘读/写速度低于硬盘，但它记录密度高，介质寿命长，携带方便，图 1–20 所示为 DVD ROM 与 CD ROM 驱动器。

4. 显示器和显示适配卡

显示器是微机最基本的输出设备，目前大量使用的显示器产品主要是液晶显示器。衡量液晶显示器质量的指标主要是分辨率、响应速度和"点缺陷"。显示控制适配器（简称显卡）是显示器与主机相连接的接口。除显示器本身外，显卡是决定显示质量的另一重要因素。显卡使用的显示存储器（Video RAM）用于缓冲存储显示信息，它的大小决定了显卡的分辨率和颜色数。显卡有独立式和板载集成之分，独立显卡自带显示存储器，集成显卡占用内存空间。

图1-20　DVD ROM 与 CD ROM

主板上安插显卡的接口普遍用的是 PCI-E 接口，它是一种快速、优质地显示 3D 图像的总线。高档显卡与普通显卡价格相差十几倍到几十倍，图形工作者或 3D 游戏爱好者应选用高档的显卡。

5. 键盘和鼠标

键盘和鼠标是最常用的输入设备。

目前常用的键盘是美国式布局的 101 键或 102 键的键盘。用户可以通过键盘向计算机输入信息，包括发出命令、提供数据、编辑文本、做出应答等。

操作系统和应用软件以图形界面为主，鼠标已是必不可少的输入设备。常用的鼠标有两种类型：机电式和光电式。

键盘的驱动程序在 BIOS 内，鼠标的驱动程序一般由操作系统提供，并自动安装，特殊的或新型的鼠标，其驱动程序由鼠标供应商提供，要另行安装。

> **小知识：**
>
> 机电式鼠标底部有一个可滚动小球，鼠标在桌面上移动，小球跟着滚动，带动鼠标内两个光栅盘，由光电电路转换成移动信号送入计算机，屏幕上的鼠标器光标指针随之做相应移动，配合对鼠标左右键或者摩擦轮的动作，便可向计算机传达操作者的命令。光电式鼠标内部有一个发光二极管，通过二极管发出的光线，照亮光电鼠标底部表面，并将鼠标底部表面反射回的一部分光线，经过一组光学透镜，传输到一个光感应器件（微成像器）内成像。当光电鼠标移动时，其移动轨迹便会被记录为一组高速拍摄的连贯图像。利用光电鼠标内部的一块专用图像分析芯片对移动轨迹上摄取的一系列图像进行分析处理，通过对这些图像上特征点位置的变化进行分析，来判断鼠标的移动方向和移动距离，完成光标的定位。

1.3.2　微型计算机软件系统

计算机软件是包括能在计算机系统中运行的程序、数据结构和说明文档的完整集合。软件按其职能可以分为两大类：系统软件和应用软件。

1. 系统软件

系统软件是指用来管理、控制和维护计算机及其外围设备，协助计算机执行基本的操作任务的软件。系统软件主要包括操作系统、实用工具软件、设备驱动程序、计算机编程语言等。

（1）操作系统

操作系统是系统软件的核心。计算机启动后，将自动把操作系统中最基本的内容调入内存，由它控制和支持在同一台计算机上运行的其他程序，并管理计算机的所有硬件资源，以控制基本的输入／输出、设备故障检测、系统资源分配、存储空间管理、系统安全维护等，同时提供友好的操作界面，使用户能够方便地使用计算机。

操作系统要管理和调度计算机系统的各种软硬件资源，具体要负责管理五件事，或者说操作系统要完成五大任务。

① 作业管理（Job Management）。
② 文件管理（File Management）。
③ 存储管理（Store, Storage, Main Storage Management）。
④ 设备管理（Devices Management）。
⑤ 进程管理（Process Management）。

作业管理是对计算机的各项工作进行协调，包括任务管理、界面管理、人机交互界面的控制等。文件管理是对计算机中以文件、文件夹、树状目录结构等形式组织起来的大量数据进行管理，以便用户能方便地检索和存储，并能对数据实现共享和保密。这两项管理功能属于对计算机软件资源的管理。

存储管理是对主存的管理，因为所有的程序都必须调到主存上才能运行，所以必须保证主存空间能充分有效的利用。设备管理包括对输入/输出设备的分配、启动、运行和回收。有了这个功能，外围设备的使用对用户来讲，几乎变得透明，十分方便。进程管理实质上是对 CPU 执行"时间"的管理，因为在一个"较长"时间段中，有多个程序都要在 CPU 上运行，而每一个程序在 CPU 中是以"走走停停"的形式被执行，将 CPU 合理地分配给每一个任务（程序），就是所谓的进程管理的主要工作。这三个管理功能属于对计算机硬件资源的管理。

（2）实用工具软件

实用工具软件为用户控制、分配和使用计算机资源提供手段。操作系统中也包括了一部分实用工具，如对磁盘进行格式化处理、复制文件、删除文件、检查硬盘的工作状况、纠正硬盘上数据的某些错误等。用户也可另购实用工具软件，装入计算机使用。

（3）设备驱动程序

设备驱动程序是协助计算机控制外围设备的系统软件，一般由外围设备的供货商提供。在计算机中安装上新的外围设备（如声卡、视频卡、调制解调器、网卡、扫描仪、打印机等）就需要同时安装对应的设备驱动程序，以便计算机能够对这些设备进行管理和控制。

（4）计算机编程语言

程序设计语言是让用户用以接近英语的计算机指令描述所要完成的工作，这种用来编写计算机程序的语言就是计算机编程语言。由于计算机只能执行机器语言程序，因此，用计算机编程语言编写的程序代码必须经过一定的处理，翻译成计算机可执行的机器语言程序，这种工具称为"程序语言处理软件"。将编程语言编写的程序翻译成计算机可执行的机器语言程序的方式有两种，一种是编译，另一种是解释，一般由计算机编程语言集成处理环境来实现。由于大多数用户不需要自行编写程序，而要编写程序的用户所使用的编程语言又各不相同，所以程序语言处理软件要由用户自行购置并安装。

2. 应用软件

应用软件是协助用户完成一项特定工作的软件。例如，生成文档、完成计算、管理财务、生成图片、创作乐曲、上网浏览、收发邮件、收发传真、休闲娱乐等。人们日常生活、学习、工作中使用最多的就是这类软件，而且为了提高工作效率，人们也会自行开发设计一些满足个人需要的应用软件。

微机应用软件是微机上运行最为广泛的软件，品种极为丰富，最常用的应用软件有以下几种：

① 文档编辑软件：主要用来进行文档文件的制作，种类繁多，是应用软件家族中的大户。典型应用包括文本编辑软件，如记事本、EditPluse、UltroEditor 等；字处理软件，如 Microsoft Word、金山文字等；桌面出版软件，如 Microsoft Publisher、方正桌面印刷系统、Adobe PageMaker 等。网页制作软件，如 Microsoft FrontPage、Adobe Dreamweaver 等。

② 图形处理软件：能处理照片，能用来绘画，能制作工程上使用的图纸，还能制作动画和视频，如 Adobe Illustrator、CorelDRAW、Photoshop、AutoCAD、GIFMovieGear、Adobe Flash、Windows Movie

Maker 等。

③ 演示软件：制作"幻灯片"、教学课件的工具，教师用来演示教学内容，销售人员用来展示产品介绍。常用的演示软件有 Microsoft PowerPoint、金山演示、Authorware、方正奥思等。

④ 数值分析软件：用来简化对物理系统和社会系统的数学模型的构建，进而分析这些模型，寻找特征，预测某些变化。这类软件中最简单易用的有 Microsoft Excel、金山表格等。

⑤ 统计软件：用以分析大量数据，找出其统计意义上的模式和关系，有助于总结观察结果、测试得分、分析实验结果等。统计软件都有把统计结果用图表形式表示的功能，SPSS、JMP 是这类软件的代表。

⑥ 数据管理软件：主要是数据库软件，数据库是一种由记录组成的文件，数据库包含许多字段，并有一组用来对记录实施查找、排序、重新组合等功能的操作。图书馆的全部藏书目录、人事处掌握的全校高级人才的资料、教务处存有的全校历届学生的各科成绩，都可放在数据库中进行管理。数据库软件为商业、政府和教育部门的日常管理和信息化提供了便利。常用的数据库软件有 Microsoft Access、MySQL、SQL Server、Oracle 等。

⑦ 财务证券软件：帮助企业或个人进行理财作业，如用友、金蝶、钱龙、大智慧等。

⑧ 教育培训软件：用来帮助用户学习和完善技能。走进软件商店，就可发现大量中小学阶段的助学软件、外语学习软件等。

1.4 计算机的工作原理

按照冯·诺依曼型计算机的体系结构，数据和程序存放在存储器中，控制器根据程序中的指令序列进行工作。简单地说，计算机的工作过程就是运行程序指令的过程。

1.4.1 计算机指令系统

1. 指令及指令系统

指令是能被计算机识别并执行的二进制代码，它规定了计算机能完成的某一种操作。例如，加、减、乘、除、存数、取数等都是一个基本操作，分别用一条指令来实现。计算机所能执行的所有指令的集合称为计算机的指令系统。

一条指令一般分为操作码和地址码两部分。其中操作码规定了该指令进行的操作种类，地址码给出了操作数地址、结果存放地址以及下一条指令的地址。指令的一般格式如图 1-21 所示。

图 1-21 指令的一般格式

2. 指令类型

计算机指令系统一般分为数据传送型指令、数据处理型指令、程序控制型指令、输入/输出型指令和硬件控制型指令等。

（1）数据传送型指令

数据传送型指令主要包括取数指令、存数指令、传送指令、成组传送指令、字节交换指令、清累加器指令、堆栈操作指令等。这类指令主要用来实现主存和寄存器之间，或寄存器和寄存器之间的数据传送。

（2）数据处理型指令

这类指令包括二进制定点加、减、乘、除指令，浮点加、减、乘、除指令，求反、求补指令，算术移位指令，算术比较指令，十进制加、减运算指令等，主要用于定点或浮点的算术运算，大型机中有向量运算指令，直接对整个向量或矩阵进行求和、求积运算。

（3）程序控制型指令

程序控制型指令也称转移指令。这种转移指令称为条件转移指令。除各种条件转移指令外，还有无条件转移指令、转子程序指令、返回主程序指令、中断返回指令等。

（4）输入/输出型指令

输入/输出型指令主要用来启动外围设备，检查测试外围设备的工作状态，并实现外围设备和CPU之间，或外围设备与外围设备之间的信息传送。

（5）硬件控制型指令

硬件控制型指令的功能是对计算机的硬件进行控制和管理，如状态寄存器置位指令、复位指令、测试指令、暂停指令、空操作指令等。

1.4.2 计算机基本工作原理

计算机硬件由五个基本部分组成：运算器、控制器、存储器、输入设备和输出设备。

计算机内部采用二进制来表示程序和数据，采用"存储程序"的方式，将程序和数据放入同一个存储器中（内存储器）。计算机能够自动高速地从存储器中取出指令加以执行。

可以说计算机硬件的五大部件中每一个部件都有相对独立的功能，分别完成各自不同的工作。如图1-22所示，五大部件实际上是在控制器的控制下协调统一地工作。首先，把表示计算步骤的程序和计算中需要的原始数据，在控制器输入命令的控制下，通过输入设备送入计算机的存储器存储。其次，当计算开始时，在取指令作用下把程序指令逐条送入控制器。控制器对指令进行译码，并根据指令的操作要求向存储器和运算器发出存储、取数命令和运算命令，经过运算器计算并把结果存放在存储器内。在控制器的取数和输出命令作用下，通过输出设备输出计算结果

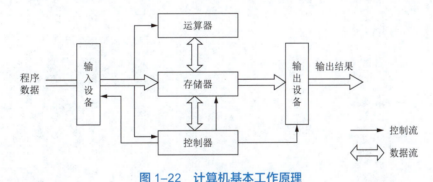

图1-22 计算机基本工作原理

思考与练习

一、选择题

1. 第一台电子计算机是1946年在美国研制成功的，该机的英文缩写名是_____。
   A. ENIAC　　　　B. EDVAC　　　　C. EDSAC　　　　D. MARK
2. 计算机的分类方法有多种，下列选项中不属于按计算机处理数据的方式进行分类的是_____。
   A. 电子数字计算机　　　　　　　　B. 通用计算机
   C. 电子模拟计算机　　　　　　　　D. 数模混合计算机
3. 当前计算机已应用于各种行业、各种领域，而计算机最早的设计是应用于_____。
   A. 数据处　　　　B. 科学计算　　　　C. 辅助设计　　　　D. 过程控制
4. 计算机系统由硬件系统和软件系统两部分组成，下列选项中不属于硬件系统的是_____。

A. 中央处理器　　　　B. 内存储器　　　　C. I/O 设备　　　　D. 系统软件
5. 计算机内部用于处理数据和指令的编码是_____。
　　　A. 十进制码　　　　　B. 二进制码　　　　C. ASCII 码　　　　D. 汉字编码
6. 计算机断电后，会使存储的数据丢失的存储器是_____。
　　　A. RAM　　　　　　　B. 硬盘　　　　　　C. ROM　　　　　　D. 软盘

二、思考题

1. 简述计算机硬件的基本结构和各基本部件的功能，中央处理器的部件组成，主机的部件组成。
2. 简述 RAM 和 ROM 的功能，以及两者的主要区别。
3. 磁盘的基本存取单位是什么？
4. 什么是计算机的程序存储和程序控制原理？
5. 将下列二进制数转换成十进制数：
　（1）11010.1101　　（2）0.1101001
6. 将下列十进制数转换成二进制数、八进制数及十六进制数：
　（1）7852　　（2）56.432
7. 已知 x=−0.1101，y=+0.1100，求 x−y 的补码、x+y 的补码。

第 2 章 操作系统

要想使用计算机,首先接触的是操作系统(Operating System,OS)。操作系统是管理和控制计算机硬件与软件资源的计算机程序,是直接运行在"裸机"上的最基本的系统软件,任何其他软件都必须在操作系统的支持下才能运行。作为世界最流行的 Windows 操作系统已经横跨了半个世纪之久,能够熟练掌握该操作系统的基本应用,已成为掌握计算机技能的重要基石。

> **学习目标:**
>
> 通过对本章内容的学习,学生应该能够做到:
> ① 了解:操作系统的发展、基本概念、功能与分类,记事本、写字板、画图等常用附件的使用。
> ② 理解:Windows 7 桌面的组成,Windows 7 窗口、菜单、对话框的组成及操作,桌面主题更换、任务栏及开始菜单等桌面外观的个性化设置。
> ③ 掌握:文件、文件夹的创建、选择、复制、移动、删除、查找与替换等基本操作,用户账户设置及磁盘碎片的整理。

2.1 操作系统概述

操作系统是配置在计算机硬件上的第一层软件,是对硬件系统的首次扩充。它在计算机系统中占据了特别重要的地位,而其他的诸如编译程序、数据库管理系统等软件,以及大量的应用软件,都依赖于操作系统的支持。操作系统已成为现代计算机必须配置的系统软件。

2.1.1 操作系统的发展

1. 操作系统的作用

操作系统是替用户管理计算机的一种软件。在操作系统出现前,只有计算机专业人员才懂得怎样使用计算机。操作系统出现后,不管用户是否为计算机专业人员,只要经过简单的培训,就能很容易地掌握计算机的使用方法。

有了操作系统之后,用户不需要直接对计算机硬件设备发号施令,只需要把要做的事情告诉操作系统即可。操作系统再把任务安排给计算机去做,等计算机完成工作之后,操作系统再将结果告诉用户。

操作系统不但能在计算机和用户之间传递信息,还会替用户管理日益增多的各种文件,使用户很方便地找到和使用这些文件;管理磁盘,随时报告磁盘的使用情况;替计算机管理内存,使计算机能更高效而安全地工作；管理各种外围设备，如显示器、打印机等。

2. 操作系统的定义

操作系统是控制计算机硬件和软件资源的一组程序。操作系统能有效地组织和管理计算机中的硬件和软件资源，合理地组织计算机的工作流程，控制程序的执行，并向用户提供各种服务功能，使用户能够灵活、方便、合理、有效地使用计算机，并使整个计算机系统能高效地运行。

"有效"主要指操作系统在管理资源方面，要考虑到系统运行效率和资源的利用率，要尽可能地提高 CPU 的利用率，其他资源（如内存等）在保证访问效率的前提下，尽可能减少资源浪费，最大限度地发挥计算机系统的工作效率，即提高计算机系统在单位时间内处理任务的能力（系统吞吐量）。

"合理"是对计算机的软件和硬件资源进行合理的调度与分配，改善资源的共享和利用状况。操作系统对不同的应用程序要"公平"调度，保证系统不发生"死锁"（多个进程争夺同一资源而发生死机）和"饥饿"（一个等待执行的进程一直得不到执行）现象。

"方便"是指操作系统应当提供方便和友好的用户界面，使用户可以方便有效地与计算机打交道，并且提供软件开发的运行环境，使应用程序可以方便地调用操作系统的各种软件和硬件资源。

操作系统一般提供以下基本功能：进程管理、存储管理、文件系统、设备管理、网络通信、中断处理、安全机制、用户界面、基本驱动程序等。

3. 操作系统的发展

（1）操作系统的萌芽时代

计算机发展的初期没有操作系统的概念，因为当时计算机的性能不足以运行大型程序。在当时的冯·诺依曼计算机结构中，由控制器和程序共同控制计算机的运行，用户单独占用计算机，机器的运行几乎都由人工进行操作。计算机人员通过卡片或纸带输入程序和数据，通过电传打字机输出结果，在控制台通过按键输入操作命令来控制计算机的使用，程序通过控制台的开关和状态灯进行调试。程序读入计算机后，计算机就开始工作，直到程序终止。

20 世纪 50 年代莫里斯·威尔克斯（Maurice Vincent Wilkes）发明了微程序，使得简化操作流程的程序很快出现。后来，计算机引入帮助程序输入/输出等工作的代码库，并成为现代操作系统的起源。然而，这时的计算机每次只能执行一个任务，在英国剑桥大学，这些任务的纸带从前是排成一排挂在衣钩上，衣钩的颜色代表任务的优先级。

威尔克斯主持设计和制造了第一台具有存储程序功能的计算机 EDSAC，首次为 EDSAC 计算机设计了一个程序库，这些程序库保存在纸带上，需要时送入计算机。威尔克斯还发明了许多新技术和概念，如"变址"（威尔克斯称为"浮动地址"）、"宏指令"（威尔克斯称为"综合指令"）、微程序设计（将一条机器指令分解为一系列更基本的微指令序列）、子例程及子例程库、高速缓冲存储器（Cache）等，这些技术对现代计算机的体系结构和程序设计产生了深远的影响。

（2）第一代操作系统：批处理系统

20 世纪 50 年代初期，为了让计算机不间断地工作，减少人工干预，提高资源利用率，这时出现了简单的批处理操作系统。批处理操作系统将零散的单一程序处理方式变为集中的成批程序处理方式。例如，将一批性质相同的程序按顺序存放在存储介质中，一次性提交给计算机进行处理，这样减少了人工操作时间，使系统有相对较长的连续运行时间，从而提高计算机的利用率。

1956 年，鲍勃·帕特里克（Bob Patrick）为美国通用汽车和北美航空公司的 IBM 704 计算机设计了基本输入/输出系统：GM-NAA I/O，它是有记录以来最早的计算机操作系统。GM-NAA I/O 的主要功能：在一个程序结束后，它会自动地执行下一个新程序，可以成批地处理程序（批处理）；它可以集合相关数据与命令来生成新的命令（批处理命令文件，一种早期的脚本语言），并且执行它们；它为程序提供了统一的共享接口，使之可以访问计算机硬件的输入/输出接口。

20 世纪 50 年代的操作系统非常多样化，计算机厂商每生产一种新型号的机器，都会配备一套针对自己硬件的新操作系统。每一个操作系统都有不同的命令系统、操作过程和调试工具。为一台计算机编写的程序无法移植到其他计算机上运行，即使是同型号的计算机也不行。

（3）第二代操作系统：分时系统

20 世纪 60 年代，大多数计算机非常庞大而且昂贵，人们希望能使多个用户通过多个终端同时使用计算机系统，这时产生了多道程序分时系统。多道程序就是把多个程序存放在计算机内存中，并且同时处于运行状态；分时系统是将运算器的处理过程划分为很小的时间片，采用循环轮流的方式处理多道程序。分时处理方式使一台计算机可以同时处理多个程序，大大提高了计算机的利用率。

1957 年贝尔实验室开发的 BYSYS 是早期的分时操作系统。

1964 年，IBM 公司推出了一系列用途与价位都不同的大型计算机 IBM System 360，同时还推出运行在该大型机上的操作系统 OS/360。OS/360 的关键技术是分时概念的建立，即将大型计算机珍贵的时间资源适当分配给所有用户。1967 年，IBM 公司推出 OS/360 MVT 操作系统，MVT 支持多道程序运行，最多可同时运行 15 个程序。MVT 可以将存储器划分为多个分区，每个程序在一个分区中运行，这样特别有助于系统管理，同时也解决了运算器资源浪费的问题。

批处理和分时系统都使用了多道程序设计，但两种系统的设计目标不同。批处理系统追求有效地使用计算机；而分时系统追求的是给每个用户尽可能快的响应速度。在分时系统中，多个用户通过终端同时访问大型计算机，操作系统将计算机资源以时间片为单位进行分配，控制多个用户程序交替执行，让所有用户都有独占整台机器的感觉。

（4）第三代操作系统：通用系统

20 世纪 60 年代中期，国际上开始研制一些大型的通用操作系统。这些操作系统试图达到功能齐全，可适应于各种应用范围和操作方式的目标。但是，这些操作系统过于复杂和庞大，不仅付出了巨大的研发代价，而且在解决可靠性、可维护性等方面遇到很大困难。

1969 年，AT&T（贝尔）公司开发了 UNIX 操作系统。UNIX 是一个通用的多用户分时交互式操作系统，它具有一个精干的内核，而功能足以与当时许多大型操作系统相媲美。在内核层以外，UNIX 支持庞大的软件系统。由于其早期版本完全免费，而且可以轻易获得并随意修改，所以很快得到广泛应用和不断完善。UNIX 对现代操作系统的设计和应用有着重大的影响。

UNIX 重要的设计原则是：简洁至上；提供机制而非策略。UNIX 独特的设计哲学和美学观念吸引了一大批技术人员，他们在维护、开发、使用 UNIX 的同时，也影响了他们的思考方式。

UNIX 是一个种类繁多的操作系统，它包含部分商业 UNIX 操作系统，如 UNIX Ware、Mac OS X、AIX、HP-UX、Solaris 等，以及众多的开源（软件免费并开放源程序代码）UNIX 系统，如 BSD（伯克利大学软件包）、Linux、Android 等。由于 UNIX 是注册商标，因此，将其他从 UNIX 发展而来的操作系统称为类 UNIX 系统，如图 2-1 所示。

商业的类 UNIX 操作系统只能在指定的计算机中运行，如 HP 公司的 HP-UX 以及 IBM 公司的 AIX 仅用于自家的硬件产品；开源的类 UNIX 系统可以在众多计算机中运行，如 Linux 可以运行在 x86 计算机中，也可以运行在 IBM 大型计算机中，通过系统剪裁，还可以运行在智能手机中。

（5）个人计算机操作系统

微型计算机的普及推动了个人计算机操作系统的发展。20 世纪 70 年代，微型计算机的主要操作系统是 CP/M-80，它是在 PDP-11 计算机操作系统的基础上简化设计的。1981 年，在 CP/M-80 基础上又产生了 MS-DOS 操作系统。

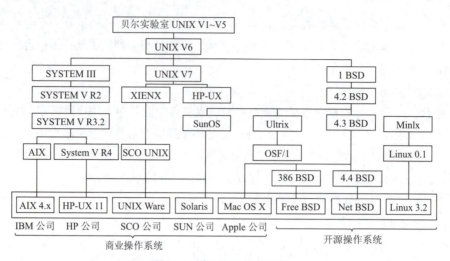

图 2-1 类 UNIX 操作系统

MS-DOS 是一种单用户、单任务的字符界面操作系统。在 DOS 阶段，人们与计算机打交道主要靠输入命令。这时计算机的操作原则是：用户输入什么命令，计算机就做什么；如果不输入命令，计算机就什么也不做。在这一阶段，人们需要记住很多操作计算机的 DOS 命令和它们的使用方法，如果忘记或不知道这些命令，就没有办法操作计算机，所以这时的计算机还不太好用。

20 世纪 70 年代初，施乐公司的帕罗奥多（Xerox Palo Alto）研究中心研发出了图形用户界面，之后被许多公司模仿和发展。随着硬件设备性能的提高和成本的降低，目前的操作系统都提供图形用户界面，如苹果公司的 Mac OS X、微软公司的 Windows、Linux 的 X-Window 等。图形用户界面的出现弥补了字符界面操作系统的不足，例如，人们使用 Windows 时，不必记忆复杂的操作命令，只需要用鼠标、键盘就能完成很多工作。Windows 操作系统的发展如图 2-2 所示。

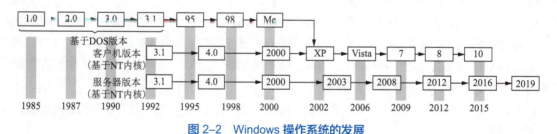

图 2-2 Windows 操作系统的发展

2.1.2 操作系统的分类

操作系统的类型非常多样化，没有一个单一的标准。不同类型计算机的操作系统可从简单到复杂，可从手机的嵌入式操作系统到超级计算机的大型操作系统。许多操作系统的用户界面和操作方式也不尽相同，例如有些操作系统集成了图形用户界面（GUI），而有些操作系统采用命令行界面（CLI）。

操作系统的不同分类方法如图 2-3 所示，根据功能操作系统可分为：批处理操作系统、分时操作系统、实时操作系统、嵌入式操作系统、网络操作系统和分布式操作系统等。

1. 批处理系统

批处理系统的主要特点：用户脱机使用计算机，操作方便；成批处理，提高了 CPU 利用率。其缺点是：无交互性，即用户一旦将程序提交给系统后，就失去了对它的控制。例如，VAX/VMS 是一种多用户、实时、分时和批处理的多道程序操作系统。目前这种早期的操作系统已经淘汰。

第 2 章 操作系统

```
              ┌ 按系统功能分类 ┬ 批处理操作系统（已经淘汰）
              │                ├ 分时操作系统：如 Windows
              │                ├ 实时操作系统：如 VxWorks
              │                ├ 嵌入式操作系统：如 VxWorks
              │                ├ 网络操作系统：如 Linux
              │                └ 分布式操作系统：如 Amoeba、Mach
操作系统 ─────┤
              │ 按同时执行任务数分类 ┬ 单任务操作系统：如 DOS
              │                      └ 多任务操作系统：如 Windows
              │
              │ 按同时操作用户数分类 ┬ 单用户操作系统：如 Windows
              │                      └ 多用户操作系统：如 UNIX
              │
              └ 按操作系统用户界面分类 ┬ 命令行界面操作系统：如 DOS
                                       └ 图形用户界面操作系统：如 Windows
```

图 2-3 操作系统的不同分类方法

2. 分时系统

分时系统是指多个程序共享 CPU 的工作方式。操作系统将 CPU 的工作时间划分成若干个片段，称为时间片。操作系统以时间片为单位，轮流为每个程序服务。为了使一个 CPU 为多个程序服务，时间片划分得很短（大约几毫秒到几十毫秒），CPU 采用循环轮转方式将这些时间片分配给等待处理的每个程序。由于时间片很短，循环执行得很快，使得每个程序都能很快得到 CPU 的响应，好像每个程序都在独享 CPU。分时操作系统的主要特点是允许多个用户同时在一台计算机中运行多个程序；每个程序都是独立操作、独立运行、互不干涉。现代通用操作系统都采用了分时处理技术。Windows、Linux、Mac OS X 等都是分时操作系统。图 2-4 所示为苹果 Mac OS X 和 Linux X-Window 系统桌面。

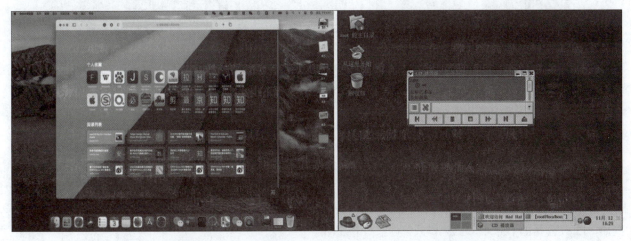

图 2-4 苹果 Mac OS X 系统桌面（左）和 Linux X-Window 系统桌面（右）

3. 实时操作系统

实时操作系统是指当外界事件发生时，系统能够快速接收信息并以足够快的速度予以处理，处理结果能在规定时间内完成，并且控制所有实时设备和实时任务协调一致运行的操作系统。

实时操作系统中的"实时"，在不同语境中往往有非常不同的意义。某些时候仅仅用作"高性能"的同义词。但在操作系统理论中，"实时性"通常是指特定操作所消耗时间（以及空间）的上限是可预知的。例如，某个操作系统提供实时内存分配操作，也就是说一个内存分配操作所用时间（及空间）无论如何不会超出操作系统所承诺的上限。

实时操作系统通常是具有特殊用途的专用操作系统。例如，通过计算机对飞行器、导弹发射过程的自动控制，计算机应及时将测量系统获得的数据进行加工，并输出结果，对目标进行跟踪，以及向操作人员显示运行情况。

实时操作系统主要用于工业控制、军事控制、语音通信、股市行情等领域。常用的实时操作系统有：QNX、VxWorks 等。Linux 经过一定改变后（定制），可以改造成实时操作系统；而原生的 Linux、类 UNIX、Windows 等都属于非实时操作系统。

4. 嵌入式操作系统

近年来各种掌上型数码产品（如数码照相机、智能手机、平板计算机等）成为一种日常应用潮流。除以上电子产品外，还有更多的嵌入式系统隐身在不为人知的角落，从家庭用品的电子钟表、电子体温计、电子翻译词典、电冰箱、电视机等，到办公自动化的复印机、打印机、空调、门禁系统等，甚至是公路上的红绿灯控制器、飞机中的飞行控制系统、卫星自动定位和导航设备、汽车燃油控制系统、医院中的医疗器材、工厂中的自动化机械等，嵌入式系统已经环绕在人们的身边，成为人们日常生活中不可缺少的一部分。

根据 IEEE（电气电子工程师学会）的定义，嵌入式系统是"控制、监视或者辅助装置、机器和设备运行的装置"。从中可看出，嵌入式系统是软件和硬件的综合体，它与应用结合紧密，具有很强的专用性。

绝大部分智能电子产品都必须安装嵌入式操作系统。嵌入式操作系统运行在嵌入式环境中，它对电子设备的各种软硬件资源进行统一协调、调度和控制。嵌入式操作系统从应用角度可分为通用型和专用型。常见的通用型嵌入式操作系统有 Android、iOS、VxWorks 等，如图 2-5 所示。

  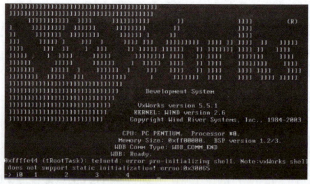

（a）Android 操作系统　　（b）iOS 操作系统　　（c）VxWorks 操作系统

图 2-5　常见嵌入式操作系统工作界面

嵌入式操作系统具有以下特点：

（1）系统内核小

嵌入式操作系统一般应用于小型电子设备，系统资源相对有限，因此系统内核比其他操作系统要小得多。例如，Enea 公司的 OSE 嵌入式操作系统内核只有 5 KB。

（2）专用性强

嵌入式操作系统与硬件的结合非常紧密，一般要针对硬件进行系统移植，即使在同一品牌、同一系列的产品中，也需要根据硬件的变化对系统进行修改。

（3）系统精简

嵌入式操作系统一般没有系统软件和应用软件的明显区分，要求功能设计及实现上不要过于复杂，这样既利于控制成本，同时也利于实现系统安全。

（4）高实时性

嵌入式操作系统的软件一般采用固态存储（集成电路芯片），以提高运行速度。

5. 网络操作系统

网络操作系统的主要功能是为各种网络后台服务软件提供支持平台。网络操作系统主要运行的软件有：网站服务软件，如 Web 服务器、DNS 服务器等；网络数据库软件，如 Oracle、SQL Server 等；网络通信软件，如聊天服务器、邮件服务器等；网络安全软件，如网络防火墙、数字签名服务器等；各种网络服务软件。

网络操作系统的目标是用户可以突破地理条件的限制，方便地使用远程计算机资源，实现网络环境下计算机之间的通信和资源共享。

常见的网络操作系统有 Linux、FreeBSD、Windows Server 等。

6. 分布式操作系统

分布式操作系统以计算机网络为基础，其基本特征是实现任务的分布处理，即将处理任务分布到系统中任何计算机上运行，自动实现全系统范围内的任务分配，自动调度各计算机的工作负载。

（1）分布式操作系统的特点

分布式操作系统有以下特点：数据共享（允许多个用户访问一个公共数据库）、设备共享（允许多个用户共享昂贵的计算机设备）、易通信（计算机之间通信更加容易）、灵活性（用最有效的方式将工作分配到可用的计算机中）。

分布式操作系统目前存在的问题：为分布式操作系统而开发的软件还极少；分布式操作系统的大量数据需要通过网络进行传输，这会导致网络可能因为饱和而引起拥塞；分布式操作系统容易造成对保密数据的访问。

（2）分布式系统设计的 CAP 理论

2000 年，Eric Brewer 教授提出分布式系统设计的 CAP 理论。一致性（Consistency）、可用性（Availability）和分区容错性（Partition Tolerance）是分布式系统的三要素。一致性是指任何一个读操作总是能读到之前完成的写操作结果，也就是在分布式环境中，多点的数据是一致的；可用性是指每一个操作总是能够在确定的时间内返回，也就是系统随时都是可用的；分区容错性是在出现网络分区（如断网）的情况下，系统也能正常运行。

Eric Brewer 教授指出，根据 CAP 理论，一致性、可用性和分区容错性三者不可兼得，最多只能同时满足两个。因此，系统设计师应该研究如何进行取舍，满足实际的业务需求。

目前还没有一个成功的商业化的分布式操作系统，学术研究的分布式操作系统有 Amoeba、Mach、Chorus 和 DCE 等。其中，Amoeba 是一个高性能的微内核分布式操作系统。

2.1.3 Windows 操作系统

Windows 操作系统是由美国微软公司开发，具有窗口化界面的操作系统。通过多年的不断升级和完善，已成为一款使用广泛、成熟稳定的操作系统。

1. Windows 发展

在 Windows 操作系统的发展历史中，曾经最受大家喜爱的 Windows XP 版本已经发布了近 20 年，随着技术的进步和发展，新的硬件设备、大容量的物理内存、高性能的处理器，让人很明显地感受到 Windows XP 已经无法满足日常的 PC 需要。

Windows 7 是微软 2009 年 10 月正式推出的下一代操作系统，它继承了 Windows XP 的实用与 Windows Vista 的华丽，并且在很多方面进行了改进，包含非常多的新特性和功能，并且相比前一代系统发生了非常大的变化。

2012 年 9 月，Windows 7 的占有率已经超越 Windows XP，成为世界上占有率最高的操作系统。

2013 年 10 月，微软向 Windows 8 用户推送 Windows 8.1。

2016 年 1 月 12 日，微软正式停止对 Windows 8 操作系统的技术支持，必须升级 Windows 8.1 才能继续获取支持。

Windows 10 是 Windows 8.1 的下一代操作系统，具有高效的多桌面、多任务、多窗口，同时结合触控与键鼠两种操控模式。

本书基于 Windows 7 操作系统进行讲解。

2. Windows 7 简介

（1）Windows 7 的版本

对于 Windows 7 操作系统，微软共提供了 6 个不同版本，以适应不同的用户群需求：

① 简易版（Windows 7 Starter）：此版本简单、功能最少，对硬件要求低，适用于低端机型的用户。

② 家庭基础版（Windows 7 Home Basic）：此版本包含了无线应用程序、高级网络支持、增强视觉体验（支持部分 Aero 特效）、移动中心，适用于新兴市场（不包括发达国家）。

③ 家庭高级版（Windows 7 Home Premium）：此版本在 BASIC 的基础上，又新增 Aero 玻璃特效、多点触控、多媒体、组建家庭网络组，可实现最佳娱乐体验，面向世界各地用户。

④ 专业版（Windows 7 Professional：此版本加强了网络管理、文件加密和高级网络备份等保护功能，支持域、远程桌面、位置感知打印、脱机文件夹、演示模式（Presentation Mode）等技术。

⑤ 企业版（Windows 7 Enterprise）：此版本可满足企业数据管理、共享、安全等需求，包含一系列企业增强功能，面向企业市场的高级用户。

⑥ 旗舰版（Windows 7 Ultimate）：拥有家庭高级版和专业版的所有功能，当然硬件要求也是最高的，其中 64 位旗舰版是微软公司开发的 Windows 7 系列中的终级版本，此版本最多可支持 256 核处理器。

（2）安装 Windows 7 的计算机配置

安装 Windows 7 的计算机硬件需要一定的硬件配置，推荐配置如下：

① CPU：2 GHz 及以上的多核处理器（包括 32 位及 64 位两种版本，安装 64 位操作系统必须使用 64 位处理器）。

② 内存：2 GB 及以上（最低允许 1 GB）。

③ 硬盘：20 GB 以上可用空间。

④ 显卡：有 WDDM1.0 驱动程序的支持 DirectX 9 以上级别的独立显卡。

2.2　Windows 7 的桌面组成

Windows 7 启动后的桌面如图 2-6 所示，桌面底端的一行称为任务栏，任务栏的上方通常有若干个图标，在运行程序时，桌面上还可以有窗口、菜单、对话框等。

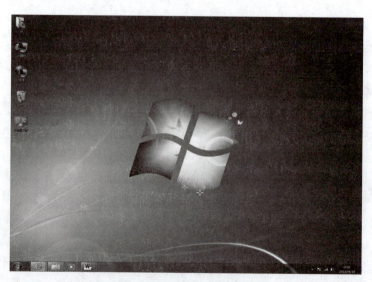

图 2-6　Windows 7 的桌面

1. 桌面图标

图标由代表对象的图形和说明文字组成，Windows 7 桌面上通常显示的图标有"计算机""网络""回收站""控制面板""Internet Explorer"等，这些图标分别代表了不同的程序，用户也可以将自己经常使用的程序或文档的图标放在桌面上，或者在桌面上为其建立快捷方式的图标，也可以将桌面上的图标删除。

（1）计算机

使用"计算机"可以查看或管理计算机上的所有资源，包括软件资源和硬件资源，并通过它管理连接到本计算机上的各种外围设备。

（2）回收站

回收站是硬盘上的一块区域，用来存放被用户删除的文件和文件夹，放在回收站中的文件或文件夹可以还原到原来的位置，也可以被彻底删除。

（3）网络

可以浏览网络上的计算机。

（4）Internet Explorer

该程序可以浏览 Web 页、收发电子邮件、上传下载文件等。

2. 任务栏

任务栏通常位于屏幕的下方，也可以将其拖动到屏幕的其他三个边，方法是将鼠标移动到任务栏的空白区域，然后拖动到其他位置。

任务栏的宽度也可以改变，方法是将鼠标移动到任务栏的边框上，当鼠标指针变成双向箭头时，拖动边框就可以改变任务栏的宽度。

任务栏从左到右由三部分组成，分别是"开始"按钮、活动任务栏和通知区域。

（1）"开始"按钮

单击该按钮可以打开"开始"菜单，该菜单包含了 Windows 7 的所有功能。

（2）活动任务栏

这一部分显示了正在运行的应用程序，每个按钮表示一个应用程序，单击某个按钮就可以将该应用程序切换为当前程序。

将鼠标移动到某个应用程序时，屏幕上会显示该应用程序的缩略图，通过缩略图可以切换或关闭某个应用程序。

当某个应用程序关闭后，任务栏上相应的按钮也随之消失。

（3）通知区域

任务栏最右边的通知区域显示的有"音量控制""语言指示器""网络连接状态""系统时钟"等按钮，也可以自定义该区域中显示的按钮，方法是右击任务栏的空白处，在弹出的快捷菜单中选择"属性"命令，然后在属性对话框中设置。

2.3 Windows 7 的基本操作

Windows 7 的基本操作主要包括窗口、菜单、对话框、工具栏等通用的操作，它是使用 Windows 7 的基础，这些操作同样也适合于 Windows 7 环境下的各个应用程序。

2.3.1 窗口的组成和操作

在 Windows 中，每运行一个程序，都会打开一个窗口，所有与程序有关的操作都在窗口中进行，这个窗口称为应用程序窗口，同时程序中所用到的文档也会以窗口的形式显示，这个窗口称为文档窗口。因此，在

Windows 中窗口可以分为两类，分别是应用程序窗口和文档窗口，一个应用程序窗口中可以包含多个文档窗口，文档窗口和应用程序窗口共用应用程序窗口的菜单。

一个应用程序窗口可以处在三种状态之一，即最大化、最小化和正常状态。最大化是指一个窗口占据了整个屏幕，也称为全屏模式；最小化是指将窗口缩小为只在工具栏上显示该程序的图标；正常状态则是指介于最大化和最小化之间的大小。

1. 窗口的组成

虽然每次运行的程序不同，但运行后打开的窗口基本组成是一样的，图 2-7 所示为"Windows 资源管理器"运行后显示的窗口，运行方法是选择"开始"→"所有程序"→"附件"→"Windows 资源管理器"命令。

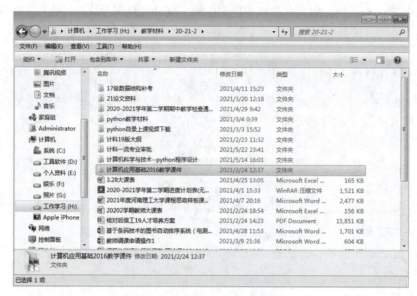

图 2-7　Windows 的窗口组成

应用程序窗口通常由以下几部分组成：

（1）标题栏

标题栏在窗口的第一行，标题栏的右侧由三个按钮组成，分别是最小化、最大化和关闭。

如果同时打开了多个窗口，则当前正在操作的那个窗口称为活动窗口或当前窗口，活动窗口标题栏的颜色要比其他窗口的标题栏颜色醒目一些。

（2）菜单栏

菜单栏列出了应用程序进行操作的所有命令，常用的有"文件""编辑""视图""帮助"菜单等，单击某个菜单，可以显示该菜单下的所有命令，例如，"文件"菜单中就有"新建""删除""属性""关闭"等命令。

（3）工具栏

一个工具栏上由多个按钮组成，每个按钮以图形化的方式代表了菜单中常用的某个命令，这样的命令可以通过单击菜单执行，也可以单击工具栏上的命令按钮执行。使用工具栏时，用户的操作更加方便、快捷。

如果将鼠标停留在工具栏的某个按钮上，鼠标尾部就会出现一个提示信息，简要说明该按钮作用。

（4）功能区

在 Office 2007 及其后的各个版本中，功能区代替了菜单栏和工具栏，同样，Windows 7 附件中的画图、写字板等应用程序窗口也用到了功能区。

（5）地址栏

地址栏用来输入地址信息，也可以单击其右侧的下拉按钮，在打开的列表框中选择地址。

（6）导航栏

窗口左侧通常是导航栏，用来访问库、文件夹或所有的硬盘和移动存储设备等。

（7）滚动条

当窗口的内容较多无法在窗口内全部显示时，在窗口的右侧或底端可以分别出现垂直滚动条和水平滚动条，这两个滚动条不一定同时出现，它们的显示或不显示是根据窗口的大小和内容的多少自动进行的。

滚动条的两端分别有两个按钮，中间有一个矩形滑块，单击按钮或拖动滑块都可以滚动显示当前窗口中尚未显示出的内容，滑块的大小与窗口中内容的多少是成正比的。

（8）状态栏

窗口的下方是状态栏，显示与当前操作、当前系统状态有关的信息。

（9）预览区

图中窗口右侧是预览区，用来预览选中文件的内容。

除了上面几项，边框和拐角也是窗口的组成部分，在这些位置上拖动鼠标，可以改变窗口的大小。

2. 窗口的操作

窗口的操作包括窗口的移动、改变大小、最大化、最小化、切换等，对窗口进行操作时，既可以使用鼠标，也可以使用键盘，但使用鼠标更加方便一些，因此，下面仅介绍使用鼠标的操作。

（1）移动窗口

拖动窗口的标题栏可以将窗口从一个位置移动到另一个位置。

（2）改变大小

对于一个没有处在最大化状态的窗口，将鼠标移动到窗口的边框上，这时鼠标的形状变成一个双向的箭头，拖动鼠标时可以移动边框的位置，从而改变窗口的大小。

如果将鼠标移动到窗口的拐角上，鼠标的形状同样也变成一个双向的箭头，拖动鼠标时，可以移动相邻两个边框的位置，也可以改变窗口的大小。

（3）最小化、最大化、向下还原

窗口标题栏右侧通常有三个按钮，最小化、最大化和关闭。

单击窗口标题栏右侧的最小化按钮，可以将窗口缩小为一个图标，这个图标显示在任务栏上。这时，如果单击任务栏上的程序图标，又可以将该窗口恢复为最小化之前的大小。

单击标题栏右侧的最大化按钮，可将窗口最大化。对于应用程序窗口，最大化是将窗口扩大到整个桌面；对于文档窗口，最大化是将其扩大到整个应用程序窗口的工作区。

将一个窗口最大化后，最大化按钮的位置变成了"向下还原"按钮，单击该按钮时，可将窗口还原为最大化之前的大小。

（4）关闭窗口

关闭窗口表示结束程序的运行，这时任务栏上相应的程序图标也消失。

关闭窗口可以使用以下任意一种方法。

① 单击窗口标题栏右边的关闭按钮。

② 双击窗口左上角的控制菜单框。

③ 单击窗口左上角可打开控制菜单，选择"关闭"命令。

④ 按【Alt+F4】组合键。

要注意关闭窗口和最小化窗口操作的区别，将一个窗口最小化，只是将窗口缩小为任务栏上的一个图标，该程序仍然在内存中运行，而关闭窗口时，程序将从内存中退出。

（5）当前窗口的切换

在 Windows 7 环境中可以同时运行多个程序，因此在桌面上可以同时有多个程序窗口，其中只有一个是当前正在使用的窗口，该窗口称为当前窗口、活动窗口或前台窗口，其他的窗口称为非活动窗口或后台窗口，活动窗口位于其他窗口之前。

可以随时将某个窗口切换为当前窗口，这一过程称为激活某个窗口。切换时可以使用以下方法之一：

① 单击要激活的窗口内的任意位置。

② 在任务栏上单击要激活的窗口的程序图标。

③ 反复按【Alt+Tab】组合键（图2-8）或按【Alt+Esc】组合键可以在应用程序窗口之间切换。

④ 反复按【Ctrl+F6】组合键可以在多个文档窗口之间进行切换。

（6）窗口的排列方式

打开的多个窗口在桌面上的排列方式有层叠窗口、堆叠显示窗口和并排显示窗口三种。设置排列方式时，右击任务栏的空白处，这时，将在屏幕上弹出一个快捷菜单（图2-9），使用这个菜单可以设置窗口的排列方式。

图2-8 使用快捷键【Alt+Tab】切换窗口

图2-9 排列窗口的快捷菜单

（7）最小化所有窗口

选择图2-9中的"显示桌面"命令，可以将所有的窗口最小化。

2.3.2 菜单

一个菜单中包含了若干条命令，可以从菜单上选择所需要的命令来完成相应的操作。菜单的操作有打开菜单、选择菜单命令和关闭菜单。

选择菜单可以直接在菜单中单击某个选项，关闭一个菜单时可以采用以下方法之一：

① 单击菜单以外的任何地方。

② 按【Esc】键。

③ 按【F10】键。

④ 按【Alt】键。

1. 菜单的分类

根据菜单打开方法的不同，在Windows中可以将菜单分成四类，分别是"开始"菜单、菜单栏菜单、快捷菜单和控制菜单，如图2-10示。

（1）"开始"菜单

"开始"菜单是单击任务栏上的"开始"按钮后出现的菜单，也可以通过按【Ctrl+Esc】组合键打开"开始"菜单。

单击"开始"菜单中的"所有程序"，会自动显示菜单中其他的程序名，单击程序名时可以运行该程序。

"开始"菜单中的各项可以动态地改变，如果要将某个程序图标添加到"开始"菜单中，可以右击该程序图标，在弹出的快捷菜单中选择"附到「开始」菜单"命令。

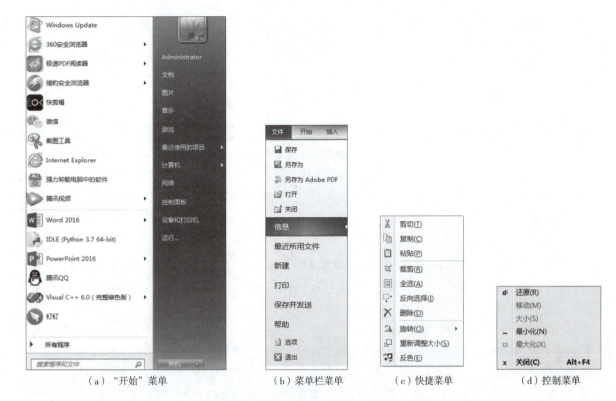

（a）"开始"菜单　　　　（b）菜单栏菜单　　　（c）快捷菜单　　　（d）控制菜单

图 2-10　Windows 中的 4 类菜单

如果要从"开始"菜单中删除某个程序项，可以右击该项，在弹出的快捷菜单中选择"从列表中删除"命令。

（2）菜单栏菜单

菜单栏菜单包含了应用程序中的所有命令，因此，不同的应用程序中，其菜单栏菜单中的内容是不完全一样的。

菜单栏由若干个菜单名组成，常用的有"文件""编辑""视图""帮助"等，每个菜单名下包含了一组菜单命令，这些命令组成了下拉菜单。

直接单击菜单名，或者按住【Alt】键后再按菜单名后括号内带有下画线的字母都可以打开下拉菜单，例如单击"文件"或者按【Alt+F】组合键都可以打开"文件"下拉菜单。

（3）快捷菜单

快捷菜单是右击屏幕上的某个对象后弹出的菜单，其中包含了对该对象可以进行操作的常用命令，因此，在不同的对象上或桌面上不同位置右击，通常弹出的快捷菜单内容是不会相同的。

使用快捷菜单是一个非常实用而又方便的操作对象的方法。

（4）控制菜单

单击每个窗口左上角的控制菜单框，可以打开"控制菜单"，控制菜单中的每一条命令都和窗口的操作有关，例如大小、最大化、最小化等。

2. 菜单上的特殊标记

在菜单上，除了显示各个命令外，还有一些特殊的标记，这些标记代表了不同的含义，图 2-11 中显示了一部分特殊标记。

（1）灰色显示的菜单命令

正常的菜单命令显示为黑色，直接单击就可以执行该命令，灰色显示的命令表示在目前条件下无法使用。

例如，图 2-10 的控制菜单中的"移动"命令就是目前无法使用的命令，原因是窗口处在最大化时是不可以移动的。

（2）带省略号"…"的菜单命令

命令后面带有省略号"…"，表示执行该命令后，屏幕上会弹出一个对话框，在对话框中可以进一步输入其他的信息。

（3）带有选中符号"√"的菜单命令

在命令前的符号"√"是一个选择标记，命令前有此符号时，表示该命令有效，没有此符号时，命令不起作用。每执行一次该菜单命令，将在选中和不选中之间进行切换，例如，图 2-11 中的菜单命令"状态栏"，其前面有符号"√"，表示在窗口中显示状态栏，如果再单击该菜单命令取消符号"√"，则在窗口中不显示状态栏。

（4）菜单中的分组线

菜单中有些相邻的菜单命令之间用横的线条分成了若干组，每一组由若干条相关的命令组成。例如，图 2-11 中，将"工具栏""状态栏""浏览器栏"三项分为一组，"排序方式"和"分组依据"两项分为一组。

（5）命令前带有符号"●"菜单项

在一组菜单命令中，有且只能有一个菜单命令前面带有符号"●"，表示这一组菜单命令中该项被选中，例如，图 2-11 中的菜单命令"列表"前有符号"●"表示选中此项，如果此时选中菜单命令"小图标"，则其他的选项失效。

（6）菜单命令后带有组合键

菜单命令后带有组合键的命令中，组合键代表该命令的快捷键，表示不需要打开菜单，直接使用组合键就可以执行该命令。例如，图 2-10 的控制菜单中"关闭"后面的 Alt+F4 就是关闭窗口的组合键。

（7）命令后带有符号"▶"的菜单命令

命令后带有符号"▶"的菜单命令，表示如果选中该命令，可以打开下一级菜单，表示这是级联菜单。例如，图 2-11 中的菜单命令"排序方式"有下级菜单。

图 2-11 菜单上的特殊标记

2.3.3 对话框

对话框是 Windows 和用户交流信息的界面，一方面，用户可以通过对话框回答系统的提问，例如选择"文件"菜单中的"另存为"命令后，屏幕上会出现对话框，提示用户要在对话框中选择文件保存的文件夹及文件名，这样的对话框通常是执行了带有省略号的菜单命令产生的；另一方面，Windows 也使用对话框显示诸如出错、警告或提示的信息，例如在打印文件时当打印机出现缺纸时的提示，这样的对话框通常是系统自动产生的。图 2-12 所示为"回收站属性"对话框。

对话框的外形与窗口类似，但与窗口不同的是，对话框的大小是固定不变的，且没有菜单栏，而且对话框中的组成元素要比窗口复杂得多，对话框中常见的元素有命令按钮、文本框、标签、单选按钮、复选框等，"回收站属性"对话框中显示的元素有列表框、单选按钮、复选框和命令按钮。

1. 命令按钮

单击命令按钮可以立即执行一个命令，命令按钮通常以矩形的形式

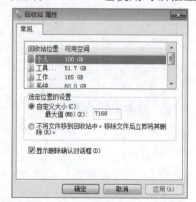

图 2-12 "回收站属性"对话框

出现，矩形中标有文字，常用的有"确定""取消""应用"等。这几个按钮的作用如下：

①确定：单击该按钮时，所做的设置生效，然后关闭对话框。

②取消：单击该按钮时，所做的设置无效，然后关闭对话框，其作用与单击右上角的关闭按钮或按【Esc】键是一样的。

③应用：单击该按钮时，所做的设置生效，但并不关闭对话框。

命令按钮上也有一些特殊的标记，这些标记的作用和菜单上的标记一样。例如，灰色显示的按钮表示目前是不可执行的；命令按钮的名称后面有省略号"…"，表示单击该按钮时会打开一个新的对话框。

2. 文本框

文本框是用来输入文本信息的矩形区域。例如，在"另存为"对话框的文件名框中用于输入保存文档的文件名。

3. 选项卡

选项卡也称为标签，一个选项卡中包含了一组选项，如果对话框要设置的内容较多，可以分别放置在不同的选项卡中。

4. 列表框

列表框中列出了多个选项，供用户选择，如果选项较多，列表框内不能全部显示时，会自动出现滚动条。

5. 下拉列表框

单击下拉列表框右侧的下拉按钮▼，可以打开列表框，在列表框中显示若干条目供用户选择。

6. 单选按钮

单选按钮由一组相互排斥的选项组成，每个选项前有一个小圆圈◉，这一组选项中，用户只能选择其中的一项，被选中的选项前面圆圈中有一个小的圆点◉。在打开对话框时，系统会默认选择其中的一个。

7. 复选框

复选框的前面有一个小方框，单击选中该项时，方框内会出现"√"，再单击被选中的复选框时，框内的"√"消失，表示取消该选项。在对话框中通常是一组选项，每个选项可以分别选中或取消选中。

2.4 设置桌面外观

Windows 7 提供了强大的外观和个性化设置功能，用户可以通过单击控制面板窗口"外观和个性化"分类中的相应选项来进行设置。例如，更换桌面主题、设置桌面图标、更换桌面背景、设置屏幕保护程序及屏幕分辨率等。

2.4.1 更换桌面主题

一般来讲，更改桌面主题就是更改 Windows 为用户提供的桌面配置方案，主要包括桌面墙纸和图标、屏幕保护程序、窗口外观、屏幕分辨率和颜色质量等设置内容。

设置和修改桌面主题的操作方法：右击桌面空白处，在弹出的快捷菜单中选择"个性化"命令，打开如图 2-13 所示的"个性化"窗口。

在"个性化"窗口中，可以选择 Windows 7 自带的主题，也可以自定义主题。选择"桌面背景"选项（见图 2-14）用于设置桌面背景及图案的设置；"窗口颜色"选项（见图 2-15）用于设置主题颜色；"声音"选项用于更改系统音效；"屏幕保护程序"选项（见图 2-16）用于设置屏幕保护。

另外，"个性化"窗口的左侧"显示"选项（见图 2-17）用于设置屏幕分辨率和颜色质量等内容。

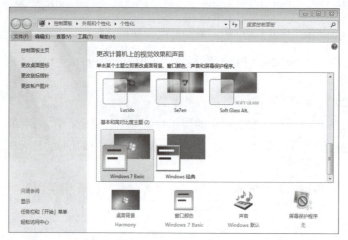

图 2-13 Windows 7 的"个性化"窗口

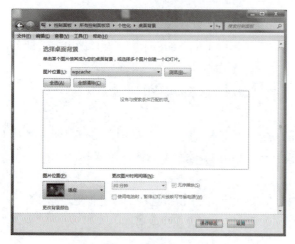

图 2-14 "桌面背景"窗口

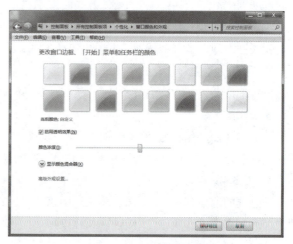

图 2-15 "窗口颜色"窗口

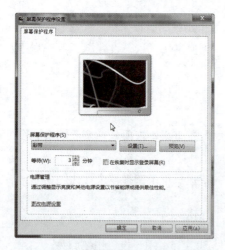

图 2-16 "屏幕保护程序"对话框

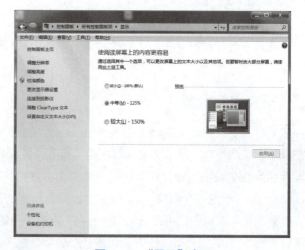

图 2-17 "显示"窗口

2.4.2 任务栏个性化设置

对于任务栏，用户也可以根据自己的需要和操作习惯进行个性化设置。

任务栏的设置操作：右击任务栏空白处，在弹出的快捷菜单中选择"属性"命令，打开"任务栏和「开始」菜单属性"对话框，如图 2-18 所示。用户只要简单地勾选图中的项目，就可以进行任务栏属性的设置。

同时，还可以右击任务栏空白处，在弹出的快捷菜单中选择"工具栏"→"新建工具栏"命令，打开"新工具栏"对话框。若用户选择了"计算机"，就会在任务栏上创建一个"计算机"工具栏，使用户能够快捷、方便地访问计算机中的各项资源。

另外，单击任务栏右侧"通知区域"中的时间区域，可以详细显示当前的系统时间和日期。右击"通知区域"，选择"调整日期/时间"命令，通过单击"更改日期和时间设置"按钮，打开如图 2-19 所示的"日期和时间设置"对话框，可调整计算机内部使用的系统日期和时间。

图 2-18　"任务栏和「开始」菜单属性"对话框

图 2-19　"日期和时间设置"对话框

2.4.3 "开始"菜单个性化设置

Windows 7 为"开始"菜单提供了更多的用户自定义选项。要对"开始"菜单进行设置，首先右击"开始"按钮，在弹出的快捷菜单中选择"属性"命令，在打开的如图 2-20 所示的"任务栏和「开始」菜单属性"对话框中选择"「开始」菜单"选项卡。若要自定义链接、图标和菜单在"开始"菜单中的外观和行为，可单击"自定义"按钮，打开如图 2-21 所示的"自定义「开始」菜单"对话框，可设置开始菜单中需要显示的链接。此外，还可以设置"开始"菜单中要显示的最近打开过的程序的数目等。

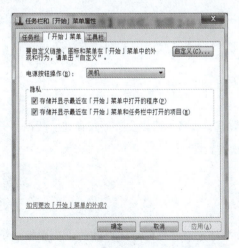

图 2-20　"「开始」菜单"选项卡

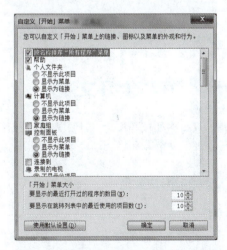

图 2-21　"自定义「开始」菜单"对话框

2.4.4 创建快捷方式

如果用户桌面上没有显示"计算机""网络""用户文件夹""控制面板"等常用图标，可以通过如下方法将其添加到桌面上。

用户可以依据自己日常操作计算机的需要，在某个位置（桌面上或者某文件夹中）创建程序、文档或文件夹的快捷方式。

创建快捷方式常用的操作方法有两种：

① 如果已经找到了快捷方式要指向的对象，可按住鼠标右键将该对象拖到桌面或某个文件夹窗口的内容窗格，释放右键后，在弹出的菜单中选择"在当前位置创建快捷方式"即可。

② 如果已经知道指向目标的文件的路径和名称，则可以在要创建快捷方式的文件夹窗口的空白处（创建在桌面上，则是在桌面上的空白处）右击，在弹出的快捷菜单中选择"新建"→"快捷方式"命令，打开如图 2-22 所示的"创建快捷方式"对话框，直接输入指向目标的文件的路径和文件名，或者单击"浏览"按钮找到要指向的文件或文件夹，然后单击"下一步"按钮，再输入所要创建快捷方式的名称，单击"完成"按钮即可在指定位置创建一个快捷方式。图 2-23 所示为在桌面上创建一个名为"记事本"的快捷方式，双击这个快捷方式的图标，将运行 C:\WINDOWS\NOTEPAD.EXE 程序。

图 2-22 "创建快捷方式"对话框

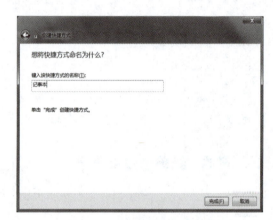

图 2-23 为创建的快捷方式命名

> ❗ 提示：
> 若要在桌面上创建一个快捷方式，可以右击目标文件，在弹出的快捷菜单中选择"发送到"→"桌面快捷方式"命令。

2.5 管理文件和文件夹

文件是计算机中的核心概念。计算机中的所有程序、数据、设备等都以文件形式存在。所以，只有管理好计算机中的文件，才能有效地管理计算机系统中所有的软硬件资源。

2.5.1 文件的基本概念

1. 文件

文件是一组相关信息的集合，计算机中任何程序和数据都是以文件的形式存储的。在操作系统中，每一个文件都必须有一个确定的文件名，以便进行管理。文件名一般由两部分组成，期间用点相隔，格式为：

主文件名.扩展名

文件名可以由字母、数字、汉字、空格和其他符号组成。其中，主文件名给出了文件的名称，扩展名给出了文件的类型。需要注意的是："*""?"":"""""/""\""|""<"">"这九个字符是不能进入文件名中的。它们另有一些特殊的使用，如在进行文件的某些操作（如搜索查找文件）时，文件名可使用通配符"?"和"*"。其中，"?"表示在该位置可以是任意一个合法字符；"*"表示在该位置可以是任意若干个合法字符。

2. 文件夹及其组织结构

文件夹是为了便于文件管理而设立的，是 Windows 用来组织文件的方式。文件夹常用作其他对象（如子文件夹、文件）的容器，可以将相同用途或类别的文件存放在同一个文件夹中，以方便对众多文件对象进行有条理、有层次的组织和管理。文件夹的命名规则和文件基本相似，只是文件夹的名字不需要扩展名。

打开文件夹窗口，其中包含的内容以图符方式显示。在 Windows 中，文件目录是以树形结构进行组织的，如图 2-24 所示。

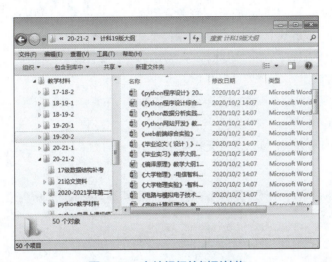

图 2-24　文件组织的树形结构

在目录树中，凡带有"▷"的结点，表示其有下层的子目录，单击可以展开；而带有"◢"的结点，表示其下层的子目录已经展开，单击可以折叠。

采用树形结构的优点：层次分明，条理清晰，便于进行寻找和管理。

需要注意的是，命名文件或文件夹时，大小写被认为是相同的。例如，myfile 和 MyFile 被认为是相同的文件名，它们不能同时存在于同一个文件夹下。

3. 路径

每个文件和文件夹都位于磁盘中的某个位置，要访问一个文件，就需要知道文件的位置，即它处在哪个磁盘的哪个文件夹中。文件的位置又称为文件的路径。路径是操作系统描述文件位置的地址，是描述文件位置的一条通路，它告诉操作系统如何才能找到该文件。一个完整的路径包括盘符（或称驱动器号），后面是要找到该文件所顺序经过的全部文件夹。文件夹间则用"\"隔开。例如，C:\WINNT\notepad.exe，表示文件 notepad.exe 位于 C 盘根目录下的 WINNT 文件夹中。

4. 文件和文件夹的属性

在 Windows 7 中，文件与文件夹主要有以下四种不同的属性：

（1）只读

表示该文件或文件夹只能被读取而不能被修改。

（2）隐藏

将该对象隐藏起来而不被显示。

（3）存档

当用户新建一个文件或文件夹时，系统自动为其设置"存档"属性。

（4）系统

只有 Windows 的系统文件才具有该属性，其他文件不具有系统属性。

2.5.2 资源管理器与文件（夹）的管理

Windows 采用资源管理器程序来管理代表各个软硬件资源的文件。资源管理器顺应了文件目录的树形结构进行文件的管理，直观且便捷。

1. 打开资源管理器

打开资源管理器一般有以下几种方法：

① 单击任务栏左侧任务按钮区中的"Windows 资源管理器"图标。

② 右击"开始"菜单，选择"打开 windows 资源管理器"命令。

③ 直接双击"计算机"或者某个文件夹（或其快捷方式）。

④ 执行"开始"→"所有程序"→"附件"→"Windows 资源管理器"命令。

2. 设置资源管理器外观

资源管理器窗口和其他程序窗口一样，有标题栏、菜单栏、工具栏、状态栏，窗口主体部分还有左右窗格（左窗格是导航窗格，右窗格是内容窗格）。

通过勾选组织结构的布局方式，可以设置资源管理器窗口界面的不同外观形式，以适应不同的使用需要，如图 2-25 所示。

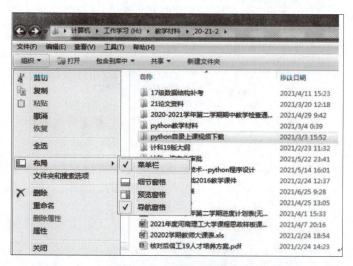

图 2-25 资源管理器窗口

3. 文件夹与文件的浏览方式

（1）文件和文件夹的查看方式

在资源管理器程序窗口的"查看"菜单下，选择"超大图标""大图标""中等图标""小图标""列表""详细信息"等命令，可以按不同的形式在资源管理器的内容窗格中显示文件和文件夹的内容。其中，在"大图标"显示方式下，可以方便地看到图形文件的大致内容，如图 2-26 所示；而在"详细信息"显示方式下，则可以显示出文件更加详尽的信息，如名称、大小、类型和修改时间等，如图 2-27 所示。

第 2 章　操作系统

图 2-26　大图标显示方式

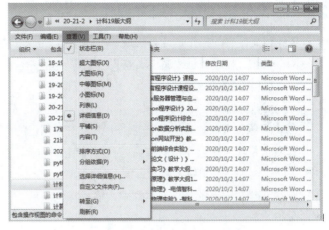

图 2-27　显示文件详细信息

（2）文件和文件夹的排列顺序

在资源管理器窗口中，选择"查看"→"排序方式"命令，再从展开的子菜单中分别选择"名称""大小""类型""修改日期"等命令，并可以按照递增或递减的不同顺序显示文件夹的内容。图 2-28 所示为按文件类型的递减顺序对文件和文件夹进行排序。

特别地，在"详细信息"显示方式下，可以通过单击内容窗格中的标题，非常方便地依据文件的名称、大小、类型和修改日期进行递增或递减排列，这对查找文件提供了极大的方便。

（3）文件夹选项的设置

在资源管理器中，还可以设置文件夹选项，从而实现更加系统性的设置。

在资源管理器程序窗口中选择"工具"→"文件夹选项"命令，打开"文件夹选项"对话框，如图 2-29 所示。在其中的"查看"选项卡中，用户可以通过勾选设置以下最常用的项目：

① 隐藏已知文件类型的扩展名。

② 不显示隐藏的文件和文件夹或驱动器。

③ 隐藏受保护的操作系统文件。

图 2-28　文件和文件夹的排序

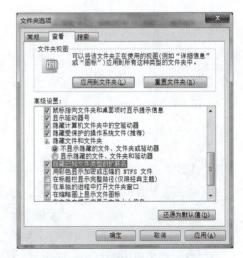

图 2-29　"文件夹选项"对话框

2.5.3 文件和文件夹的基本操作

文件和文件夹的操作是计算机最基本的操作，主要包含文件（夹）的创建、选择、打开、复制、移动、创建、重命名、删除、显示或更改属性、查找搜索等。这些操作往往也是在资源管理器窗口中进行的。

1. 文件夹和文件的创建

（1）创建文件夹

① 在资源管理器窗口的导航窗格中，选定要创建的文件夹位置。

② 右击资源管理器窗口的空白处，在弹出的快捷菜单中选择"新建"→"文件夹"命令（也可以选择"文件"→"新建"→"文件夹"命令）。

③ 在新建文件夹的名称文本框中，输入文件夹名。

④ 按【Enter】键确认。

（2）创建文件

与创建文件夹操作方法类似，只不过需要选择创建的文件类型。图 2-30 所示为创建一个文本文件。新建文件的内容暂时是空白的，如果需要向文件中添加内容，可以双击已创建的文件，再进一步编辑其中的内容，最后保存即可。

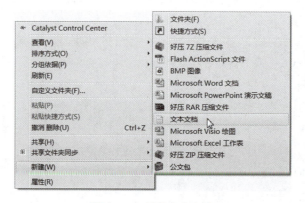

图 2-30 创建文本文件

2. 文件和文件夹的选择

在计算机操作系统中，很多针对文件和文件夹的操作，都必须首先明确是针对哪个或者哪些文件和文件夹进行的，所以首要任务就是要选定将要进一步操作的文件和文件夹。一般来讲，按选择对象的数量可以分为单选和多选，具体操作可采用以下方法：

（1）单选

鼠标直接单击目标文件即可选定。

（2）多选

① 连续多选：单击第一个对象，再按住【Shift】键，单击最后一个对象。

② 不连续多选：单击第一个对象，再按住【Ctrl】键不放，单击各个对象。

③ 全选：选择"编辑"→"全选"命令或按【Ctrl+A】组合键。

④ 反选：先选择好不需要的各个对象，再选择"编辑"→"反向选择"命令。

3. 文件和文件夹的复制和移动

文件的移动和复制操作的相同之处：都是要在目的地位置产生一个选定的对象（文件或文件夹）；不同之处：移动操作不保留原位置的对象，而复制操作则保留了原位置的对象。下面将复制或移动最常用的两种操作方法一并介绍如下：

（1）鼠标拖动法

① 在同一磁盘上操作。在同一磁盘上用鼠标直接拖放文件或文件夹执行"移动"命令；若拖放时按下【Ctrl】键则执行复制操作。

② 在不同磁盘上操作。在不同磁盘之间用鼠标直接拖放文件或文件夹则执行"复制"命令；若拖放时按下【Shift】键则执行移动操作。

（2）利用剪贴板法

"利用剪贴板法"是指在执行"复制"或"剪切"命令时，将选中的内容复制或移动到剪贴板上，而执行"粘贴"命令时，则是将剪贴板上的内容取出来，放到目标位置。

操作步骤如下：

① 选定对象。

② 选择"剪切"（用于移动）或"复制"（用于复制）命令。

"剪切"和"复制"命令可通过三种方法实现：单击工具栏上的"剪切"或"复制"按钮；选择"编辑"菜单下的"剪切"或"复制"命令；按【Ctrl+X】或【Ctrl+C】组合键。

③ 定位到目标位置。

④ 选择"粘贴"命令。"粘贴"命令也可通过三种方法实现：单击工具栏上的"粘贴"按钮；选择"编辑"菜单下的"粘贴"命令；按【Ctrl+V】组合键。

> **提示：**
> 剪贴板是Windows系统在内存中开辟的临时数据存储区，是内存中的一块特定区域，其作用就是作为那些待传递信息的中间存储区。

将信息存放到剪贴板的方法主要有以下几种：

- 使用"剪切"和"复制"命令，将已选定的对象信息存放到剪贴板中。
- 按【PrintScreen】键，可将整个桌面的图形界面信息存放到剪贴板中。
- 按【Alt+PrintScreen】组合键，仅将当前活动窗口的图形界面信息存放到剪贴板中。

由于整个系统共用一块剪贴板，所以移动和复制操作不仅可以在同一应用程序和文档的窗口中进行，也可以在不同应用程序和文档的窗口中进行。

4. 文件的保存

在工作中，经常要创建和编辑文件。在编辑过程中，文件暂时存储在内存中，因为内存断电后信息易失的特点，所以在编辑过程中和编辑完成后，都需要及时把文件存储到磁盘中，以保存好自己的工作成果。

应用程序窗口一般都有"文件"菜单，其中都有"保存"和"另存为"这两个命令，利用它们就可以保存文件。

"保存"命令的具体功能包括：

① 保存未命名文档：实现文档的命名与保存（需要输入文件名称、选择保存位置和类型）。

② 保存已命名文档：会以修改后的文件覆盖掉原来的同名文件，实现文档的更新。

③ "另存为"命令的功能主要是对文档进行命名或重新命名（可输入新的名称、选择新的位置和类型）。

> **提示：**
> 第一次使用"保存"命令时和使用"另存为"命令一样，都会打开如图2-31所示的"另存为"对话框。在该对话框中，设置保存位置、文件名和保存类型。

图 2–31 "另存为"对话框

5. 文件与文件夹的更名

文件和文件夹的更名方法相同，都可以用以下几种办法实现：

① 右击欲改名的文件（夹），在弹出的快捷菜单中选择"重命名"命令，然后输入新名称，按【Enter】键确认即可。

② 两次单击（注意：不是双击）欲改名的文件（夹），然后输入新名称，按【Enter】键确认即可。

③ 选中欲改名的文件（夹），按【F2】键，然后输入新名称，按【Enter】键确认即可。

> ! 提示：
> - 给文件改名时，必须先关闭文档窗口，即文件打开时是不能重命名的。
> - 给文件夹改名时，必须先关闭该文件夹中所有已打开文件的窗口，否则无法进行改名。
> - 给文件改名时，可以同时修改文件名及其扩展名，但由于修改扩展名也就更改了文件类型，所以文件的扩展名不要随便更改，以避免更改后的文件不能被正常打开。
> - 给文件改名时，若确需修改扩展名，必须先在"文件夹选项"中设置"扩展名可见"。

6. 文件与文件夹的删除

（1）删除操作与回收站

在计算机中，对于已经不再需要的文件或文件夹可以执行删除操作，从而避免文件的多余和杂乱。

为了更加稳妥，一般来讲，删除操作只是将欲删除的文件或文件夹放入"回收站"中，而不是简单地直接"扔掉"。回收站是操作系统在磁盘上预先划定的一块特定存储区域，专门用来存放被删除的文件和文件夹。也就是说，删除的文件和文件夹，只是暂时存放在磁盘上的一个特定区域。这样，如果发现删除失误，就可以将其恢复，如果确实不再需要，再进行彻底删除的有关操作。

（2）删除文件与文件夹

文件与文件夹的删除，可以采用以下几种操作方法：

① 右击欲删除的文件（夹），在弹出的快捷菜单中选择"删除"命令。

② 选中欲删除的文件（夹），直接按键盘上的【Delete】键。

③ 选中欲删除的文件（夹），选择资源管理器窗口菜单中的"文件"→"删除"命令。

由于删除操作是比较危险的操作，所以对于这样的操作，操作系统一般都会弹出确认对话框，以避免误操作。如图 2-32 所示，在确认文件删除对话框中，单击"是"按钮即可执行删除操作，单击"否"按钮即可取消删除操作。

当然,有些文件和文件夹在准备删除时,就已经非常明确地知道肯定要将其删除,那么就可以先按住【Shift】键不放,然后再执行删除操作,或者按【Shift+Delete】组合键永久删除,这样文件和文件夹将被直接删除,而不再进入"回收站"。

(3)恢复文件与文件夹

恢复文件与文件夹,就是将已被删除到回收站中的文件和文件夹还原到其删除前的位置。因此,还原操作是删除操作的逆操作。

要恢复已删除的文件和文件夹,首先需要双击桌面上的"回收站"图标(或在资源管理器中选择回收站),在如图2-33所示"回收站"窗口中,选中欲恢复的文件和文件夹,然后采用以下几种办法之一进行操作,即可将这些已删除的文件和文件夹恢复到原来的位置:

① 右击欲还原的文件(夹),从弹出的快捷菜单中选择"还原"命令。
② 选中欲还原的文件(夹),单击"还原此项目"按钮。
③ 选择菜单栏中的"文件"→"还原"命令。

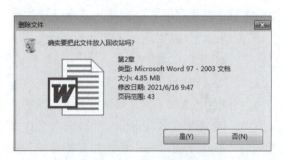

图 2-32 确认文件删除对话框

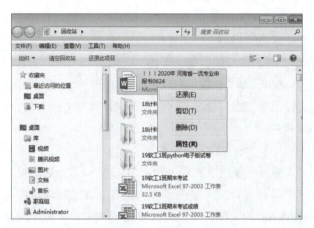

图 2-33 "回收站"窗口

(4)文件的彻底删除与清空回收站

在"回收站"中,如果再对部分文件与文件夹进行删除操作,就可以彻底删除这部分文件与文件夹;而如果对"回收站"做清空操作,就可以全部清空回收站,从而彻底删除回收站中的全部文件与文件夹。

> ⚠ 注意:
> 彻底删除的内容将不能再被恢复。

清空回收站操作的一般方法:打开"回收站"窗口,单击"清空回收站"按钮,或者选择"文件"→"清空回收站"命令,即可将回收站中的内容全部清除。

7. 文件(夹)属性的设置

如前所述,文件(夹)共有"只读""隐藏""存档""系统"等四种属性,其中,"存档"属性是创建文件(夹)时系统自动设置的,而"系统"属性只有Windows的系统文件才具有,所以,文件(夹)属性的设置主要就是设置其"只读"和"隐藏"属性。

文件夹和文件属性的设置方法:右击文件(夹),在弹出的快捷菜单中选择"属性"命令,打开文件或文件夹属性对话框,如图2-34和图2-35所示。在"常规"选项卡中,勾选要设置的属性选项,然后单击"确定"按钮即可。

图 2-34　文件属性的设置

图 2-35　文件夹属性的设置

8. 文件的查找与搜索

计算机中有数以万计的各类文件，计算机操作人员要善于从中找出需要的文件，这就需要使用 Windows 7 的搜索功能。

（1）"开始"菜单搜索

Windows 7 的搜索可以直接在"开始"菜单的搜索栏中进行。这种搜索方式可以在所有的已经加入索引的文件当中搜索目标文件，面向的是计算机中所有的位置。并且，需要搜索的文件必须加入索引，否则无法被搜索到。

（2）文件夹窗口搜索

另外一种搜索方式，是在文件夹窗口右上方的搜索栏中进行的。如果用户大致确定文件所在的大致范围，则可以打开该文件夹的窗口。在右上方的搜索栏中进行搜索。例如：要查找 C 盘 Windows 文件夹中名称为 system.ini 的文件，可以打开 C 盘的 Windows 文件夹窗口，在搜索栏中输入 system.ini；单击搜索图标或者按【Enter】键，开始执行搜索。搜索结果将会出现在文件夹窗口中。

2.6　系统管理和应用

用户在使用计算机时，经常要对系统进行设置和管理。下面学习查看计算机配置、设置用户账户、安装和卸载应用程序以及整理磁盘碎片等方法。

2.6.1　查看系统硬件配置

右击桌面上的"计算机"图标，在弹出的快捷菜单中选择"属性"命令，打开"系统"窗口，如图 2-36 所示，从中可以看到计算机操作系统的版本、CPU 型号、内存大小及计算机名等信息。单击窗口左上角的"设备管理器"选项，在打开的"设备管理器"窗口中还可以看到计算机所有硬件的详细信息，如图 2-37 所示。

> ❗ 提示：
> 在设备管理器中如果某一硬件选项前面带有问号或感叹号，则表示该硬件的驱动程序没有安装好，需要重新安装。

第 2 章 操作系统

图 2-36 查看计算机基本信息　　　　　　　图 2-37 设备管理器窗口

2.6.2 设置用户账户

"用户账户"是在控制面板下，系统用来为不同的用户账户进行管理的设置程序。它可以为不同的用户提供一个不同的用于登录的用户名，不同的用户名又可以为每个用户保存一套独立的计算机设置信息，从而为不同使用习惯的用户使用同一台计算机提供了方便。

Windows 7 系统可以创建三种类型的新账户，每种类型为用户提供不同的计算机控制级别：

① "标准账户"：适用于日常工作使用。

② "管理员账户"：可以对计算机进行最高级别的控制。

③ "来宾账户"：主要针对需要临时使用计算机的用户。

1. 创建用户账户

① 选择"开始"→"控制面板"→"用户账户和家庭安全"→"用户账户"命令，打开如图 2-38 所示窗口。

图 2-38 "用户账户"窗口

在"用户账户"窗口中，可以通过"为您的账户创建密码"与"更改图片"两个选项修改密码和改变用户登录时所看到的显示图标。

② 单击"管理其他账户"→"创建一个新账户"选项，打开如图 2-39 所示的"命名账户并选择账户类型"窗口。

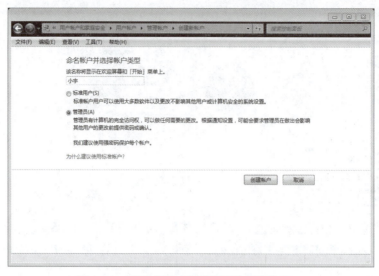

图 2-39　"命名账户并选择账户类型"窗口

在这个窗口中,用户需要为新建的账户起一个用户名(这里命名为"小宇"),并选择新建立的用户是"管理员"还是"标准用户"。然后单击"创建账户"按钮,一个新的账户就被创建成功并可在下次登录时使用。

2. 更改用户账户

用户可以对现有的账户名称、显示图片、类型和登录密码等进行更改。单击"小宇标准用户"可以打开该用户的管理设置界面,在该界面中可以对其进行一些设置,如"创建密码"等(见图 2-40),此处不再赘述,请读者自行体验。

图 2-40　管理新账户界面

2.6.3　安装和卸载应用程序

1. 应用程序的安装

对于应用程序的安装,通常从官网下载相关软件,在资源管理器中打开软件所在的文件夹,其中一般都会有一个安装文件 Setup.exe,双击运行该文件,根据屏幕提示进行操作即可。

2. 应用程序的卸载

已经安装但不再需要使用的软件(特别是游戏)应及时卸载。但特别要注意的是,在 Windows 操作系统下卸载软件并不是简单的删除操作,仅删除软件文件夹是不够的。因为许多软件在 Windows 目录下安装了许多支持程序,这些程序并不在软件文件夹下,所以简单地删除软件文件夹并不会改变 Windows 的配置文件。

在 Windows 7 中,通常使用两种方法卸载已安装的软件:

① 利用软件自身所带的卸载程序。

② 利用控制面板中的"程序"→"卸载程序"选项,如图 2-41、图 2-42 所示。

图 2-41　控制面板中的卸载程序

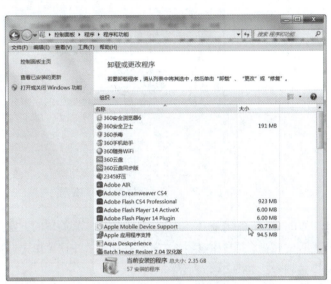

图 2-42　卸载或更改程序

2.6.4　磁盘的管理与维护

1. 查看磁盘属性

在"计算机"窗口中右击磁盘图标,在弹出的快捷菜单中选择"属性"命令,打开磁盘属性对话框,如图 2-43 所示。在"常规"选项卡中,可以看到磁盘的有关信息。

2. 格式化工具

格式化,简单地说就是把一张空白的盘划分成一个个小区域并进行编号,供计算机存储,读取数据。没有这个过程,计算机就不知在哪里写,从哪里读。

在日常的计算机使用中,通常把格式化用于对磁盘进行清空操作。它和删除操作相比,可以更加彻底地删除磁盘中一些不太容易删除的内容。例如,当磁盘被病毒感染后,病毒用删除操作是不一定可以清除的,这时就需要用到格式化操作。当格式化时,只需要在对应的磁盘上右击,在弹出的快捷菜单中选择"格式化"命令,将打开如图 2-44 所示的格式化对话框。按照用户的需求选择对应的选项后,单击"开始"按钮开始格式化。

在格式化窗口中,"卷标"是用户为将进行格式化的磁盘或磁盘分区标注的一个名字,也可以理解为是这个磁盘的备注项。"快速格式化"选项,顾名思义当选择这一选项后格式化所要用到的时间将大幅减少,这主要是因为"快速格式化"并不彻底对数据进行清除。

3. 磁盘碎片整理工具

磁盘碎片也称为文件碎片,是因为文件被分散保存到整个磁盘的不同地方,而不是连续地保存在磁盘连续的簇中形成的。当应用程序所需的物理内存不足时,一般操作系统会在硬盘中产生临时交换文件,用该文件所占用的硬盘空间虚拟成内存。虚拟内存管理程序会对硬盘频繁读写,产生大量的碎片,这是产生硬盘碎片的主要原因。其他如浏览器浏览信息时生成的临时文件或临时文件目录也会造成系统中形成大量的碎片。

产生碎片以后，读取文件时磁盘需要更多的时间进行查找，从而减慢操作速度，对硬盘也有一定损害，因此一段时间之后，进行一次碎片整理是非常有必要的。

图 2-43 "磁盘属性"对话框　　　　　图 2-44 "格式化"对话框

Windows 7 系统为用户提供了一个使用非常简单的磁盘碎片整理工具。当需要进行碎片整理时，选择要进行整理的磁盘，并在磁盘图标右击，在弹出的快捷菜单中选择"属性"命令，打开属性对话框，选择其中的"工具"选项卡，如图 2-45 所示。

在磁盘工具对话框中，单击"碎片整理"项目组中的"立即进行碎片整理"按钮，打开"磁盘碎片整理程序"窗口，如图 2-46 所示。

图 2-45 "工具"选项卡　　　　　图 2-46 "磁盘碎片整理程序"窗口

在"磁盘碎片整理程序"窗口中，首先在列表中选择要整理的磁盘；然后，可以单击"分析磁盘"按钮，计算机会自动对碎片情况进行分析，并提出是否需要进行碎片整理的建议；最后，单击"磁盘碎片整理"按钮，程序将开始进行整理。注意在碎片整理过程中，可能需要较长的时间，磁盘已有碎片情况越严重，所需时间越长。在这个过程中，不要非正常关机，以防止数据丢失。

2.7 常用附件程序

除了资源管理器、控制面板等管理程序外，Windows 7 中还提供了一系列实用的工具程序，如画图、记事本等，这些程序都在"开始"菜单的"附件"中。

2.7.1 记事本

记事本（见图 2-47）是一个小型的文本编辑器，专门用来编辑文本文件，其编辑功能并不是很强，但运行速度快、占用空间小，在保存时系统自动加上的扩展名为（.txt），在数码产品中的电子书常用的就是这种格式的文件。

图 2-47 "记事本"窗口

2.7.2 写字板

写字板是 Windows 7 中的一个文字处理程序，在文字编辑和排版上不如 Word 功能强大，但也具有比较强的文字编辑和排版功能，如字符格式、段落格式的设置，字符串的查找和替换等，也可以插入图形实现图文混排。图 2-48 所示为写字板窗口，该窗口中使用功能区代替了以前版本中的菜单和工具栏。

图 2-48 写字板窗口

2.7.3 画图

画图程序用于编辑图形，也可以输入文字，但输入的文字和图形融为一体，可以将其他程序中的图形嵌入到画图程序中，也可以将画图程序中的图形嵌入到其他的程序中。画图程序窗口如图 2-49 所示。

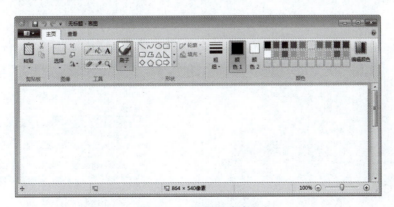

图 2-49 画图程序窗口

画图程序窗口中主要由功能区和绘图区组成，功能区包含一个"画图"菜单和两个选项卡，"画图"菜单中的命令和其他程序"文件"菜单中的命令相似，如新建、打开、保存、另存为等。

"主页"选项卡中包含了剪贴板、图像、工具、形状和颜色分组，各组中的按钮用来绘制图形、编辑图像和设置颜色。其中的"形状"分组中包含了一套绘图按钮，可以用来画线、矩形、椭圆、多边形等基本形状。"颜色"分组中包含了已调配好的颜色，也可以通过"编辑颜色"按钮编辑新的颜色。

"查看"选项卡主要用于对图形进行缩放显示。

1. 绘制图形

使用画图程序绘图的一般方法如下：

（1）在"颜色"分组中选择颜色

① 单击"颜色1"按钮后单击某个颜色选择前景色。

② 单击"颜色2"按钮后单击某个颜色选择背景色。

（2）选择工具

在"形状"列表框中选择某个工具，然后选择该工具的属性，例如，选择直线后，接下来选择直线的宽度。

（3）在绘图区用鼠标拖动进行画图

画图时，应注意下面的问题：

① 如果使用鼠标左键，则使用选择的前景色画图，如果使用鼠标右键，则使用选择的背景色画图。

② 要取消当前的绘图操作，使用左键绘图时在释放左键之前右击，而在使用右键绘图时在释放右键之前单击左键。

③ 要撤销当前的绘图操作，可以按【Esc】键或单击【撤销】按钮。

④ 在画线、矩形、椭圆时，如果配合【Shift】键，可以得到特殊的效果，例如按住【Shift】键后画直线，可以绘制水平、垂直或斜45°的直线；按住【Shift】键后画矩形，可以绘制正方形；按住【Shift】键后画椭圆，画出来的是正圆。

2. 编辑图形

对画好的图形可以进行一些处理，在处理之前，先使用"选择"工具选择要处理的图形，然后利用"图像"分组中的按钮进行翻转、旋转、大小和扭曲等处理。

2.7.4 截图工具

Windows 7 中提供的截图工具是一个非常实用的工具，可以将屏幕上的任何区域的图形截取出来送到剪贴板或保存到图像文件中。

截图工具程序启动后的窗口如图 2-50 所示，单击其中的"新建"按钮可以在屏幕上任何位置上截取矩形的区域，如果单击该按钮右侧的下拉按钮，可以在下拉列表（见图 2-51）中选择截图的形状，如矩形、任意格式等，其中的"全屏幕截图"相当于按【PrintScreen】键的效果，而"窗口截图"相当于按【Alt+ PrintScreen】组合键的效果。

图 2-50 "截图工具"窗口

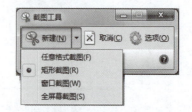

图 2-51 "新建"下拉列表

2.7.5 计算器

Windows 7 的计算器有 "标准型""科学型""程序员""统计信息" 四种类型，图 2-52 所示为前两种类型，可以在 "查看" 菜单中进行切换。"标准型" 计算器只能完成基本的运算，"科学型" 计算器还可以进行一些数学函数及开方等运算。

图 2-52 "标准型" 和 "科学型" 计算器

2.7.6 命令提示符

在 Windows 7 中所做的各种操作，都是使用鼠标，通过对窗口、对话框、图标、菜单进行操作实现的，这种操作方法称为图形界面方式。在 Windows 7 中也提供了命令提示符方式，即通过使用键盘输入命令的方法完成操作，用这种方法可以运行 MS-DOS 的命令或程序。

命令提示符方式也是 Windows 7 附件中的一个应用程序，其使用模拟了 MS-DOS 的环境。命令提示符窗口如图 2-53 所示。

图 2-53 命令提示符窗口

在提示符方式下输入 EXIT 命令，可以退出 "命令提示符" 窗口。

思考与练习

一、单项选择题

1. 桌面图标的排列方式可以通过_____来进行设定。
   A. 任务栏快捷菜单　　B. 桌面快捷菜单　　C. 任务按钮栏　　D. 图标快捷菜单
2. 在 Windows 中操作时，鼠标右击对象，则_____。
   A. 复制该对象的备份　　　　　　　　　B. 弹出针对该对象操作的一个快捷菜单
   C. 激活该对象　　　　　　　　　　　　D. 可以打开一个对象的窗口

3. 在Windows的图形界面中，按_____组合键可以打开开始菜单。
   A. 【Alt + Tab】　　　　　　　　　　B. 【Ctrl + Esc】
   C. 【Alt + Esc】　　　　　　　　　　D. 【Ctrl + Tab】
4. 在Windows 7中，"任务栏"的作用包含_____。
   A. 只显示当前活动程序窗口名　　　　B. 实现程序窗口之间的切换
   C. 只显示正在后台工作的程序窗口名　D. 显示系统的所有功能
5. 在资源管理器窗口中，若要选定多个连续文件或文件夹，则先选中第一个，然后按住_____键，再选择这组文件中要选择的最后一个。
   A. 【Tab】　　　B. 【Shift】　　　C. 【Ctrl】　　　D. 【Alt】
6. 在资源管理器窗口中，如果要选择多个不相邻的文件图标，则先选中第一个，然后按住_____键，再选择其余的文件图标。
   A. 【Tab】　　　B. 【Shift】　　　C. 【Ctrl】　　　D. 【Alt】
7. 在Windows 7中，可以通过按_____+【PrintScreen】键复制当前窗口的内容。
   A. 【Tab】　　　B. 【Shift】　　　C. 【Ctrl】　　　D. 【Alt】
8. Windows 7中，关于文件夹的正确说法是_____。
   A. 文件夹名不能有扩展名　　　　　　B. 文件夹名不可以与同级目录中的文件同名
   C. 文件夹名可以与同级目录中的文件同名　D. 文件夹名在整个计算机中必须唯一
9. Windows的文件系统规定_____。
   A. 同一文件夹中的文件可以同名　　　B. 不同文件夹中，文件不可以同名
   C. 同一文件夹中，子文件夹可以同名　D. 同一文件夹中，子文件夹不可以同名
10. 在Windows中，在记事本中保存的文件，系统默认的文本扩展名是_____。
    A. .txt　　　B. .doc　　　C. .wps　　　D. .doc

二、思考题

1. Windows 7桌面由几部分组成？各部分有什么作用？
2. 剪贴板的功能是什么？
3. 绝对路径和相对路径有什么区别？
4. "附件"中常用的工具有哪些？说明它们的用途。
5. Windows 7中文件的命名规则是什么？

第 3 章 计算与计算思维

在人类科技进步的大潮中，逐渐形成了科学思维。科学思维是指人类在科学活动中形成的，以产生结论为目的思维模式，具备两个特质，即产生结论的方式方法和验证结论准确性的标准。可以分为以下三类思维模式：一是以推理和逻辑演绎为手段的理论思维；二是以实验—观察—归纳总结的方法得出结论的实验思维；三是以设计和系统构造为手段的计算思维。随着科技的飞速发展，传统的理论思维和实验思维已经难以满足人们科学研究以及解决问题的需要，在这种情况下，计算思维的作用就十分重要。计算思维吸取了解决问题所采用的一般数学思维方法、现实世界中巨大复杂系统的设计与评估的一般工程思维方法，以及复杂性、智能、心理、人类行为的理解等一般科学思维方法。

> **学习目标：**
>
> 通过对本章内容的学习，学生应该能够做到：
> ① 了解：什么是计算、计算机和计算思维。
> ② 理解：计算思维的内涵与应用，计算机思维的方法。
> ③ 应用：掌握计算思维的计算机实现。

3.1 计算思维

达尔文曾说过："科学就是整理事实，从中发现规律，做出结论。"科学研究的三大方法是理论、实验和计算，对应的三大科学思维分别为理论思维、实验思维和计算思维。它们以不同的方式推动着科学的发展和人类文明的进步。要剖析计算思维，先从计算和计算机的概念说起。

3.1.1 计算、计算机与计算思维

1. 计算

计算就是基于规则的、符号集的变换过程，即从一个按照规则组织的符号集合开始，再按照既定的规则一步步地改变这些符号集合，经过有限步骤之后得到一个确定的结果。可以简单地理解为"数据"在"运算符"的操作下，按照"计算规则"进行的数据变换。计算改变了科学家、生物学家、数学家、经济学家及社会学家的思考方式，推动了各类研究的发展。

例如，让机器判断方程

$$a_1 x_1^{b1} + a_2 x_2^{b2} + \cdots + a_n x_n^{bn} = c$$

是否有整数解。

类似的问题促进了计算机科学和计算科学的诞生和发展。

2. 计算机

随着社会生产力的发展，计算工具也不断地得到发展。计算机作为现代的电子计算机器，也是计算工具不断发展的产物。计算机包括软件和硬件，能够执行程序，完成各种自动计算。

3. 计算思维

（1）计算思维的含义

计算思维是运用计算机科学的基础概念进行问题求解、系统设计，以及人类行为理解等涵盖计算机科学之广度的一系列思维活动，由周以真于2006年3月首次提出。计算思维建立在计算过程的能力和限制之上，由人通过机器执行。计算方法和模型使人们敢于去处理那些原本无法由个人独立完成的问题求解和系统设计。总的来说，计算思维是运用计算机科学的基础概念去求解问题、设计系统和理解人类的行为，它包括了涵盖计算机科学之广度的一系列思维活动。

为了便于理解，计算思维可进一步地定义为：通过约简、嵌入、转化和仿真等方法，把一个看来困难的问题重新阐释成一个人们知道问题怎样解决的方法；是一种递归思维，是一种并行处理，是一种把代码译成数据又能把数据译成代码，是一种多维分析推广的类型检查方法；是一种采用抽象和分解来控制庞杂的任务或进行巨大复杂系统设计的方法，是基于关注分离的方法（SoC方法）；是一种选择合适的方式去陈述一个问题，或对一个问题的相关方面建模使其易于处理的思维方法；是按照预防、保护及通过冗余、容错、纠错的方式，并从最坏情况进行系统恢复的一种思维方法；是利用启发式推理寻求解答，即在不确定情况下的规划、学习和调度的思维方法；是利用海量数据来加快计算，在时间和空间之间，在处理能力和存储容量之间进行折中的思维方法。

（2）计算思维的特征

① 计算思维是概念化，不是程序化。计算机科学不是计算机编程，像计算机科学家那样去思维意味着不止能为计算机编程。它要求能够在抽象的多个层次上进行思维。

② 计算思维是基础的，不是机械的技能。基础的技能是每一个人为了在现代社会中发挥职能所必须掌握的。生搬硬套的机械的技能意味着机械的重复，不能称为计算思维。只有当计算机科学解决了人工智能的宏伟挑战——使计算机像人类一样思考之后，才具备了计算思维。

③ 计算思维是人的思维，不是计算机的思维。计算思维是人类求解问题的一条途径，但决非试图使人类像计算机那样地思考。计算机枯燥且沉闷；人类聪颖且富有想象力。人类只要配置了计算设备，就能用自己的智慧去解决那些计算时代之前不敢尝试的问题。

④ 计算思维是数学和工程思维的互补与融合。计算机科学在本质上源自数学思维，因为像所有的科学一样，它的形式化解析基础筑于数学之上。计算机科学又从本质上源自工程思维，因为我们建造的是能够与实际世界互动的系统。由于传统的计算机设备的局限性，无法解决一些特殊领域的问题，这就导致了科学家必须以计算性的思维去思考这些问题，进而构建虚拟世界的自由，使人们能够超越物理世界去打造各种系统。

⑤ 计算思维是思想，不是人造品。不只是我们生产的软件硬件人造品以物理形式到处呈现并时时刻刻触及我们的生活，更重要的是还将有我们用以接近和求解问题、管理日常生活、与他人交流和互动之计算性的概念。

⑥ 计算思维是面向所有人、所有地方。当计算思维真正融入人类活动的整体而不再是一种显式的哲学时，它就将成为现实。计算思维的实现是通过设计组合简单的已实现的动作而形成程序，由简单功能的程序构造出复杂功能的程序，尽管比较复杂，但利用计算机却可以轻松执行，解决生活中的难题。

3.1.2 计算思维的应用领域

1. 化学

计算思维已深入化学研究的方方面面，例如，绘制化学结构及反应式、分析相应的属性数据、系统命名及光谱数据等，都需要计算思维的支撑。

2. 生物学

计算思维渗透到生物信息学中的应用研究，如从各种生物的 DNA 数据中挖掘 DNA 序列自身规律和 DNA 序列进化规律，可以帮助人们从分子层次上认识生命的本质及其进化规律。

3. 艺术

计算机艺术是科学与艺术相结合的一门新兴的交叉学科，包括绘画、音乐、舞蹈、影视、广告、服装设计等众多领域，都是计算思维的重要体现。例如，梦工厂用惠普的数据中心进行各种动画电影的渲染工作，戏剧、音乐、摄影都有计算机的合成作品等。

4. 工程领域

在电子、土木、机械、航空航天等工程领域中，计算高阶项可提高精度，从而降低称重量，节省制造成本。

5. 医疗

利用机器人手术，医生能更好地治疗自闭症；电子病历系统需要隐私保护技术；可视化技术使虚拟结肠检查成为现实。

3.2 语义符号的表示

在人类文明发展的过程中，人们发明了各种各样的符号体系，用来表征事物，交流思想。现实世界的任何事物，都可以使用符号表示。

符号是语言的载体，符号本身没有任何意义。只有被赋予含义的符号才能被使用，这时语言就转化为信息，而语言的含义就是语义。语义是符号所对应的现实世界中的事物所代表的含义以及这些含义之间的关系，是符号在某个领域的解释和逻辑表示。

最典型的符号体系是人类所使用的语言。在一个符号体系中存在一组基本符号，它们可构成更大的语言单位，而基本符号的数目一般比较小。例如英语语言，基本英文字符只有 52 个（包括大小写），却可以构成成千上万个单词。

自然界中，寒来暑往、昼夜交替、四季变化，自然现象丰富多彩、循环往复，人们使用多种符号表示自然现象，比如可以用来表示天气预报中各类天气的符号如图 3-1 所示。

天气符号也可以由 0 和 1 构成的不同排列来表示，比如图 3-1 中任意的八种天气，就可以用八个"二进制"的编码进行表示，形成一个简单的天气符号二进制编码系统，如表 3-1 所示。当然，在表 3-1 中也可以制定阴的编码为 000，晴的编码为 001，由此也可以看出，三位的二进制编码可以产生八种不同的组合。依此类推，如果有更多的天气符号需要表示，只需要扩展二进制编码的位数即可。

图 3-1 天气预报中的天气符号

表 3-1 天气符号的二进制表示

天气	二进制编码	天气	二进制编码
晴	000	中雨	100
阴	001	大雨	101
多云	010	暴雨	110
阵雨	011	大暴雨	111

再如，也可以用0和1来区别性别，用0表示男，1表示女，或者0表示女，1表示男都可以。为了避免使用符号时产生歧义，使用符号进行编码必须满足三个主要特性：唯一性、公共性和规律性。唯一性是指采用的编码能够唯一地表示每一个对象；公共性是指这种编码方式要得到不同组织机构、应用程序的认可和遵循的规则；规律性是指编码规则能被精确表达，能够被计算机和人识别与使用。例如，为了全部准确地在计算机、智能手表、平板计算机等数字设备中表示颜色，大多数码厂设置 RGB 为标准色彩模式。RGB 模式通过红、绿、蓝三种单色光的辐射量叠加描述任一颜色，每种单色光的辐射量取值范围是 0~255。如果 RGB 颜色值为（0,0,0），表示三种单色光的辐射量最低，代表的颜色是黑色；如果 RGB 颜色值为（255,255,255），表示三种单色光的辐射量为最高，代表的颜色值是白色。图 3-2 所示为 Photoshop 图像处理软件中的拾色器，当前设置的颜色是白色，RGB 的颜色值是（255,255,255），#FFFFFF 就是白色的 RGB 颜色值的简写，编码符号采用十六进制数。

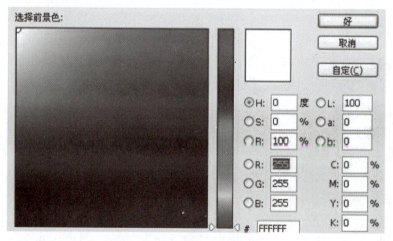

图 3-2 Photoshop 中的拾色器

可以说，天气符号的编码表示、Photoshop 中颜色值的表示都是建立在象、数、理的基础上的一种抽象化和模型化，计算思维的本质也是抽象化和模型化。

3.3 计算思维的逻辑基础

逻辑运算又称布尔运算。布尔用数学方法研究逻辑问题，成功地建立了逻辑演算。他用等式表示判断，把推理看作等式的变换。这种变换的有效性不依赖人们对符号的解释，只依赖于符号的组合规律，这一逻辑理论称其为布尔代数。20 世纪 30 年代，逻辑代数在电路系统获得应用，随后，由于电子技术与计算机的发展，出现各种复杂的系统，它们的变换规律也遵守布尔所揭示的规律。逻辑运算（Logical Operators）通常用来测试真假值。最常见到的逻辑运算就是循环处理，用来判断是否该离开循环或继续执行循环内的指令。

3.3.1 逻辑运算相关概念

1. 基本概念

逻辑运算是数字符号化的逻辑推演法，包括联合、相交、相减。在图形处理操作中引用了这种逻辑运算方法以使简单的基本图形组合产生新的形体，并由二维逻辑运算发展到三维图形的逻辑运算。下面介绍一些关于逻辑运算的相关概念。

（1）逻辑运算

在逻辑代数中，有与、或、非三种基本逻辑运算。表示逻辑运算的方法有多种，如语句描述、逻辑代数式、真值表、卡诺图等。

（2）逻辑常量与变量

逻辑常量只有两个，即 0 和 1，用来表示事件的发生与否、开关通断等二值信息。

（3）逻辑函数

逻辑函数是由逻辑变量、常量通过运算符连接起来的代数式。同样，逻辑函数也可以用表格和图形的形式表示。

（4）逻辑代数

逻辑代数是研究逻辑函数运算和化简的一种数学系统。逻辑函数的运算和化简是数字电路课程的基础，也是数字电路分析和设计的关键。

2. 逻辑运算的表示方法

① "∨"表示"或"。
② "∧"表示"与"。
③ "¬"表示"非"。
④ "="表示"等价"。
⑤ 1 和 0 表示"真"和"假"。

此外，还有一种表示方法，"+"表示"或"，"·"表示"与"。

3. 逻辑运算的性质

逻辑运算的性质包括互补律、交换律、结合律、分配律和吸收律。

① 互补律：$A \cup (\neg A) = 1$，$A \cap (\neg A) = 0$。
② 交换律：$A \cup B = B \cup A$，$A \cap B = B \cap A$。
③ 结合律：$(A \cap B) \cap C = A \cap (B \cap C)$，$(A \cup B) \cup C = A \cup (B \cup C)$。
④ 分配律：$A \cup (B \cap C) = (A \cup B) \cap (A \cup C)$，$A \cap (B \cup C) = (A \cap B) \cup (A \cap C)$。
⑤ 吸收律：$A \cup (A \cap B) = A$，$A \cap (A \cup B) = A$。

4. 逻辑推理

逻辑推理是指由一个或几个已知的判断推导出另外一个新的判断的思维形式。逻辑的基本表现形式是命题和推理，命题由语句表述，即由语句表达的内容为"真"或"假"的一个判断。例如：

命题 1：苏格拉底是人。

命题 2：所有的人都会死。

命题 3：苏格拉底会死。

推理是由简单命题通过判断推导得出复杂命题的判断结论的过程。例如，用命题 1 和命题 2 进行推理，可得命题 3 为真，即因为苏格拉底是人并且所有的人都会死，所以苏格拉底会死。

命题可以使用符号 X、Y、Z 等表示，符号的值可能是真（使用符号 TRUE）或假（使用符号 FALSE）。命题还可以进行逻辑运算，从而得到推理结论。基本逻辑运算包括"与"运算、"或"运算和"非"运算，运算规则如表3-2所示。

表3-2 与、或、非逻辑运算真值表

X	Y	Z=X AND Y	Z=X OR Y	Z=NOT X
假	假	假	假	真
假	真	假	真	真
真	假	假	真	假
真	真	真	真	假

① "与"运算（AND）：当X和Y都为真时，X AND Y的运算结果为真；其他情况，X AND Y的运算结果为假。

② "或"运算（OR）：当X和Y都为假时，X OR Y的运算结果为假；其他情况，X OR Y的运算结果为真。

③ "非"运算（NOT）：当X为真时，NOT X的运算结果为假；当X为假时，NOT X的运算结果为真。

例如，将上述命题使用符号表示：命题1用符号X表示，命题2用符号Y表示，X和Y是基本命题，则命题3是复杂命题，用符号Z表示，则

Z=X AND Y

例3-1 一个推理的示例。在新生计算机能力测试中，三位老师做出预测：A.班长能熟练操作计算机；B.有人不能熟练操作计算机；C.所有人都不能熟练操作计算机。测试结果表明只有一位老师的预测是对的，请问谁对谁错？

解析：该题有三个命题，需要通过三个命题的关系判断命题的真假。

命题A："班长能熟练操作计算机"。

命题B："有人不能熟练操作计算机"。

命题C："所有人都不能熟练操作计算机"。

从三个命题的关系中，可得如下命题：

① 如果A真，则C假；如果C真，则A假。

② 如果B真，则A或C可能有一个为真，与题目中仅有一个命题为真矛盾。

③ 如果B假，则"所有人都能熟练操作计算机"，即C假。

因此推断出：A为真。

如果对上述示例使用逻辑关系表达，关系式如下：

已知：(A AND (NOT C)) OR ((NOT A) AND C) = TRUE

(NOT B) AND ((A AND (NOT C)) OR ((NOT A) AND C)) = TRUE

(NOT B) AND (NOT C) =TRUE

而A、B、C所有可能的解是：

<A=TRUE, B=FALSE, C=FALSE>,

<A=FALSE, B=TRUE, C=FALSE>,

<A= FALSE, B=FALSE, C=TRUE>。

将可能解分别带入三个已知条件，得到问题的解：<A=TRUE, B=FALSE, C=FALSE>。

例3-2 另一个推理示例。赵女士买了一些水果和零食去看朋友，谁知，这些水果和零食被她的儿子们偷吃了，但她不知道是哪个儿子。为此，赵女士非常生气，就盘问四个儿子谁偷吃了水果和零食。老大说："是老二吃的。"老二说："是老四吃的。"老三说："反正我没偷吃。"老四说："老二在说谎。"这四个儿子中只有一人说了实话，其他的儿子都在撒谎。那么，到底是谁偷吃了这些水果和零食？

解析：该问题有四个命题，需要通过四个命题的关系判断命题的真假，四个儿子分别按年龄由大到小编

号为 A、B、C、D。

命题 A："B 偷吃的"。

命题 B："D 偷吃的"。

命题 C："C 没偷吃"。

命题 D："D 没偷吃"。

从四个命题的关系中，可得如下命题：

①如果 B 真，则 D 假；如果 D 真，则 B 假；二者有一种成立。

②如果 A 真，则 B 和 D 有一个为真，与题目矛盾；如果 A 假，则 B 和 D 有一个为真。

③如果 C 真，则 B 和 D 有一个为真，与题目矛盾；如果 C 假，则 B 和 D 有一个为真。

④如果 B 真，则 D 假，C 真，与题目矛盾。如果 B 假，则 D 真、A 假、C 假，所以 D 说的是实话。因为 C 撒谎，所以是 C 偷吃的水果和零食。

如果对上述示例使用逻辑关系表达，关系式如下：

(B AND (NOT D)) OR ((NOT B) AND D) = TRUE

(NOT A) AND (B AND (NOT D)) OR ((NOT B) AND D) = TRUE

(NOT C) AND (B AND (NOT D)) OR ((NOT B) AND D) = TRUE

(NOT B) AND (NOT C) = TRUE

将四组可行解分别带入以上四个表达式得最终解：A=FALSE，B=FALSE，C=FALSE，D=TRUE。

3.3.2 逻辑运算

1. 基本逻辑运算

基本的逻辑运算可以由开关及其电路连接来实现。如图 3-3 所示，使用开关电路实现基本逻辑运算，规则如下：

①"与"运算：使用开关 A 和 B 串联控制灯 L 来实现。仅当两个开关均闭合时，灯才能亮；否则，灯灭。即只有决定事物结果的全部条件同时具备，结果才发生。

②"或"运算：使用开关 A 和 B 并联控制灯 L 来实现。当两个开关有任一个闭合时，灯亮；仅当两个开关均断开时，灯灭。即在决定事物结果的诸多条件中，只要有任何一个满足，结果就会发生。

③"非"运算：使用开关和灯并联来实现。仅当开关断开时，灯亮；否则，灯灭。即只要条件具备了，结果便不会发生；而条件不具备时，结果一定发生。

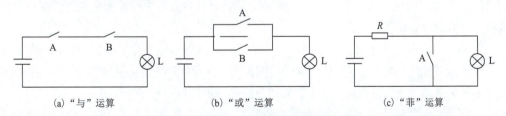

图 3-3 使用开关电路实现基本逻辑运算

如果以 A 和 B 表示开关，1 表示开关闭合，0 表示开关断开；以 L 表示指示灯，1 表示灯亮，0 表示灯灭；可以列出以 0 和 1 表示的与、或、非逻辑关系的图表，如表 3-3 所示，这种图表称为真值表。

2. 其他逻辑运算

实际的逻辑问题往往比与、或、非运算复杂得多，需要使用基本逻辑运算和复合逻辑运算的组合来实现。常见的复合逻辑运算有与非（NAND）、或非（NOR）、异或（XOR）、同或（XNOR）等，如表 3-3 所示。其中，计算机中最常见的是异或运算。

表 3-3　其他逻辑运算的真值表

A	B	A NAND B	A NOR B	A XOR B	A XNOR B
0	0	1	1	0	1
0	1	1	0	1	0
1	0	1	0	1	0
1	1	0	0	0	1

如果两个逻辑运算表达式的真值表完全相同，则认为这两个表达式相等。例如，异或运算也可以用与、或、非的组合表示：

L=A XOR B=(A AND (NOT B)) OR ((NOT A) AND B)

计算机内，二进制数的算术运算，可以通过逻辑运算、移位实现，而逻辑运算可以通过"门电路"实现。比如，不考虑进位和借位时，一位数的加减法运算可以通过"异或"逻辑实现，即两个运算数相同时结果为 0，相异时结果为 1，即 $S_i=A_i$ XOR B_i。如果两数相加考虑进位，两个运算数同时为 1 时产生进位 1，否则产生进位 0，则可以使用"与"逻辑实现，即 $CO_i+1= A_i$ AND B_i。

再如，一个二进制数左移一位相当于乘以 2（不考虑溢出），右移一位相当于除以 2。例如，将二进制数 000011（十进制的 3）左移一位，变化为 000110（十进制的 6）；110000（十进制的 48）右移一位，变化为 011000（十进制的 24）。除了移位，乘除法还可以通过多次加减运算实现。因此，只要实现了二进制数加法运算的自动化，便可以实现任何运算的自动化。

3.4　计算思维的方法

计算思维并不是一种新的发明，而是早已存在的思维活动，是每个人都具有的一种技能。因此，利用计算机的计算手段发现和预测规律成为不同学科研究的重要手段，在生活中也得到了广泛的应用。

3.4.1　利用计算机解决问题的过程

1. 如何利用计算思维

我们引用周以真教授关于计算思维的主要观点，将如何利用计算思维解决问题的方法简述如下：

计算思维建立在计算过程的能力和限制之上。需要考虑哪些事情人类比计算机做得好？哪些事情计算机比人类做得好？最根本的问题是：什么是可计算的。

当人们求解一个特定的问题时，首先会问：解决这个问题有多么困难？什么是最佳的解决方法？表述问题的难度取决于人们对计算机理解的深度。

为了有效求解一个问题，可能要进一步提问：一个近似解就够了吗（如 Excel 中的计算精度是否需要 16 位以上）？是否允许漏报和误报（如视频播放时的数据丢失）？计算思维就是通过简化、转换和仿真等方法，把一个看起来困难的问题，重新阐释成一个人们知道怎样解决的问题。

计算思维采用抽象和分解的方法，将一个庞杂的任务或设计分解成一个适合于计算机处理的系统。计算思维是选择合适的方式对问题进行建模，使它易于处理。在人们不必理解每一个细节的情况下，就能够安全地使用或调整一个大型的复杂系统。

2. 如何利用计算机

人们利用计算机解决问题时，必须规定计算机的操作步骤，告诉计算机"干什么"和"怎么干"，即根据任务的需求写出一系列的计算机指令，这些指令的集合称为程序。并且，这些指令集合即程序必须是计算机能够识别和执行的。学习计算机解决问题的过程，有助于人们利用计算机解决问题，同时也是学习计算机编程的基本途径。关于计算机解决问题的过程，可归纳如下：

① 要正确地领悟问题及用户需求，明确涉及的对象，然后对问题进行形式化描述。
② 根据问题定义建立形式化描述问题的求解模型，确立输入、输出关系。
③ 设计处理输入数据的算法。
④ 根据算法设计编写程序代码并进行调试。
⑤ 运行计算机系统，并对运行中发现的问题或用户的新需求进行系统维护。

这是一个基本的计算机问题求解过程模型，其中包含了许多共性的方法。

（1）抽象

在科学研究中，抽象是从许多事物中，舍弃个别的、非本质的属性，抽取共同的、本质的属性的过程。共同属性是指那些能把一类事物与他类事物区分开的特征，这些具有区分作用的属性又称本质属性。抽象是计算思维的基本方法。

在计算机问题求解过程中，问题抽象的基本方法是问题定义、数据定义及业务流程的形式化描述（IPO），其结果是系统需求报告。

（2）分解

当面临一个庞杂的任务或要设计一个复杂的系统时，采用任务分解和模块化的思想，把一个复杂的任务或系统拆分成相对简单的若干子系统。如果某个子系统还比较复杂，则需要进一步细分，直到每个部分相对简单为止。

问题分解需遵循各子系统相对独立的原则，即要保证高内聚、低耦合。

（3）约简

在一些自然或社会问题中，人们所面对的问题或数据有时候过于复杂，约简就是要在保证问题或数据特征能反映原问题或数据本质特征的前提下，对问题或数据等进行简化。

例如，高维数据的降维处理，从而把一个看起来困难的问题重新阐释成一个人们知道怎样解决的问题。

（4）递归

递归就是用自身定义自身的方法。在复杂问题求解中，递归通常可以把一个复杂的问题通过层层转化，变为一个与原问题相似的规模较小的问题。

在计算机程序中，递归算法不仅能够更好地证明算法的正确性，而且只需少量的程序代码就可描述出解题过程所需要的多次重复计算，大幅减少了程序的代码量。

（5）算法

在人的一般思维中，做任何事情，首先要想的问题是如何做，然后再进一步规划做事的具体步骤，这就是算法的概念。算法是解决问题的方法和求解问题的步骤描述。

当人们把一个复杂的系统分解为一系列相对独立的子系统或功能模块时，接下来就是要完成每一个模块的功能，如何把它的输入变成输出。这和人类的逻辑思维如出一辙，是一个概念、判断和推理的思考过程。可以说，计算思维中的算法刻画了人类一般的逻辑思维过程，是逻辑思维的形式化描述。

（6）程序

程序是为实现特定目标或解决特定问题而用计算机语言编写的命令序列的集合。程序是算法的物理实现。

（7）仿真

仿真就是利用模型复现实际系统发生的本质过程，并通过对系统模型的实验来研究存在的或设计中的系统，又称模拟。仿真模型是被仿真对象的相似物或其结构形式，它可以是物理模型或数学模型。不过，不是所有对象都能建立物理模型，例如，为了研究飞行器的动力学特性，在地面上只能用计算机来仿真。为此，首先要建立对象的数学模型，然后再将其转换成适合计算机处理的形式，即仿真模型。

（8）计算机应用系统

利用计算机求解问题，本质上是使用计算机应用系统解决实际问题。例如，人们利用计算机进行文字编辑、财务管理、上网浏览、网络聊天等，人们打交道的是相应的计算机软件，而不是直接使用计算机的计算和存储部件。

计算机应用系统需要通过安装在计算机硬件上的操作系统等系统软件来使用计算机的硬件资源。

3.4.2 计算思维的算法

1. 算法的定义

算法是一组明确步骤的有序集合，它产生结果并在有限的时间内终止。具体表现为：

①有序集合：算法是一组定义明确且排列有序的指令集合。

②明确步骤：算法的每一步都必须有清晰的定义。如果某一步是将两数相加，那么必须定义相加的两个数和加法运算，同一符号不能在某处用作加法符号，而在其他地方用作乘法符号。

③产生结果：算法必须产生结果，否则没有意义。结果可以是数据或其他结果（如打印）。

④在有限的时间内终止：算法必须经过有限步骤后计算终止（停机）。如果不能（例如，无限循环），就不是算法。

所以，算法完全独立于计算机系统。它接收一组输入数据，同时产生一组输出数据。

2. 算法的特征

算法具有下列重要特性：

① 有穷性：应在有限步骤内结束。

② 确定性：只要初始条件相同，就可得到相同的、确定的结果。

③ 有效性：算法中的每一步操作必须是可执行的。

④ 有零个或多个输入：一个算法可以有输入数据，也可以没有输入数据。

⑤ 至少有一个输出：算法的目的就是求问题的解，求解的结果必须向用户输出。

3. 算法的结构

计算机科学的专家为结构化程序或算法定义了三种结构，分别为顺序结构、选择结构和循环结构。使用这三种结构就可使程序或算法容易理解、调试或修改。

①顺序结构：算法（最终是程序）都是指令的序列，有些是简单指令，如顺序执行的简单指令。

②选择结构：算法中的有些计算过程只用顺序结构是不能解决的。例如，有时候需要检测条件是否满足，如果测试的条件为真（即满足条件），则可以继续顺序往下执行指令；如果测试结果为假（即条件不满足），则程序将从另外一个顺序结构的指令继续执行，这就要用到选择结构。

③循环结构：在有些问题中，相同的一系列顺序指令需要重复执行，可以用循环结构来解决。

4. 算法的表示方法

算法表示是把大脑中求解问题的方法和思路用一种规范的、可读性强的并容易转换成程序的形式（语言）进行描述。算法表示形式有四种，分别为自然语言、计算机语言、图形化工具和伪代码。

3.4.3 计算思维训练

计算思维的培养途径可通过三方面进行：一是深入了解计算机解决问题的思路，更好地利用计算机；二是把计算机处理问题的方法嵌入到各个领域；三是推动各个领域中计算机思维的运用。下面将介绍一个典型案例帮助理解。

汉诺塔问题是心理学实验研究常用的任务之一，也是使用递归方法求解的一个典型问题。该问题的主要材料包括三根高度相同的柱子和一些大小及颜色不同的圆盘，三根柱子分别为起始柱A、辅助柱B及目标柱C，如图3-4所示。

相传在古印度圣庙中，有一种被称为汉诺塔（Hanoi）的游戏。该游戏是在一块铜板装置上，有三根柱（编号A、B、C），在A柱自下而上、由大到小按顺序放置64个金盘。游戏的目标：把A柱上的金盘全部移到C柱上，并仍保持原有顺序叠好。操作规则：每次只能移动一个盘子，并且在移动过程中三根柱上都始终保持大盘在下，小盘在上，操作过程中盘子可以置于A、B、C任一柱上。

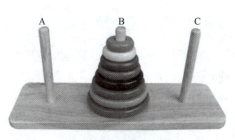

图3-4 汉诺塔问题

分析：对于这样一个问题，任何人都不可能直接写出移动盘子的每一步，但可以利用下面的方法来解决。设移动盘子数为n，为了将这n个盘子从A杆移动到C杆，可以做以下三步：

① 以C盘为中介，从A杆将1～n-1号盘移至B杆。

② 将A杆中剩下的第n号盘移至C杆。

③ 以A杆为中介，从B杆将1～n-1号盘移至C杆。

这样问题就解决了，但实际操作中，只有第二步可直接完成，而第一、三步又成为移动的新问题。以上操作的实质是把移动n个盘子的问题转化为移动n-1个盘，那一、三步如何解决？事实上，上述方法设盘子数为n，n可为任意数，该法同样适用于移动n-1个盘。因此，依据上法，可解决n-1个盘子从A杆移到B杆（第一步）或从B杆移到C杆（第三步）问题。现在，问题由移动n个盘子的操作转化为移动n-2个盘子的操作。依据该原理，层层递推，即可将原问题转化为解决移动n-2、n-3……3、2，直到移动1个盘的操作，而移动一个盘的操作是可以直接完成的。这种由繁化简，用简单的问题和已知的操作运算来解决复杂问题的方法，就是递归法。在计算机设计语言中，用递归法编写的程序就是递归程序。

3.5 计算思维的实现

计算思维是可实现的，计算机的引入使得计算思维的深度和广度均发生了重大变化，不但极大地提高了计算思维实现的效率，而且将计算思维扩展到前所未有的领域。

3.5.1 简单数据和问题的处理

简单数据和问题与人们的日常工作、生活息息相关。在计算机没有产生之前，人们一直寻求好的解决方法，但未曾有质的变化。计算机的诞生给人们解决问题提供了一种新型手段，人们发现从计算思维角度通过计算机解决问题变得简单而高效。图3-5所示为简单数据和问题的计算机处理过程。

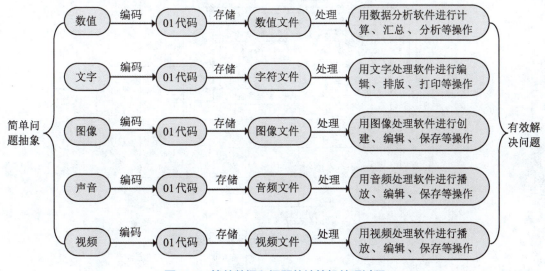

图3-5 简单数据和问题的计算机处理过程

3.5.2 复杂问题的处理

对于复杂问题而言，问题的规模和复杂程度明显增加。此时，不仅要考虑问题的解决，而且必须是在当前计算机软件、硬件技术限制下能够高效解决。这就需要使用更复杂的数据结构、算法，以及先进的程序设计思想来实现。图 3-6 所示为复杂问题的计算机处理过程。

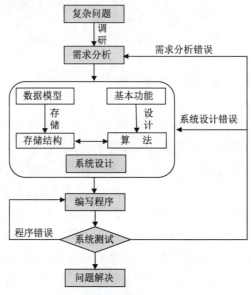

图 3-6 复杂问题的计算机处理过程

3.5.3 规模数据的高效管理

除了复杂问题外，还有一类和日常工作、生活密切相关的问题，那就是大量数据的管理与利用，数据唯有被利用才会产生价值。但是，以传统的复杂问题处理方式无法满足规模数据的高效管理，必须找到新的技术解决方案。图 3-7 所示为规模数据问题的计算机处理过程。

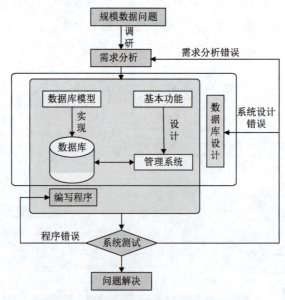

图 3-7 规模数据问题的计算机处理过程

思考与练习

一、选择题

1. 计算思维在化学领域中的应用有（　　）。
   A. 数值计算或方程求解
   B. 利用原子计算去探索化学现象
   C. 在有机分析中根据图谱数据库进行图谱检索
   D. 其他选项都是

2. 设计系统中的计算思维，要求在设计系统时首先要把（　　），以便能进行形式化的规范描述，建立模型、设计算法和开发软件等后续工作。
   A. 动态演化系统抽象为离散符号系统　　B. 复杂问题转换成简单问题
   C. 实际问题抽象为计算机问题　　　　　D. 数学问题转换成计算机问题

3. （　　）物质与能源并称为人类文明三大要素。
   A. 思维　　　　B. 计算　　　　C. 信息　　　　D. 计算机

4. 计算思维最根本的内容即其本质是（　　）。
   A. 自动化　　　B. 抽象和自动化　C. 程序化　　　D. 抽象

5. 以下不是逻辑中基本的推理方式的是（　　）。
   A. 演绎　　　　B. 归纳　　　　C. 溯因　　　　D. 推理

6. 逻辑运算的表达方法有（　　）。
   A. 或、非　　　B. 与、非　　　C. 与、或　　　D. 与、或、非

7. $A \wedge (\neg A)=0$，$A \vee (\neg A)=1$ 表示逻辑运算的（　　）。
   A. 互补律　　　B. 交换律　　　C. 结合律　　　D. 吸收律

二、思考题

1. 什么是计算思维？计算思维的本质是什么？请举例说明。
2. 请简要说明本专业中计算机思维的应用情况。

第 2 篇

应用技能

第 4 章
文字处理和排版技术

文字处理是各种办公活动中最基础、最常见的工作,也是计算机进入办公室后最早涉及的工作领域,文字处理需要借助文字处理软件来实现。本章介绍 Word 2016 的基本操作,内容包括文档的建立和操作、文字的编辑和格式设置、表格编辑以及图形的编辑与图文混排等。

> **学习目标:**
>
> 通过对本章内容的学习,学生应该能够做到:
> ① 了解:文字处理软件 Word 2016 窗口的组成及基本功能。
> ② 理解:利用邮件合并解决实际问题,批注、注释、脚注、尾注、题注和图注的使用方法。
> ③ 掌握:Word 2016 文档字符格式、段落格式、页眉、页脚及页码等基本设置,表格制作及美化操作,图片、图形、艺术字的插入、编辑及美化操作,样式的创建及应用、目录的自动生成、文档的保护与打印等操作。

4.1　Word 2016 使用基础

下面首先介绍启动和退出 Word 2016 的方法,熟悉 Word 2016 的工作界面。

4.1.1　Word 2016 的启动和退出

1. 启动 Word 2016

启动 Word 可以使用以下的方法之一:

① 选择"开始"→"所有程序"→Microsoft Office→Microsoft Word 2016 命令。
② 如果桌面上有 Word 2016 的快捷图标,双击快捷图标 。
③ 在文件夹中双击 Word 的文档文件,则启动 Word 之后自动打开该文档。

2. 退出 Word 2016

以下的方法都可以退出 Word。

① 单击窗口右上角的"关闭"按钮 。
② 选择"文件"→"关闭"命令。
③ 按【Alt+F4】组合键。

4.1.2 熟悉 Word 2016 工作界面

Word 2016 启动后，出现在用户面前的是 Word 2016 的窗口，快速访问工具栏、标题栏、功能区、标尺、编辑区、滚动条、状态栏等，如图 4-1 所示。

图 4-1　Word 2016 的窗口

1. 快速访问工具栏

用于放置一些使用频率较高的工具。默认情况下，该工具栏包含了"保存""撤销""重复"按钮。

2. 标题栏

标题栏位于窗口的最上方，其中显示了当前编辑的文档名、程序名和一些窗口控制按钮。

3. 功能区

功能区用选项卡的方式分类存放着编排文档时所需要的工具。单击功能区中不同的选项卡，可显示不同的工具；在每一个选项卡中，工具又被分类放置在不同的组中，如图 4-2 所示。某些组的右下角有一个"对话框启动器"按钮，单击可打开相关对话框。

图 4-2　功能区

> ❗ **注意：**
> 如果不知道某个工具按钮的作用，可将鼠标指针移至该按钮上停留片刻，即可显示按钮的名称和作用。

4. 标尺

标尺分为水平标尺和垂直标尺，主要用于确定文档内容在纸张上的位置和设置段落缩进等。通过选中"视图"选项卡，"显示"组中的"标尺"复选框，可显示或隐藏标尺。

5. 编辑区

编辑区是指水平标尺下方的空白区域，该区域是用户进行文本输入、编辑和排版的地方。在编辑区左上角有一个不停闪烁的光标，用于定位当前的编辑位置。在编辑区中，每输入一个字符，光标会自动向右移动一个位置。

6．滚动条

滚动条分为垂直滚动条和水平滚动条。当文档内容不能完全显示在窗口中时，可通过拖动文档编辑区下方的水平滚动条或右侧的垂直滚动条查看隐藏的内容。

7．状态栏

状态栏位于 Word 文档窗口底部，其左侧显示了当前文档的状态和相关信息，右侧显示的是视图模式切换按钮和视图显示比例调整工具。

4.2 Word 2016 文档基本操作

Word 2016 文档的基本操作主要包括新建、保存、另存为、保护打开、关闭等。

4.2.1 新建文档

建立新的文档可以使用以下任何一种方法：

① 每次启动 Word 时，系统自动建立一个文件名为"文档 1.docx"的文档，用户可以在第一次保存这个文件时为文档更名。

② 选择"文件"→"新建"命令。

③ 向"快速访问工具栏"中添加"新建"按钮后，单击该按钮。

④ 按【Ctrl+N】组合键，快速创建一个空白文档。

4.2.2 保存文档

选择"文件"→"保存"命令，可以将现有的文档保存到磁盘上。如果文档是新建的并且是第 1 次保存，则结果和下面的"另存为"一样。

如果不是新建的文档，则在保存时，文件所在的磁盘、文件夹和文件名不变。

4.2.3 将文档另存为

选择"文件"→"另存为"命令，打开"另存为"对话框，利用这个对话框可以改变文件所在的磁盘、文件夹、原有的文件名或文档的类型。

在"另存为"对话框的"文件类型"下拉列表框中，可以指定保存的类型，如 .docx 文档、2003 以前版本格式的文档，也可以保存为 PDF 文档，还可以保存为网页文件。如果指定"单个文件网页"，其扩展名为 .mhtm 或 .mhtml；如果指定"网页"，其扩展名为 .html 或 .htm，这样文档的内容可以在浏览器下显示。

4.2.4 保护文档

对文档进行保护，可以使用两种方法：一种方法是为文档文件设置权限密码；另一种方法是以"只读"方式打开文件。

权限密码有两种，分别是"打开权限密码"和"修改权限密码"。设置了"打开权限密码"后，别人不知道密码时无法将此文档打开；设置了"修改权限密码"后，别人不知道密码时只能以"只读"方式查看文件，但无法修改文档的内容。

1．设置密码

设置密码和打开方式的操作如下：

① 选择"文件"→"另存为"命令，单击"浏览"按钮，打开"另存为"对话框。

②单击打开"工具"下拉列表（见图4-3），选择其中的"常规选项"命令，打开"常规选项"对话框，如图4-4所示。

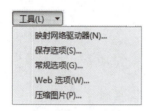

图4-3 "工具"选项

图4-4 "常规选项"对话框

③对话框中主要有三个保护文档的设置，分别是"打开文件时的密码""修改文件时的密码""建议以只读方式打开文档"，可根据需要进行选择设置。

这里设置打开文件时的密码，向该文本框中输入密码，然后单击"确定"按钮，出现"确认密码"对话框，如图4-5所示。

④在此对话框中将刚输入的密码再输入一遍，然后单击"确定"按钮，回到"另存为"对话框。

⑤单击"保存"按钮，完成打开文件时密码的设置。

密码设置后，关闭该文档，如果再次打开这个文档，屏幕上会出现如图4-6所示的"密码"对话框，要求用户输入密码，只有密码正确时，文档才能打开，否则无法打开该文档。

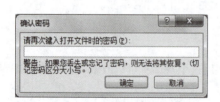

图4-5 "确认密码"对话框

图4-6 "密码"对话框

2. 取消设置的密码

操作过程如下：

①打开已经设置密码的文档。

②选择"文件"→"另存为"命令，单击"浏览"按钮，打开"另存为"对话框。

③选择"工具"下拉列表框中的"常规选项"命令，打开"常规选项"对话框。

④在"常规选项"对话框中，已经设置了密码的文本框中有一行星号，星号个数与密码的长度一样，双击选中该行星号，按【Del】键删除密码，然后单击"确定"按钮返回到"另存为"对话框。

⑤在"另存为"对话框中单击"保存"按钮，完成取消密码。

4.2.5 打开文档

选择"文件"→"打开"命令，在"打开"窗口选择一个Word文档后，即可将该文档在Word中打开。

4.2.6　关闭文档

选择“文件”→“关闭”命令，可以将打开的 Word 文档关闭，这时只关闭了文档窗口，Word 程序并不退出，还可以继续打开其他的 Word 文档。

4.3　输入和编辑文档内容

4.3.1　输入文本和特殊符号

文本的输入包括汉字、标点、英文字母和特殊符号等，可通过键盘和各种输入法输入英文、汉字、标点和一些特殊符号。此外，还可以借助 Office 软件提供的辅助功能，方便地输入特殊符号和日期等。下面以创建“通知”为例讲解文本和符号的输入。

1. 输入文本的一般方法

在文档窗口的编辑区中有一个闪烁的插入点，表示输入的文本将出现的位置，每输入一个字符，插入点自动向右移动，在输入时应注意下面的问题：

① 如果输入了一个错误的字符，可以按【Backspace】键删除该字符，然后再输入正确的字符。

② Word 具有自动换行的功能，因此，当输入到每一行的末尾时，不要按【Enter】键，让 Word 自动换行，只有当一个段落结束时，才按【Enter】键。

③ 使用箭头键（【←】、【↑】、【→】、【↓】）进行插入点的定位。

④ 使用“即点即输”功能，可以在文档空白处的任意位置单击快速定位插入点，如图 4-7 所示。

各单位：
根据《国务院办公厅关于 2021 年部分节假日安排的通知》（国办发明电〔2020〕27 号）精神，现将 2021 年“五一”国际劳动节放假安排通知如下：
一、2021 年 5 月 1 日至 5 日放假调休，共 5 天。4 月 25 日（星期日）、5 月 8 日（星期六）上班上课。
二、依照学校教学工作安排：4 月 25 日、5 月 8 日分别按照 5 月 3 日（周一）、5 月 4 日（周二）上班上课。
三、各单位放假前要进行一次安全卫生自查，要对师生进行一次假期安全教育、遵纪守法教育等，学校将结合工作实际进行抽查。
四、请各单位严格执行上级部门及学校疫情防控部署和要求，加强校园管理，妥善安排好值班和留校师生服务等工作，确保“五一”期间校园安全稳定。学校总值班电话：66668888；学校保卫科报警电话：66666110。
🕮“五一”之后，学校将执行夏季作息时间。
校长办公室
2021 年 4 月 19 日

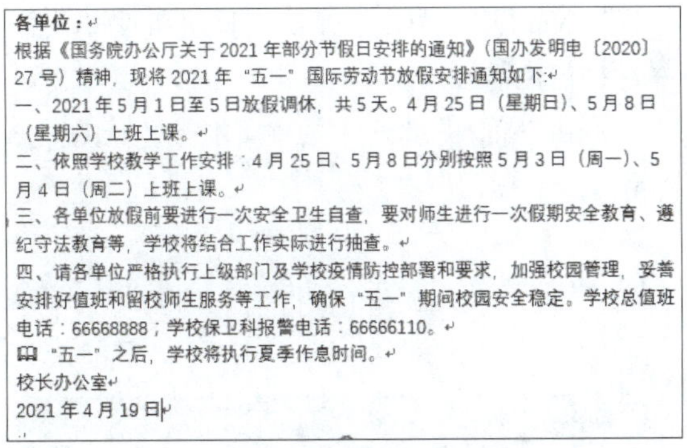

图 4-7　输入文档内容

2. 输入符号

有些符号，如果软键盘上也没有，可以使用插入符号的功能，操作方法如下：

① 将插入点移动到要插入符号的位置。

② 在“插入”选项卡的“符号”组中单击“符号”按钮，可以显示常用的一些符号，如图 4-8 所示：如果要插入符号没有出现，比如🕮符号，可以单击图中的“其他符号”按钮，打开“符号”对话框，在字体中选择 Wingdings，然后选择🕮符号，单击“插入”按钮即可，如图 4-9 所示。

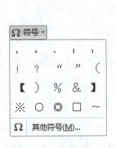

图 4-8　插入符号

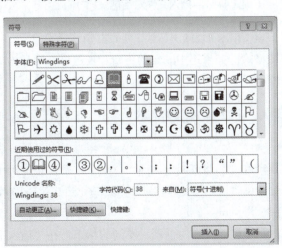

图 4-9　“符号”对话框

③ 对话框中有"符号"和"特殊字符"两个选项卡，其中"符号"选项卡的"字体"下拉列表框中选定适当的字体，如"西文字体"，下面就显示了该字体中的各种符号。

④ 单击符号列表中的符号，该符号将以蓝色背景显示在屏幕上，单击"插入"按钮，该符号插入到文档的插入点处，这时"取消"按钮变为"关闭"按钮。

⑤ 用同样方法可以继续插入其他的符号，符号输入完毕，单击"关闭"按钮，关闭"符号"对话框。

3. 插入文件

插入文件可以将另一个文档的内容插入到当前文档的插入点，这个功能可以将几个文档合并成一个文档，操作过程如下：

① 定位插入点。

② 在"插入"选项卡的"文本"组中，单击"对象"右侧的下拉按钮，选择"文件中的文字"命令（见图4-10），打开"插入文件"对话框，如图4-11所示。

③ 在"插入文件"对话框中选择要插入的文档所在的文件夹和文件名。

④ 单击"确定"按钮关闭对话框，完成在插入点插入选择的文件。

图 4-10 "对象"下拉列表

4. 插入日期和时间

在 Word 中，可以直接输入日期和时间，也可以通过菜单命令完成，操作方法如下：

① 定位插入点。

② 在"插入"选项卡的"文本"组中，单击"日期和时间"按钮，打开"日期和时间"对话框，如图4-12所示。

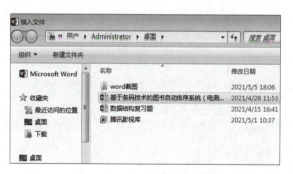

图 4-11 插入文件对话框

图 4-12 "日期和时间"对话框

③ 在"语言（国家/地区）"下拉列表框中选择"中文（中国）"或"英语（美国）"，然后在"可用格式"中选择所需的格式。如果选中"自动更新"复选框，则插入的日期和时间会自动进行更新，不选中此项时保持输入时的值。

4.3.2 插入、改写和删除文本

1. 插入

在输入和修改文本的过程中，插入符非常重要，它决定了输入和修改文本的位置。要将插入符移动到现有文本的某处，可将鼠标指针移动到该位置并单击；要将插入符移动到空白处，则需要在该位置双击。

2. 改写

插入和改写是输入文本时的两种不同的状态，在"插入"状态下，插入文本时，插入点右侧的文本将随着新输入文本自动向右移动，即新输入的文本插入到原来的插入点之前；而在"改写"状态时，插入点右边的文本被新输入的文本所替代。

反复地按键盘上的【Insert】键或反复地双击文档窗口状态行的"改写"按钮，都可以在这两种状态之间进行切换。

3．删除文本

如果要删除一个字符，可以将插入点移动到要删除字符的左边，然后按【Delete】键，也可以将插入点移动到要删除字符的右边，然后按【Backspace】键。要删除一个连续区域的文本，首先选定要删除的文本，然后按【Delete】键。

4.3.3 选择文本

对于输入的文本经常要进行插入、删除、移动、复制、替换、拼写和语法检查等编辑工作，以确保输入的内容正确、提高输入效率。对此，文字处理软件提供了丰富的编辑功能。文档编辑遵守的原则是"先选定，后执行"。被选定的文本一般以高亮显示，容易与未被选定的文本区分开。

选定文本有两种方法：基本的选定方法和利用选定区的方法。

（1）基本的选定方法

① 鼠标选定：将光标移到欲选取的段落或文本的开头，按住鼠标左键拖动，经过需要选定的内容后松开鼠标左键。

② 键盘选定：将光标移到欲选取的段落或文本的开头，同时按住【Shift】键，使用光标移动键即方向键来选定内容。

（2）利用选定区的方法

在文本区的左边有一垂直的长条形空白区域，称为选定区。当鼠标指针移动到该区域时，变为右向箭头，在该区域单击，可选中鼠标指针所指的一整行文字；双击，会选中鼠标指针所在的段落；三击，整个文档全部选定。另外，在选定区中拖动鼠标可选中连续的若干行。

选定文本的常用技巧如表 4-1 所示。

表 4-1　选定文本的常用技巧

选取范围	鼠标操作
字/词	双击要选定的字/词
句子	按住【Ctrl】键，单击该句子
行	单击该行的选定区
段落	双击该行的选定区；或者在该段落的任何地方三击
垂直的一块文本	按住【Alt】键，同时拖动鼠标
一大块文字	单击所选内容的开始处，然后按住【Shift】键，单击所选内容的结束处
全部内容	三击选定区

文字处理软件还提供可以同时选定多块区域的功能，通过按住【Ctrl】键再加选定操作来实现。

若要取消选定，在文本窗口的任意处单击或按光标移动键即可。

将插入符置于要选定文本的最前面（或最后面），然后按住鼠标左键不放，拖动鼠标到要选择文本的结束处，松开鼠标左键即可选中鼠标轨迹经过的文本。选中的文本以蓝色底纹显示，若要取消文本的选择，只需要在文档的任意位置单击即可。

4.3.4 移动和复制文本

移动和复制操作不仅可以在同一个文档中使用，还可以在多个文档之间进行，移动和复制文本根据移动距离的远近，常用的方法有两种：一种是使用鼠标拖动；另一种是使用"剪切""复制""粘贴"命令。短距离移动或复制文本，使用鼠标拖动的方法比较方便。

1. 移动文本

（1）短距离移动

可以采用鼠标拖动的简捷方法选定文本。移动鼠标指针到选定内容上，当鼠标指针形状变成左向箭头时，按住鼠标左键拖动，此时箭头右下方出现一个虚线小方框。随着鼠标指针的移动又会出现一条竖虚线，此虚线表明移动的位置，当虚线移到指定位置时，松开鼠标左键，完成文本的移动。

（2）长距离移动（如从一页到另一页，或在不同文档间移动）

可以利用剪贴板进行操作。在文字处理软件中一般分解成两个动作：先将选定的原内容剪切到剪贴板，再从剪贴板粘贴到目标处。

使用剪贴板移动文本的操作过程如下：

① 选定要移动的文本。

② 单击"开始"选项卡"剪贴板"组中的"剪切"按钮，这时选定的文本被送到剪贴板中。

③ 将插入点移到要移动文本的新位置。

④ 单击"开始"选项卡"剪贴板"组中的"粘贴"按钮，在打开的"粘贴"选项中进行选择。

2. 复制文本

将选定的文本复制到其他位置，同样也可以使用鼠标或剪贴板的方法。

（1）用鼠标左键拖动

这种方法与移动文本是相似的，只是在拖动鼠标时要先按住【Ctrl】键，然后拖动到目标位置松开鼠标即可。

（2）使用剪贴板

使用剪贴板复制文本，过程与移动操作类似，只是在第二步时要单击"开始"选项卡"剪贴板"组中"复制"按钮，其他步骤完全一样。

> 提示：
> 剪切板中"复制"按钮的快捷键是【Ctrl+C】，"剪切"按钮的快捷键是【Ctrl+X】，"粘贴"按钮的快捷键是【Ctrl+V】。

4.3.5 查找和替换

在文字处理软件中，查找和替换是经常使用、效率很高的编辑功能。根据输入的要查找或替换的内容，系统可自动地在规定的范围或全文内查找或替换。

查找和替换功能既可以将文本的内容与格式完全分开，单独对文本或格式进行查找或替换处理，也可以把文本和格式看成一个整体统一处理。除此之外，该功能还可作用于特殊字符、通配符等。

从网上获取文字素材时，由于网页制作软件排版功能的局限性，文档中经常会出现一些非打印排版字符。当文档中空格比较多的时候，可以在"查找内容"文本框中输入空格符号，在"替换为"文本框中不进行任何字符的输入，单击"全部替换"按钮将多余的空格删除；当要把文档中不恰当的人工手动换行符替换为真正的段落结束符时，在 Word 2016 中，可以单击"开始"选项卡"编辑"组中的"替换"按钮，打开"查找和替换"对话框。在"查找内容"文本框中通过"特殊格式"列表选择"手动换行符"（^l），在"替换为"文本框中选择特殊格式"段落标记（^P）"，然后单击"全部替换"按钮。

利用替换功能还可以简化输入，如在一篇文章中，如果多次出现 Microsoft Office Word 2016 字符串，在输入时可先用一个不常用的字符（如#）表示，然后利用替换功能用字符串代替字符。

例 4-1 打开"通知"素材，用鼠标拖动的方法将"2021 年 5 月 1 日至 5 日放假调休，共 5 天。"拖动到本段最后；将"通知"中所有的"放假"替换为"休息"。

在 Word 2016 中，操作步骤如下：

1. 用鼠标左键拖动

① 选定要移动的文本，如图 4-13 所示。
② 将鼠标指针移动到选定的文本区，鼠标指针变成向左上指的箭头。
③ 按住鼠标左键，这时鼠标指针的下方增加了一个灰色的矩形，将文本拖动到移动到的位置后松开鼠标，移动操作完成，如图 4-14 所示。

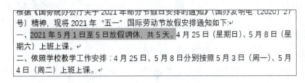

图 4-13　选择要移动的文本　　　　　　图 4-14　拖动到目标位置

2. 查找与替换

① 在"开始"选项卡的"编辑"组中，单击"查找"按钮，在文档窗口左侧显示"导航"任务窗格，如图 4-15 所示。
② 在"搜索文档"文本框输入要查找的文本，例如，输入"放假"两字。
③ 单击窗格中的放大镜按钮开始查找，所有查找到的内容显示在任务窗格中，如图 4-16 所示。图中显示找到三个匹配项，同时，文档正文中所有的"放假"一词都以黄色的底纹显示。

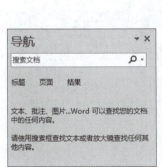

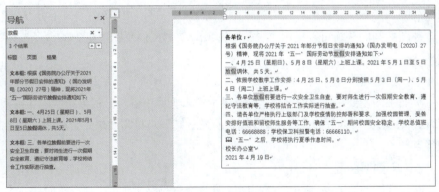

图 4-15　导航任务窗格　　　　　　　　图 4-16　查找结果

④ 在任务窗格中单击 定位到每一个查找到的内容，如定位到第二个结果处，如图 4-17 所示。文档正文中对应的文本处颜色变深，如图 4-18 所示。
⑤ 在"开始"选项卡的"编辑"组中，单击"替换"按钮，打开"查找和替换"对话框并显示"替换"选项卡。
⑥ 在"查找内容"文本框中输入"放假"，在"替换为"文本框中输入"休息"，如图 4-19 所示。

图 4-17　利用"导航"任务窗格定位

⑦ 单击"查找下一处"按钮进行查找，单击"替换"按钮对查找到的当前文本进行替换，这里单击"全部替换"按钮将所有查找到的文本都进行替换。

图 4-18　查找具体结果　　　　　图 4-19　"查找和替换"对话框的"替换"选项卡

4.3.6　撤销、恢复和重复

向文档中输入一串文本如"计算机"，这时单击"文件"菜单上方的"重复键入"按钮 ，则在插入点处重复输入这一串文本，如果单击"撤销键入" 按钮，刚输入的文本被消除，同时，"重复键入"按钮变成了"恢复键入"按钮 。单击"恢复键入"按钮后，刚刚清除的文本重新恢复到文档中。

按钮中的"键入"两个字是随着操作的不同而变化的，例如，如果执行的是删除文本，则按钮变成"撤销清除"和"重复清除"。

使用"撤销"按钮可以恢复编辑操作中最近一次的误操作，而"恢复"按钮则可以恢复被撤销的操作。

在"撤销"按钮和"恢复"按钮右侧都有下拉列表框，列表框中记录了最近各次的编辑操作，最上面的一次操作是最近的一次操作，如果直接单击"撤销"按钮，则恢复的是最近一次的操作，如果在列表框中选定某次操作进行恢复，则列表框中这一次操作之上（即操作之后）的所有操作也被恢复。

4.3.7　视图方式

视图方式就是文档的显示方式，同一个文档可以在五种不同的视图方式下显示，这些视图有页面视图、阅读视图、Web 版式视图、大纲视图和草稿视图，在不同的视图方式下可以完成不同的操作。

视图之间的切换可以使用"视图"选项卡中"文档视图"组中的命令按钮，也可以使用文档状态栏右边的切换按钮。

1. 页面视图

页面视图主要用于版面设计，可以显示整个页面中各部分的分布状况，包括页面中的文本、图形、页眉、页脚、页码、图文框等的编辑和显示，它的显示结果与打印效果完全相同，因此，这种视图具有"所见即所得"的特点。

2. 阅读视图

阅读视图如图 4-20 所示，该视图以图书分栏的形式显示文档，这时的"文件"菜单和功能区的各个按钮都被隐藏起来。在该视图中，还可以单击"工具"按钮选择不同的阅读工具。

3. Web 版式视图

使用 Web 版式视图，可以网页的形式显示 Word 文档，在 Word 环境中可以显示文档页在浏览器中的效果，该版式用于创建网页。

4. 大纲视图

大纲视图用于显示文档各级标题的层次结构，可以方便地折叠和展开各层级的文档，用于对长文档的快速浏览和设置，如图 4-21 所示。

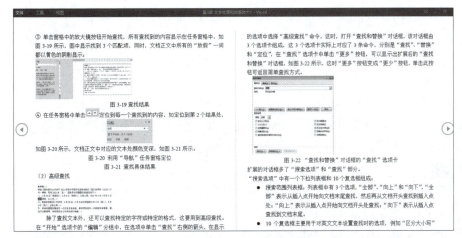

图 4-20 阅读视图

在大纲视图下,在"文件"菜单和"开始"选项卡之间出现了一个"大纲"选项卡,其中的"大纲工具"组中包含了用于调整各级别的按钮。

① "提升至标题 1"按钮 、"升级"按钮 、"降级"按钮 和"降级为正文"按钮 可以改变标题的级别,在某个标题的级别发生改变时,该级别下的其他级别也会自动进行调整。

② 单击"展开" 按钮,可以在当前显示的标题基础上,再显示下一级标题,而单击"折叠" 按钮,则可以折叠当前显示的标题中最低一级标题。

③ "上移"按钮 和"下移"按钮 用于调整标题的顺序,在调整顺序时,标题下的内容也随之移动。

在"显示级别"右侧的下拉列表框中,可以选择显示从第一级到指定的某一级。

5. 草稿视图

该视图方式下,取消了页面边距、分栏、页眉页脚和图片的显示,仅仅显示标题和正文,这是一种节省计算机硬件资源的视图方式。

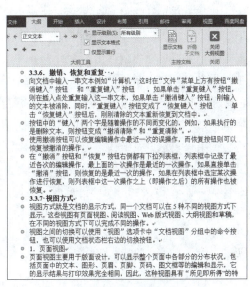

图 4-21 大纲视图

4.4 设置文档格式

文档的排版是文字处理中不可缺少的重要环节,恰当地应用各种排版技术,会使文档显得美观易读、丰富多彩。现在的文字处理软件一般采用所见即所得的排版方式,即在屏幕上看到的排版方式就是实际打印时的形式。

一般而言,根据操作对象的不同,文字处理软件的格式编排命令有三种基本单位:字符、段落、页面,由此形成了文字排版命令、段落排版命令和页面排版命令。

文档的排版一般在页面视图下进行,它同样遵守"先选定,后执行"的原则。

4.4.1 字符格式

在 Word 中,字符格式主要是指字体、字形、字号、倾斜、加粗、下画线、颜色、加框和底纹等,设置字符格式时先选择要设置格式的文本，然后再进行设置。

设置字符格式有两种方法：一种是使用"开始"选项卡中"字体"组中的按钮，例如字体、字号；另一种方法是在"字体"对话框中进行设置，打开"字体"对话框的方法是单击"字体"组右下角的"对话框启动器"按钮。

字符是指文档中输入的汉字、字母、数字、标点符号和各种符号。字符排版是以若干字符为对象进行格式化，常见的字符格式有字符的字体和字号、字形（加粗和倾斜）、字符颜色、下画线、着重号、删除线、上下标、文本效果、字符缩放、字符间距、字符和基准线的上下位置等。对中文字符，还有中文版式。

1. 字符格式化

对字符进行格式化需要先选定文本，否则只对光标处新输入的字符有效。

字符格式化设置主要包括以下几方面：

① 字体：指文字在屏幕或打印机上呈现的书写风格。字体包括中文（如宋体、楷体、黑体等）和英文字体（如 Times New Roman、Arial 等），英文字体只对英文字符起作用，而中文字体则对汉字、英文字符都起作用。字体数量的多少取决于计算机操作系统中安装的字体数量。掌握字体特点对于制作一个美观的文档是必要的，不同的字体给人的视觉效果也不同，例如一本书中的正文一般要用宋体，显得整洁、规矩；而标题一般用黑体，起到一种强调、突出的作用。有时为了区分，也可以在一段文字中使用不同的字体。

② 字号：指文字的大小，是以字符在一行中垂直方向上所占用的点（即磅值）来表示的。它以磅为单位，1 磅约为 1/72 英寸或 0.353 mm。字号有汉字数码表示和阿拉伯数字表示两种，其中汉字数码越小字体越大，阿拉伯数字越小字体越小；用阿拉伯数字表示的字号要多于用汉字数码表示的字号。选择字号时，可以选择这两种字号表示方式的任何一种，但如果需要使用大于"初号"的大字号时，只能使用数字的方式进行设置，根据需要直接在字号框内输入表示字号大小的数字。

③ 字形：指文字可能的各种书写形式，如常规、倾斜、加粗、加粗倾斜等形式。

④ 字符颜色：指字符的颜色，可以使字符变得醒目、突出和美观。

⑤ 字符缩放：指对字符的横向尺寸进行缩放，以改变字符横向和纵向的比例，制作出具有特殊效果的文字。

⑥ 字符间距：指两个字符之间的间隔距离，标准的字符间距为 0。字符间距对于处理一些需要特殊效果的文字非常有用。当规定了一行的字符数后，也可以通过加宽或紧缩字符间距来调整，保证一行能够容纳规定的字符数。

⑦ 字符位置：指字符在垂直方向上的位置，包括字符提升和降低。

⑧ 特殊效果：指根据需要进行多种设置，包括删除线、上下标、文本效果等。其中，文本效果可以为普通文本应用多彩的艺术字效果，包括轮廓、阴影、映像、发光等方面的设置。

在 Word 2016 中，字符格式化一般通过"开始"选项卡"字体"组的相应按钮（见图 4-22）以及"字体"对话框来实现。单击"字体"组右下角的"对话框启动器"按钮，打开"字体"对话框，如图 4-23 所示。其中有"字体"和"高级"两个选项卡：

（1）"字体"选项卡

用于设置字体、字号、字形、字符颜色、下画线、着重号和静态效果。

（2）"高级"选项卡

用于设置字符的横向缩放比例、字符间距、字符位置等内容。

> **提示：**
> 选中文本后，右上角会出现"字体"浮动工具栏，字符格式化也可以通过单击其中相应按钮完成。

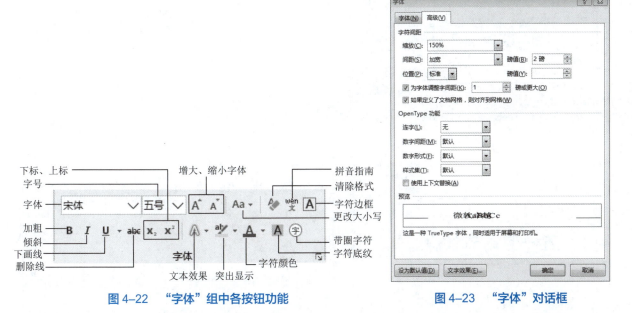

图 4-22 "字体"组中各按钮功能　　　　图 4-23 "字体"对话框

2. 中文版式

对于中文字符，文字处理软件提供了特殊版式，如简体和繁体的转换、加拼音、加圈、纵横混排、合并字符、双行合一等。

在 Word 2016 中，简体和繁体的转换可以选择"审阅"选项卡"中文简繁转换"组中的相应按钮；而加拼音、加圈则通过单击"开始"选项卡"字体"组中对应的按钮 字 和 wen 来实现；其他功能则通过单击"开始"选项卡"段落"组中的"中文版式"按钮 ，选择相应的命令来完成。

例 4-2　打开素材"通知"，选中标题，设置字体：黑体一号，加着重号。文本效果："阴影"→"偏移：右"；选中正文，设置中文字体：华文中宋二号；西文字体：Times New Roman 二号；选择最后一行的日期文本，设置字符"间距""加宽"，设置"磅值"为"2 磅"。

在 Word 2016 中，操作步骤如下：

①选中要设置字符格式的标题文本"五一劳动节放假通知"，如图 4-24 所示。

②单击"开始"选项卡"字体"组中"字体"下拉列表框右侧的下拉按钮，在展开的列表中选择所需字体，如"黑体"；单击"字号"下拉列表框右侧的下拉按钮，在展开的列表中选择"一号"，如图 4-25 所示。

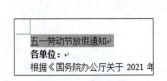　　

图 4-24 选择文本　　　　图 4-25 设置文本的字体和字号

字体和字号的设置用功能区的按钮和"字体"对话框都可以进行，其中在对话框中设置字体时中文和西文字体可分别进行设置。单击功能区中的"字体"下拉按钮，在打开的列表框中列出了可以使用的字体，包括汉字和西文，显示的内容在列出字体名称的同时又显示了该字体的实际外观，如图 4-26 所示。

③保持标题文本的选中状态，在"字体"组中单击"文本效果"按钮，在展开的列表中选择"阴影"—"偏移：右"，为所选文本设置阴影效果，如图 4-27 所示。

④选中"通知"文档的其他内容，然后单击"字体"组右下角的"对话框启动器"按钮，打开"字体"对话框。

图 4-26 "字体"对话框　　　　图 4-27 为字符设置阴影效果

⑤ 在"中文字体"下拉列表中选择"华文中宋";在"西文字体"下拉列表中选择Times New Roman;在"字号"列表中选择"四号",如图4-28所示。

⑥ 选择最后一行的日期文本,打开"字体"对话框,在"高级"选项卡的"间距"下拉列表中选择"加宽",设置"磅值"为"2磅",最后单击"确定"按钮,如图4-29所示。

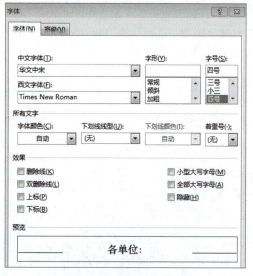
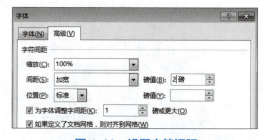

图 4-28 设置文本字符格式　　　　图 4-29 设置字符间距

4.4.2 段落格式

完成字符格式化后,应对段落进行排版。段落由一些字符和其他对象组成,最后是段落标记(↵,按【Enter】键产生)。段落标记不仅标识段落结束,而且存储了这个段落的排版格式。段落的排版是指整个段落的外观,包括对齐方式、段落缩进、段落间距、行间距等,同时还可以添加项目符号和编号、边框和底纹等。文字处理软件提供了段落排版功能。

1. 对齐方式

在文档中对齐文本可以使文本清晰易读。例如，一个图表的说明一般位于一行的中心，文字左对齐，数字右对齐。一般书籍的正文左右都对齐，大标题居中对齐，其他标题左对齐等。

对齐方式一般有五种：左对齐、居中、右对齐、两端对齐和分散对齐。其中，两端对齐是以词为单位，自动调整词与词间空格的宽度，使正文沿页的左右边界对齐，这种方式可以防止英文文本中一个单词跨两行的情况，但对于中文，其效果等同于左对齐；分散对齐是使字符均匀地分布在一行上。

（1）左对齐

单击"左对齐"按钮：使文本向左对齐。

（2）居中对齐

单击"居中对齐"按钮：一般用于标题或表格内的内容。

（3）右对齐

单击"右对齐"按钮：使文本向右对齐。

（4）两端对齐

单击"两端对齐"按钮：使文本按左、右边距对齐，并根据需要增加或缩小字间距，不满一行的文本靠左对齐。

（5）分散对齐

单击"分散对齐"按钮：使文本按左、右边距在一行中均匀分布，与"两端对齐"不同的是，不满一行的文本会均匀分布在左右文本边界之间。

2. 段落缩进

段落缩进是指段落各行相对于页面边界的距离，设置段落缩进可以使段落之间层次清晰明了。中文一般在每一段的首行缩进两个字符以表示一个新段落的开始，而英文在开始一个新段落时可以缩进也可以不缩进。段落缩进主要有四种方式：

（1）首行缩进

段落第一行的左边界向右缩进一段距离，其余行的左边界不变。

（2）悬挂缩进

段落第一行的左边界不变，其余行的左边界向右缩进一段距离。

（3）左缩进

整个段落的左边界向右缩进一段距离。

（4）右缩进

整个段落的右边界向左缩进一段距离。

> ❗提示：
> 单击"段落"组中的"减少缩进量"按钮或"增加缩进量"按钮可以同时调整首行缩进和左缩进（左边界）的位置，每单击一次"增加缩进量"按钮，所选段落将右移一个汉字的位置，同样每单击一次"减少缩进量"按钮，所选段落将左移一个汉字的位置。

3. 段落间距与行间距

段落间距指当前段落与相邻两个段落之间的空白距离，即段前距离和段后距离。加大段落之间的间距可使文档显示清晰。行间距指段落中行与行之间的距离（即一行的底部与上一行的底部之间的距离），有单倍行距、1.5 倍行距、2 倍行距、最小值、固定值和多倍行距等。两行之间的空白距离（行间距）可以通过行距来调整。行距可用单行间距的"倍"数为单位来衡量，如 1.5 倍、2 倍等。单行间距是指把每行间距设置成容纳行内最大字体的高度。

段落间距和行间距也是调整文档美观的一项重要内容，可以使阅读时更加赏心悦目。

在Word 2016中，段落排版一般通过"开始"选项卡"段落"组中的相应按钮（见图4-30）以及单击"段落"组右下角的"对话框启动器按钮"，打开"段落"对话框（见图4-31）来完成。

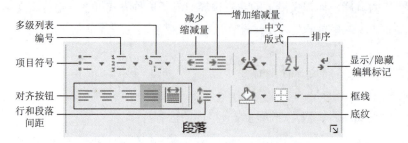

图4-30 "段落"组中各按钮功能

> ! 注意：
>
> 设置段落缩进、间距时，单位有"磅""厘米""字符""英寸"等，可以通过选择"文件"→"选项"命令，打开"Word选项"对话框，然后单击"高级"选项，在"显示"区中进行度量单位的设置。一般情况下，如果度量单位选择为"厘米"，而"以字符宽度为度量单位"复选框也被选中，则默认的缩进单位为"字符"，对应的段落间距单位为"行"；如果取消选中"以字符宽度为度量单位"复选框，则缩进单位为"厘米"，对应的段落间距单位为"磅"。

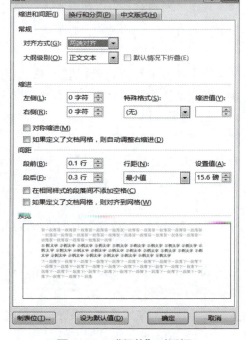

图4-31 "段落"对话框

例4-3 在例4-2基础上继续操作，标题对齐方式：居中；最后两个段落：右对齐，行距2.5倍；其余内容：两端对齐，段前段后0.5行，行距1.5倍，首行缩进两个字符。

在Word 2016中，操作步骤如下：

① 选中要设置对齐的标题段落或将插入符置于标题段落中，然后单击"段落"组中的"居中"按钮，即可将选中的段落居中对齐，如图4-32所示。

② 选中最后两个段落，单击"段落"组中的"右对齐"按钮，将这两个段落右对齐，如图4-33所示。

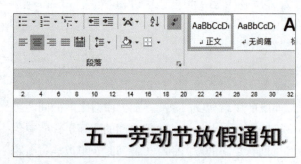

图4-32 设置段落文本居中对齐

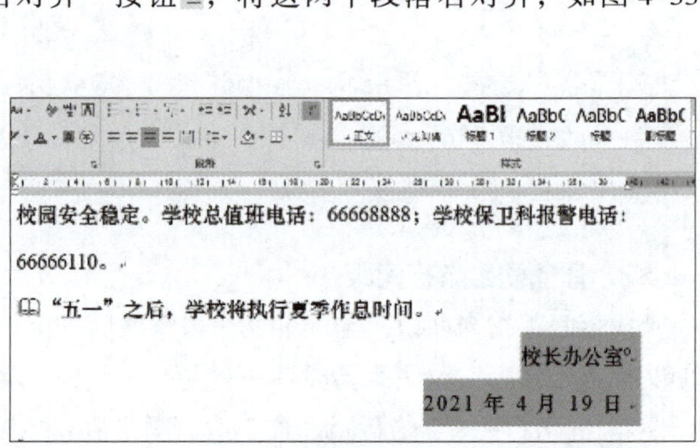

图4-33 设置段落文本对齐

③ 保持段落的选中状态，然后单击"段落"组中的"行和段落间距"按钮，在展开的列表中选择"2.5"选项，将该段落行间距设置为 2.5 倍，如图 4-34 所示。

④ 选中"通知"内容文本，然后单击"段落"组右下角的"对话框启动器"按钮，打开"段落"对话框。从对话框左上方的"对齐方式"下拉列表框中可以看出，列表框中列出了包括"左对齐"在内的五种对齐方式，选择"两端对齐"，如图 4-35 所示。

⑤ 保持选中状态，在"缩进"设置区的"特殊格式"下拉列表中选择"首行"缩进，并在"缩进值"编辑框中设置缩进 2 字符。在"间距"设置区域，设置"段前"和"段后"值为 0.5 行，在"行距"下拉列表中选择 1.5 倍，如图 4-36 所示。

图 4-34 设置行距

图 4-35 "段落"对话框

图 4-36 段落缩进及间距设置

⑥ 至此，通知字符和段落格式设置完成，具体效果如图 4-37 所示。

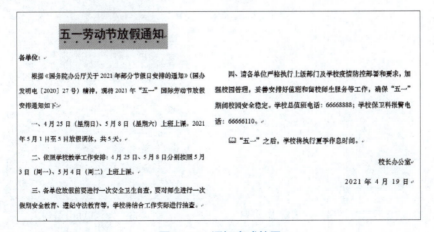

图 4-37 通知完成效果

4.4.3 设置项目符号和编号

在文档处理中，为了准确、清楚地表达某些内容之间的并列关系、顺序关系等，经常要用到项目符号和编号。例如，写一篇文章时，经常需要列举一些事实或列出某部分的所有组成部分，或者一本书的章节安排等。项目符号可以是字符，也可以是图片；编号是连续的数字和字母。文字处理软件提供了创建项目符号和编号的功能。

在 Word 2016 中，创建项目符号和编号的方法：选择需要添加项目符号或编号的若干段落，然后单击"开始"选项卡"段落"组中的三个按钮。

1. 设置项目符号和编号

（1）"项目符号"按钮

用于对选中的段落加上合适的项目符号。单击该按钮右边的下拉按钮，弹出项目符号库，可以选择预设的符号，也可以自定义新符号。选择其中的"定义新项目符号"命令，打开"定义新项目符号"对话框，单击"符号"和"图片"按钮选择符号的样式。如果是字符，还可以通过单击"字体"按钮进行格式化设置，如改变符号大小和颜色、加下画线等。

（2）"编号"按钮

用于对选中的段落加上需要的编号样式。单击该按钮右侧的下拉按钮，弹出编号库，选择需要的一种编号样式，或选择"定义新编号格式"命令，打开"定义新编号格式"对话框，从中可以设置编号的字体、样式、起始值、对齐方式和位置等。

（3）"多级列表"按钮

用于创建多级列表，清晰地表明各层次的关系。创建多级列表时，需要先确定多级格式，然后输入内容，再通过"段落"组的"减少缩进量"按钮和"增加缩进量"按钮来确定层次关系。

要取消项目符号、编号和多级列表，只需要再次单击该按钮，在相应的项目符号库、编号库、列表库中单击"无"选项即可。

例 4-4　打开素材"培训方案"文档，选中"实训条件"下方的文本，为其添加一种项目符号。

在 Word 2016 中，操作步骤如下：

① 打开配套素材中的"培训方案"文档。

② 选择文档中要添加符号的段落文本，如图 4-38 所示。

③ 单击"开始"选项卡"段落"组中"项目符号"按钮右侧的下拉按钮，在展开的列表中选择一种符号样式，如图 4-39 所示。

图 4-38　选择要添加符号的段落文本

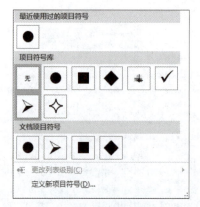

图 4-39　添加项目符号

④ 完成效果如图 4-40 所示。

如果要自行选择项目符号并且设置项目符号的格式，可以在对话框中设置，方法如下：

① 选定要添加项目符号的文本。

② 单击"项目符号"按钮右侧的下拉按钮，这时显示的列表框（见图 4-39）中列出了可以使用的项目符

号,如"项目符号库""文档项目符号",可以从中进行选择。如果要设置格式或选择其他符号,可选择"定义新项目符号"命令,打开"定义新项目符号"对话框,如图 4-41 所示。

图 4-40 项目符号效果图

图 4-41 "定义新项目符号"对话框

③在"定义新项目符号"对话框中:
- 单击"符号"按钮,可打开"符号"对话框,单击选择新的项目符号。
- 单击"图片"按钮,可打开"图片项目符号"对话框,在对话框中可以指定用作项目符号的图形文件。
- 单击"字体"按钮,可打开"字体"对话框,在对话框中可改变所选项目符号的字体格式。
- 在"对齐方式"下拉列表中可以选择三种对齐方式,分别是左对齐、居中对齐和右对齐。
- 单击"确定"按钮完成设置。

例 4-5 继续在"培训方案"文档中,为"报名选拔""辅导阶段""实训条件"添加"1,2,3…"格式的项目编号。

①打开配套素材中的"培训方案"文档。

②按住【Ctrl】键的同时选择文档中要添加编号的段落文本,单击"编号"按钮右侧的下拉按钮,显示的列表框(见图 4-42)中列出了七种编号的格式,选择"1、2、3"格式。如果需要的格式不在这七种之中,可选择"定义新编号格式"命令,打开"定义新编号格式"对话框,进行相关格式设置。

③完成效果如图 4-43 所示。

图 4-42 可以使用的编号格式

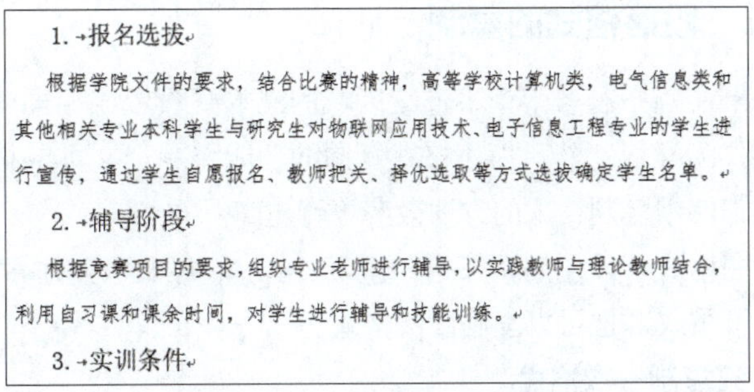

图 4-43 项目编号效果图

2. 自动添加项目符号和编号

前面的项目符号和编号，是在文本输入之后添加的，也可以在输入文本时自动创建编号或项目符号，这就需要在创建之前先设置自动创建功能，方法是选择"文件"→"选项"命令，然后选择"Word 选项"对话框中的"校对"选项，如图 4-44 所示。单击"自动更正选项"按钮，打开"自动更正"对话框，单击"键入时自动套用格式"选项卡，如图 4-45 所示。

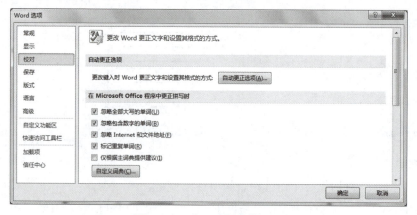

图 4-44　"Word 选项"对话框

图 4-45　"自动更正"对话框

在"自动更正"对话框中，选中"自动项目符号列表"和"自动编号列表"复选框，然后单击"确定"按钮，关闭对话框。

接下来就可以创建项目符号或编号，操作步骤如下：

① 自动创建项目符号的方法是，先输入一个星号"*"，星号后面跟一个空格，然后再输入文本，输入后按【Enter】键。这时，星号会自动变成实心圆圈的项目符号，同时，在新的一段开始处也自动添加同样的项目符号，每输入一段，段落前都有一个项目符号。

② 自动创建编号的方法是，先输入一个形如"1." "(1)" "A."等格式的起始编号，然后再输入文本，输入后按【Enter】键，这样，在新的一段开始处也会根据上一段的编号格式自动创建编号，每输入一段，段落前都有一个编号并且编号也自动变化。

③ 如果要结束自动添加项目符号或编号，可以在新的段落开始时再按一次【Enter】键。

> ❗ 提示：
> 要取消为段落设置的项目符号和编号，可选中这些段落，然后打开"项目符号"或"编号"下拉列表，选中"无"选项。

4.4.4　段落格式的复制

如果文档中有若干个不连续区域的文本要设置成相同的字符格式，可以先对其中一段文本设置格式，将该格式作为样板，然后使用格式复制的功能将一个文本的格式复制到另一个文本上。显然，如果设置的格式越复杂，使用复制格式的方法效率也就越高。

复制格式可以使用"开始"选项卡的"剪贴板"组中的"格式刷"按钮 来完成，这个格式刷不仅可以复制字符格式，也可以复制段落格式。

1. 只复制一次格式

使用格式刷复制字符格式过程如下：

① 选定已设置好字符格式的文本。

② 单击"格式刷"按钮，此时，该按钮下沉显示。
③ 将鼠标移动到要复制格式的文本的开始处。
④ 拖动鼠标直到要复制格式的文本结束处，松开鼠标完成复制。

2. 将格式复制到多处

① 选定已设置好字符格式的文本。
② 双击工具栏上的"格式刷"按钮。
③ 将鼠标移动到要复制格式文本的开始处，拖动鼠标直到要复制格式的文本结束处，然后松开鼠标。
④ 重复第③步反复地对不同位置的文本进行格式复制。
⑤ 复制完成后，再次单击"格式刷"按钮结束格式的复制。

4.4.5 边框和底纹

给段落添加边框和底纹，可以起到强调和美观的作用。文字处理软件提供了添加边框和底纹的功能。

在 Word 2016 中，简单地添加边框和底纹，可以选择"开始"选项卡"段落"组中的"底纹"和"框线"按钮；较复杂的则通过"边框和底纹"对话框来完成。选定段落，单击"开始"选项卡"段落"组下框线 ⊞ ▾ 的下拉按钮，在下拉列表中选择"边框和底纹"命令（见图 4-46），打开"边框和底纹"对话框，如图 4-47 所示。其中有"边框""页面边框""底纹"三个选项卡。

（1）"边框"选项卡

"边框"选项卡用于对选定的段落或文字加边框。可以选择边框的类别、线型、颜色和宽度等。如果需要对某些边设置边框线，如只对段落的上、下边框设置边框线，可以单击预览窗口正文的左、右边框按钮将左、右边框线去掉。

（2）"页面边框"选项卡

"页面边框"选项卡用于对页面或整个文档加边框。它的设置与"边框"选项卡类似，但增加了"艺术型"下拉列表框。

（3）"底纹"选项卡

用于对选定的段落或文字加底纹。其中，"填充"为底纹的背景色；"样式"为底纹的图案式样（如浅色上斜线）；"颜色"为底纹图案中点或线的颜色。

> ⚠ 注意：
> 在设置段落的边框和底纹时，要在"应用于"下拉列表框中选择"段落"；设置文字的边框和底纹时，要在"应用于"下拉列表框中选择"文字"。

例 4-6 为素材"秋夜"文档做如下操作：为第一段第一句话"在我的后园，可以看见墙外有两株树，一株是枣树，还有一株也是枣树。"添加字符边框；为第一段最后一句话"他的口角上现出微笑，似乎自以为大有深意，而将繁霜洒在我的园里的野花草上。"添加字符底纹，为第二段添加段落边框，为第三段添加段落底纹。

在 Word 2016 中，操作步骤如下：

① 打开配套素材中的"秋夜"文档，选中要添加字符边框的文本"在我的后园，可以看见墙外有两株树，一株是枣树，还有一株也是枣树"。

② 在"开始"选项卡的"段落"组中，单击"边框" ⊞ 按钮右侧的下拉按钮，在打开的下拉列表（见图 4-46）中，选择"边框和底纹"命令，打开"边框和底纹"对话框，如图 4-47 所示。在"边框"选项卡"设置"组选择"方框"，在"样式"组选择线条格式，在"宽度"组设置线条宽度，在"应用于"下

拉列表中选择"文字",单击"确定"按钮,完成字符边框设置。

图 4-46 边框选项

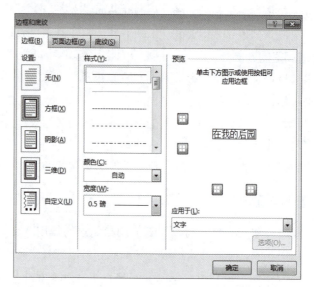

图 4-47 "边框和底纹"对话框

③ 选中第一段最后一句话"他的口角上现出微笑,似乎自以为大有深意,而将繁霜洒在我的园里的野花草上。",在"开始"选项卡的"段落"组中,单击"边框"按钮右侧的下拉按钮,选择"边框和底纹"命令,打开"边框和底纹"对话框,单击对话框中的"底纹"选项卡,如图 4-48 所示。在"填充"组选择颜色,在"应用于"下拉列表中选择"文字",单击"确定"按钮,完成字符底纹的设置。

④ 选中第二段文本或将光标置于第二段中,打开"边框和底纹"对话框(见图 4-47)。在"边框"选项卡"设置"组选择"方框",在"样式"组选择线条格式,在"宽度"组设置线条宽度,在"应用于"下拉列表中选择"段落",单击"确定"按钮,完成段落边框设置。

⑤ 选中第三段文本或将光标置于第三段中,打开"边框和底纹"对话框,见图 4-48。在"底纹"选项卡"填充"组中选择一种颜色,在"应用于"下拉列表中选择"段落",单击"确定"按钮,完成段落底纹的设置。

⑥ 最终效果如图 4-49 所示。

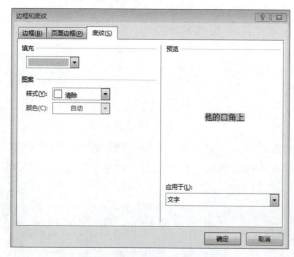

图 4-48 "底纹"对话框

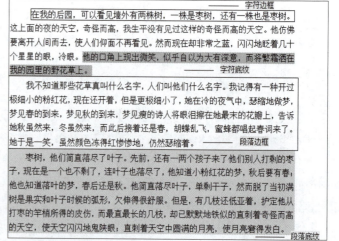

图 4-49 添加"边框"和"底纹"后的效果

4.4.6 页面排版

输出文档的质量好坏、美观与否与文字及段落排版密切相关,但文字及段落排版处理的只是文档的局部。如果从全局的角度对文档进行排版,需要利用文字处理软件提供的页面排版功能。

页面排版反映了文档的整体外观和输出效果。页面排版主要包括:页面设置、页面背景、页眉和页脚、脚注和尾注、特殊格式设置(首字下沉、分栏、文档竖排)等。

1. 页面设置

页面设置决定了文档的打印结果。页面设置通常包括:打印用纸的大小及打印方向、页边距、页眉和页脚的位置、每页容纳的行数和每行容纳的字数等。文字处理软件提供的页面设置工具可以帮助用户轻松完成页面设置。

在 Word 2016 中,页面设置通过"布局"选项卡"页面设置"组中的相应按钮或通过"页面设置"对话框来实现。

"页面设置"对话框可以通过单击"页面设置"组中右下角的"对话框启动器"按钮 打开,如图 4-50 所示。该对话框有四个选项卡。

(1)"页边距"选项卡

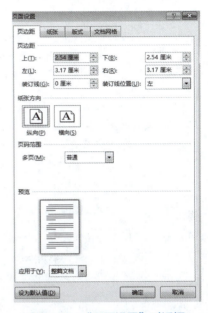

图 4-50 "页面设置"对话框

"页边距"选项卡用于设置文档内容与纸张四边的距离,从而确定文档版心的大小。通常正文显示在页边距以内,含脚注和尾注,而页眉和页脚则显示在页边距上。页边距设置包括"上边距""下边距""左边距""右边距"的设置。除了自定义边距外,Word 还提供了普通、窄、适中、宽、镜像五种预设方式,这可以通过"布局"选项卡"页面设置"组中的"页边距"下拉按钮进行设置。在该选项卡中还可以设置装订线的位置或选择纸张打印方向等。纸张打印方向是为控制每行文字的宽度而设置的,通常是纵向打印,即让纸张竖向放置,以纸张的长度控制一页的大小,以纸张的宽度控制一行的长度。如果遇到一行文字的长度可能大于纸张宽度的情况,就需要横向打印。纸张方向也可以通过单击"布局"选项卡"页面设置"组中的"纸张方向"下拉按钮进行设置。

(2)"纸张"选项卡

"纸张"选项卡用于选择打印纸的大小。通常使用的纸张都要一定的标准,其中 A4 纸较为常用,也是文字处理软件的默认标准。如果当前使用的纸张为特殊规格,可以在"纸张大小"下拉列表框中选择"自定义"命令,并通过"高度"和"宽度"框定义纸张的大小。纸张大小也可以通过"布局"选项卡"页面设置"组中的"纸张大小"下拉按钮进行设置,它提供了多种预定义的纸张大小,如 Letter(信纸)、A4、A3、16 开等。

(3)"版式"选项卡

"版式"选项卡用于设置页眉和页脚的特殊选项。例如,在编排一本书或杂志时,如果为单双页(即奇偶页)设置不同的页眉/页脚:单页编排章节名称,双页编排书的名称,而起始页没有页眉/页脚。这时,就需要在"版式"选项卡"页眉和页脚"栏中选中"奇偶页不同""首页不同"复选框。在该选项卡中还可以设置页眉和页脚距页边界的距离、页面的垂直对齐方式等。

(4)"文档网格"选项卡

"文档网格"选项卡用于设置每页容纳的行数和每行容纳的字数,文字排列方向,行、列网格线是否要打印等。

通常,页面设置作用于整个文档,如果对部分文档进行页面设置,应将光标移到这部分文档的起始页面,然后在"页面设置"对话框"应用于"下拉列表中选择"插入点之后"命令。这样,从起始位置之后的所有页都将应用当前设置。

2. 页面背景

文字处理软件为用户提供了丰富的页面背景设置功能，用户可以通过为文档添加文字或图片水印、设置文档的颜色或图案填充效果以及为页面添加边框等来使页面更加美观。

在 Word 2016 中，通过"设计"选项卡"页面背景"组中的相应按钮来实现。

例 4-7 打开配套素材中的"秋夜"文档进行页面设置：上边距为 2.5 厘米，下边距为 3 厘米，页面左边预留 2 厘米的装订线，纸张方向为纵向，纸张大小为 16 开，设置页眉/页脚奇偶页不同，文档中每页 35 行，每行 28 个字，并为文档添加喜欢的图片水印效果和页面边框。

在 Word 2016 中，操作步骤如下：

① 打开文档，单击"布局"选项卡"页面设置"组中右下角的"对话框启动器"按钮，打开"页面设置"对话框，在"页边距"选项卡中调整上下页边距旁边的数字微调按钮，调整数字为上 2.5 厘米、下 3 厘米（或直接输入相应数字）、左 3 厘米、右 3 厘米；调整"装订线"旁的数字微调按钮，调整数字为 2 厘米，选择装订线位置为"左"；在"方向"栏中选择"纵向"，其设置如图 4-51 所示。

② 单击"纸张"选项卡，在"纸张大小"下拉列表框中选择"16 开"。

③ 单击"布局"选项卡，在"页眉和页脚"栏中选中"奇偶页不同"复选框。

④ 单击"文档网格"选项卡，在"网格"栏中选中"指定行和字符网格"单选按钮，每行设为 28，每页设为 35，其设置如图 4-52 所示。

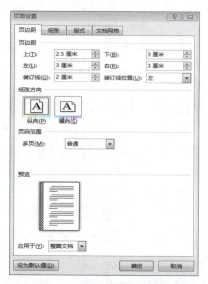
图 4-51　页边距也纸张方向设置

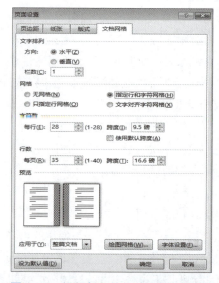
图 4-52　设置每页的行数和每行的字数

⑤ 单击"设计"选项卡"页面背景"组中的"水印"按钮，选择"自定义水印"命令，打开"水印"对话框。选中"图片水印"单选按钮，再单击"选择图片"按钮，打开"插入图片"对话框，从中选择需要的图片，返回"水印"对话框后，根据图片大小在"缩放"数值框中输入图片的缩放比例，然后取消选中"冲蚀"复选框（因为图片冲蚀处理后颜色太淡），最后单击"确定"按钮，如图 4-53 所示。

⑥ 将光标置于文档中任意位置，单击"设计"选项卡"页面背景"组中的"页面边框"按钮，打开"边框和底纹"对话框，在"页面边框"选项卡中单击"艺术型"下拉列表框，选择喜欢的边框类型，设置宽度 18 磅，应用于整篇文档，然后单击"确定"按钮，如图 4-54 所示。

3. 页眉和页脚

在文档排版打印时，有时需要在每页的顶部和底部加入一些说明性信息，称为页眉和页脚。这些信息可以是文字、图形、图片、日期或时间、页码等，还可以用来生成各种文本的"域代码"（如日期、页码等）。"域代码"与普通文本不同，它在显示和打印时会被当前的最新内容代替。例如，日期域代码是根据显示或打印时系统的时钟生成当前的日期，同样，页码也是根据文档的实际页数生成当前的页码。文字处理软件一般预设了多种页眉和页脚样式，可以直接应用于文档中。

图 4-53　"水印"对话框

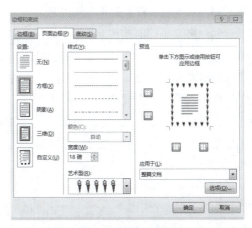

图 4-54　设置页面边框

在 Word 2016 中，设置页眉/页脚是通过单击"插入"选项卡"页眉和页脚"组中的相应按钮来完成的。

插入页眉时，选好样式，进入页眉编辑区，此时正文呈浅灰色，表示不可编辑。页眉内容输入完后，双击正文部分完成操作。页脚和页码的操作方法与此类似。

编辑时，双击页眉/页脚或页码，Word 2016 窗口会出现"页眉和页脚工具"选项卡，如图 4-55 所示。

图 4-55　"页眉和页脚工具"选项卡

可以根据需要插入图片、日期或时间、域（位于"插入"选项卡"文本"组"文档部件"按钮的下拉菜单中）等内容。如果要关闭页眉页脚编辑状态回到正文，直接单击"关闭"组中的"关闭"按钮；如果要删除页眉和页脚，先双击页眉或页脚，选定要删除的内容，按【Delete】键；或者选择"页眉""页脚"按钮下拉菜单中相应的"删除页眉""删除页脚"命令。

在文档中可自始至终使用同一个页眉或页脚，也可在文档的不同部分使用不同的页眉和页脚。例如，首页不同、奇偶页不同，这需要在"页眉和页脚工具-设计"选项卡"选项"组中勾选相应的复选框。如果文档被分为多个节，也可以设置节与节之间的页眉页脚互不相同。

4. 脚注和尾注

脚注和尾注用于给文档中的文本加注释。脚注对文档某处内容进行注释说明，通常位于页面底端；尾注用于说明引用文献的来源，一般位于文档末尾。在同一个文档中可以同时包括脚注和尾注，但一般在"页面视图"方式下可见。

脚注和尾注由两部分组成：注释引用标记和与其对应的注释文本。对于注释引用标记，文字处理软件可以自动为标记编号，还可以创建自定义标记。添加、删除或移动了自动编号的注释时，将对注释引用标记重新编号。注释可以使用任意长度的文本，可以像处理其他文本一样设置文本格式，还可以自定义注释分隔符，即用来分隔文档正文和注释文本的线条。

在 Word 2016 中，设置脚注和尾注是通过单击"引用"选项卡"脚注"组中相应按钮或单击"脚注"组右下角的"对话框启动器"按钮 ，在打开的"脚注和尾注"对话框中进行的，如图 4-56 所示。

要删除脚注和尾注，只要定位在脚注和尾注引用标记前，按【Delete】键，则引用标记和注释文本同时被删除。

例 4-8 继续在配套素材→"秋夜"文档设置页眉，内容为"散文欣赏—秋夜"，选择喜欢的样式插入页码，并为"文章标题"添加脚注：脚注引用标记是①，脚注注释文本是"鲁迅（1881—1936）：原名周树人，字豫才，浙江绍兴人，著名文学家、思想家、革命家、教育家。"；为文档添加尾注：尾注引用标记是♥，尾注注释文本是"来源：摘抄于美文欣赏——现代名家散文欣赏"。

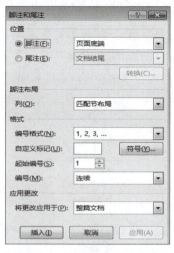

图 4-56 "脚注和尾注"对话框

在 Word 2016 中，操作步骤如下：

①打开文档，单击"插入"选项卡"页眉和页脚"组"页眉"的下拉按钮，在展开的页眉库中选择"空白"样式（见图 4-57），在页眉编辑区输入文字"散文欣赏—秋夜"。

②单击"页眉和页脚工具－设计"选项卡"页眉和页脚"组中"页码"的下拉按钮，在下拉菜单中指向"页边距"，在"带有多种形状"区中选择"圆（左侧）"，最后双击正文或单击"关闭"组的"关闭"按钮返回，如图 4-58 所示。

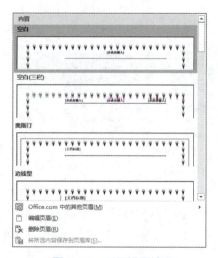

图 4-57 页眉设置选项

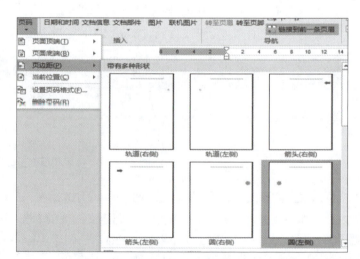

图 4-58 页码设置

> **注意：**
> 如果设置的奇偶页不同，需在奇数页和偶数页都插入一次页码。

③将光标定位在"鲁迅"后面，单击"引用"选项卡"脚注"组右下角的"对话框启动器"按钮 ，打开"脚注和尾注"对话框，选中"脚注"单选按钮，选择需要的编号格式"①，②，③…"（见图 4-59），再单击"插入"按钮，进入脚注区，输入脚注注释文本"鲁迅（1881—1936）：原名周树人，字豫才，浙江绍兴人，著名文学家、思想家、革命家、教育家"。

④将光标定位在"文章末尾"最后，单击"引用"选项卡"脚注"组中右下角的"对话框启动器"按钮 ，打开"脚注和尾注"对话框，选中"尾注"单选按钮，单击"自定义标记"旁边的"符号"按钮（见图 4-60），

在打开的对话框中选择"♥",再单击"插入"按钮,进入尾注区,输入尾注注释文本"来源:摘抄于美文欣赏——现代名家散文欣赏",在尾注区外单击结束输入。

5. 特殊格式设置

（1）分栏

版面编排一般有通栏和分栏之分。分栏是指将一页纸的版面分为几栏,使得页面更生动和更具可读性,这种排版方式在报纸、杂志中经常用到。文字处理软件提供了相应的分栏排版命令。

图 4-59　插入脚注

图 4-60　插入尾注

在 Word 2016 中,分栏排版是通过"布局"选项卡"页面设置"组中的"栏"下拉按钮来操作的。如果分栏较复杂,需要在其下拉菜单中选择"更多栏"命令,打开"栏"对话框,如图 4-61 所示。该对话框的"预设"栏用于设置分栏方式,可以等宽地将版面分成两栏、三栏;如果栏宽不等,则只能分成两栏;也可以选择分栏时各栏之间是否带"分隔线"。此外,用户还可以自定义分栏形式,按需要设置"栏""宽度""间距"。

如果要对文档进行多种分栏,只要分别选择需要分栏的段落,执行分栏操作即可。多种分栏并存时系统会自动在栏与栏之间增加双虚线的"分节符"（草稿视图下可见）。

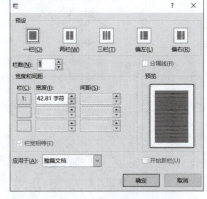

图 4-61　"栏"对话框

分栏排版不满一页时,会出现分栏长度不一致的情况,采用等长栏排版可使栏长一致。具体操作如下：首先将光标移到分栏文本的结尾处,然后单击"页面布局"选项卡"页面设置"组"分隔符"的下拉按钮,在下拉列表"分节符"区中选择"连续"命令。

若要取消分栏,只要选择已分栏的段落,改为一栏即可。

> ⓘ 注意：
> 　　分栏操作只有在页面视图状态下才能看到效果；当分栏的段落是文档的最后一段时,为使分栏有效,必须在分栏前,在文档最后添加一个空段落（按【Enter】键产生）。

（2）首字下沉

首字下沉是将选定段落的第一个字放大数倍,以引导阅读。它也是报纸、杂志中常用的排版方式。文字处理软件提供了相应的首字下沉排版功能。

在 Word 2016 中，建立首字下沉的方法如下：选中段落或将光标定位于需要首字下沉的段落中，单击"插入"选项卡"文本"组中的"首字下沉"按钮，选择需要的方式。选择"首字下沉选项"命令，打开"首字下沉"对话框，不仅可以选择"下沉"或"悬挂"位置，还可以设置字体、下沉行数及与正文的距离。

若要取消首字下沉，只要选定已首字下沉的段落，改为无即可。

例 4-9 继续在配套素材→"秋夜"文档中正文第二段分为等宽 2 栏，栏宽为 4.3 厘米，栏间加分隔线；并设置首字下沉，字体为隶书，下沉行数为 2，距正文 0.3 厘米。

在 Word 2016 中，操作步骤如下：

① 选定正文第二段，单击"布局"选项卡"页面设置"组"栏"下拉按钮，在下拉列表中选择"更多栏"命令，打开"栏"对话框，在"预设"组选择"两栏"，宽度设为"4.3 厘米"，选中"分隔线"复选框，然后单击"确定"按钮，如图 4-62 所示。

② 选中第二段第一个字"我"，单击"插入"选项卡"文本"组"首字下沉"下拉按钮，在下拉列表中选择"首字下沉选项"命令，打开"首字下沉"对话框进行设置，然后单击"确定"按钮，如图 4-63 所示。最终效果如图 4-64 所示。

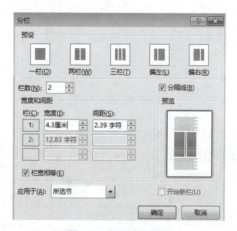

图 4-62　分栏设置

图 4-63　"首字下沉"对话框

（3）文档竖排

通常情况下，文档都是从左至右横排的，但是有时需要特殊效果，如古文、古诗的排版需要文档竖排。文字处理软件提供了"文字方向"功能，使文字可以朝软件预设的方向排列，如"垂直""将所有文字旋转 90°""将所有文字旋转 270°""将中文字符旋转 270°"等。

在 Word 2016 中，通过单击"布局"选项卡"页面设置"组"文字方向"的下拉按钮，在下拉列表中选择需要的竖排样式来实现。文档竖排效果如图 4-65 所示。

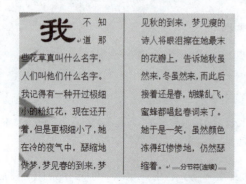

图 4-64　分栏及首字下沉效果

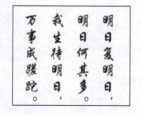

图 4-65　文档竖排效果

> ! 注意：
> 如果把一篇文档中的部分文字进行文档竖排，竖排文字会单独占一页进行显示。如果想在一页上既出现横排文字，又出现竖排文字，则需要利用到后面介绍的竖排文本框来处理。

4.5 表格处理技术

作为文字处理软件，表格功能是必不可少的。文档中经常需要使用表格来组织文档中有规律的文字和数字，有时还需要利用表格将文字段落并行排列（如履历表）。表格具有分类清晰、简明直观的优点。文字处理软件提供的表格处理功能可以方便地处理各种表格，特别适用于简单表格（如课程表、作息时间安排表、成绩表等）；如果要制作较大型、复杂的表格（如年度销售报表），或是要对表格中的数据进行大量、复杂的计算和分析时，电子表格处理软件则是更好的选择。

表格主要有三种类型：规则表格、不规则表格、文本转换成的表格，如图 4-66 所示。表格由若干行和若干列组成，行列的交叉处称为单元格。单元格内可以输入字符、图形，或插入另一个表格。

(a) 规则表格

(b) 不规则表格

(c) 文本转换成的表格

图 4-66　表格的三种类型

4.5.1 创建表格

1. 创建表格的方法

文字处理软件提供了多种途径来建立精美别致的表格。

（1）建立规则表格

在 Word 2016 中，建立规则表格有两种方法：

① 单击"插入"选项卡"表格"组中的"表格"按钮，在下拉列表中的虚拟表格里移动鼠标指针，经过需要插入的表格行列（见图 4-67），确定后单击，即可创建一个规则表格。

② 单击"插入"选项卡"表格"组中的"表格"按钮，在下拉菜单中选择"插入表格"命令，打开如图 4-68 所示的"插入表格"对话框，选择或直接输入所需的列数和行数。

（2）创建不规则表格

在 Word 2016 中，单击"插入"选项卡"表格"组中的"表格"按钮，在下拉列表中选择"绘制表格"命令。此时，指针呈铅笔状，可直接绘制表格外框、行列线和斜线（在线段的起点单击并拖动至终点释放）。在绘制过程中，可以根据需要选择表格线的线型、宽度和颜色等。对多余的线段可利用"擦除"按钮，用指针沿表格线拖动或单击即可。

（3）将文本转换成表格

按规律分隔的文本可以转换成表格，文本的分隔符可以是空格、制表符、逗号或其他符号等。文字处理软件提供了文本转换成表格的功能。在 Word 2016 中，要将文本转换成表格，先选定文本，单击"插入"选项卡"表格"组中的"表格"下拉按钮，在下拉列表中选择"文本转换成表格"命令即可。

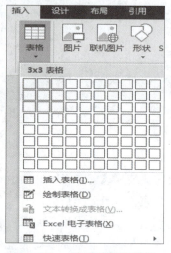

图 4-67 "插入表格"按钮

图 4-68 "插入表格"对话框

> **注意：**
> 文本分隔符不能是中文或全角状态的符号，否则转换不成功。

创建表格时，有时需要绘制斜线表头，即将表格中第一行第一个单元格用斜线分成几部分，每一部分对应于表格中行列的内容。对于表格中的斜线表头，可以利用"插入"选项卡"插图"组"形状"下拉列表"线条"区中的直线和"基本形状"区中的"文本框"共同绘制完成。

2. 输入表格内容

表格建好后，可以在表格的任意单元格中定位光标并输入文字，也可以插入图片、图形、图表等内容。

在单元格中输入和编辑文字的操作与文档的其他文本段落一样。单元格的边界作为文档的边界，当输入内容达到单元格的右边界时，文本自动换行，行高也将自动调整。

输入时，按【Tab】键使光标往后一个单元格移动，按【Shift+Tab】键使光标往前一个单元格移动，也可以将鼠标指针直接指向所需的单元格后单击。

要设置表格单元格中文字的对齐方式，在 Word 2016 中，可选定文字，右击，在弹出的快捷菜单中选择"表格属性"命令，在"表格属性"对话框中进行操作，如图 4-69 所示。其他设置如字体、缩进等与前面介绍的文档排版操作方法相同。

例 4-10 创建一个带斜线表头的表格，如图 4-70 所示。表格中文字对齐方式为水平居中对齐（即水平和垂直方向都是居中对齐方式）。

在 Word 2016 中，操作步骤如下：

① 新建一个文档，单击"插入"选项卡"表格"组中的"表格"按钮，在下拉列表中的虚拟表格里移动光标，经过 6 行 5 列时，单击。在表格中任意一个单元格中单击，将鼠标指针移至表格右下角的符号"□"，当鼠标指针变成箭头 时，可适当调整表格大小。

② 在第一个单元格中单击，单击"插入"选项卡"插图"组中的"形状"按钮，在"线条"区单击直线图标 ，在第一个单元格左上角顶点按住鼠标左键拖动至右下角顶点，绘制出表头斜线；单击"基本形状"区的文本框按钮 ，在单元格的适当位置绘制一个文本框，输入"科"字；然后选中文本框，右击，在弹出的快捷菜单中选择"设置形状格式"命令，打开"设置形状格式"窗格，在"填充"与"线条颜色"选项卡中分别选中"无填充"和"无线条"单选按钮，如图 4-71 所示。同样的方法制作出斜线表头中的"目""姓""名"等字。

图 4-69　表格属性设置

图 4-70　带斜线表头的成绩表

③ 在表格其他单元格中输入相应内容，然后选定整个表格中的文字，单击"表格工具"-"布局"选项卡"对齐方式"组中的"水平居中"按钮，如图 4-72 所示。

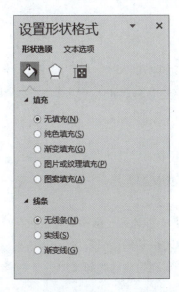

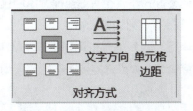

图 4-71　绘制斜线表头中文本框的处理　　　　图 4-72　表格中文字居中显示

4.5.2　编辑表格

表格的编辑操作同样遵守"先选定、后执行"的原则，文字处理软件选定表格的操作如表 4-2 所示。

表 4-2　选定表格

选取范围	菜单操作（"表格工具-布局"→"表"→"选择"中的命令）	鼠标操作
一个单元格	"单元格"	鼠标指针指向单元格内左下角处，指针呈右上角方向黑色实心箭头，单击
一行	"行"	鼠标指针指向该行左端边沿处（即选定区），单击
一列	"列"	鼠标指针指向该列顶端边沿处，指针呈向下黑色实心箭头，单击
整个表格	"表格"	单击表格左上角的符号

表格的编辑包括：缩放表格；调整行高和列宽；增加或删除行、列和单元格；表格计算和排序；拆分和合并表格、单元格；表格复制和删除；表格跨页操作等。文字处理软件提供了丰富的表格编辑功能。

在 Word 2016 中，主要通过"表格工具－布局"选项卡中的相应按钮（见图 4-73）或右键快捷菜单中的相应命令来完成。

图 4-73　"表格工具－布局"选项卡中的按钮

1. 缩放表格

当鼠标指针位于表格中时，在表格的右下角会出现符号"□"，称为句柄。当鼠标指针位于句柄上，变成箭头时，拖动句柄可以缩放表格。

2. 调整行高和列宽

根据不同情况有三种调整方法：

（1）局部调整

可以采用拖动标尺或表格线的方法。

（2）精确调整

在 Word 2016 中，选定表格，在"表格工具－布局"选项卡"单元格大小"组中的"行"和"列"框中设置具体的行高和列宽；或单击"表"组中的"属性"按钮；或在右键快捷菜单中选择"表格属性"命令，打开"表格属性"对话框，在"行"和"列"选项卡中进行相应设置。

（3）自动调整列宽和均匀分布

选定表格，单击"表格工具－布局"选项卡"单元格大小"组中的"自动调整"下拉按钮，在下拉列表中选择相应的调整方式。或在右键快捷菜单中选择"自动调整"中的相应命令。

3. 增加或删除行、列和单元格

增加或删除行、列和单元格可利用"表格工具－布局"选项卡"行和列"组中的相应按钮或在右键快捷菜单中选择相应命令。如果选定的是多行或多列，那么增加或删除的也是多行或多列。

例 4-11　对成绩表表格进行设置：行高为 2 厘米，列宽为 3 厘米；在表格的底部添加一行并输入"平均分"，在表格的最右边添加一列并输入"总分"。

在 Word 2016 中，操作步骤如下：

① 选定整个表格。

② 单击"表格工具－布局"选项卡"单元格大小"组中的"行"框中，调整至"2 厘米"或者直接输入"2 厘米"，同样，在"列"数值框中设置"3 厘米"，按【Enter】键，并适当调整一下斜线表头大小和位置，如图 4-74 所示。

图 4-74　行高、列宽设置

③ 选中最后一行，单击"表格工具－布局"选项卡"行和列"组中的"在下方插入"按钮（或者将光

标置于最后一个单元格按【Tab】键，或者将光标置于最后一行段落标记前按【Enter】键），然后在新插入行的第 1 个单元格中输入“平均分”。

④ 选中最后一列，单击“表格工具 - 布局”选项卡“行和列”组中的“在右侧插入”按钮，然后在新插入列的第一个单元格中输入“总分”。设置新增加的行和列单元格文字对齐方式为水平居中对齐，如图 4–75 所示。

科目 姓名	语文	数学	英语	计算机	总分
张峰	90	95	94	98	
赵燕	92	93	95	96	
秦娜	93	95	96	96	
李红	92	93	96	98	
杨芳	88	96	92	95	
平均分					

图 4–75　完成后的表格

4. 表格计算和排序

（1）表格计算

在表格中可以完成一些简单的计算，如求和、求平均值、统计等。这可以通过文字处理软件提供的函数快速实现。这些函数包括求和（SUM）、平均值（AVERAGE）、最大值（MAX）、最小值（MIN）、条件统计（IF）等。但是，与电子表格处理软件相比，文字处理软件的表格计算自动化能力差，当不同单元格进行同种功能的统计时，必须重复编辑公式或调用函数，效率低。最大的问题是，当单元格的内容发生变化时，结果不能自动重新计算。

在 Word 2016 中，表格计算是通过“表格工具 - 布局”选项卡“数据”组中的“公式”按钮 f_x 来使用函数或直接输入计算公式来完成的。在计算过程中，经常要用到表格的单元格地址，它用字母后面跟数字的方式来表示，其中字母表示单元格所在列号，每一列号依次用字母 A、B、C……表示，数字表示行号，每一行号依次用数字 1、2、3……表示，如 B3 表示第 2 列第 3 行的单元格。作为函数自变量的单元格表示方法如表 4–3 所示。

表 4–3　单元格表示方法

函数自变量	含　义
LEFT	左边所有单元格
ABOVE	上边所有单元格
单元格 1: 单元格 2	从单元格 1 到单元格 2 矩形区域内的所有单元格。例如，a1:b2 表示 a1、b1、a2、b2 共 4 个单元格中的数据参与计算
单元格 1，单元格 2，…	计算所有列出来的单元格 1，单元格 2，…的数据

注意：

其中的“:”和“,”必须是英文的标点符号，否则会导致计算错误。

（2）表格排序

除计算外，文字处理软件还可以根据数值、笔画、拼音、日期等方式对表格数据按升序或降序排列，同时，允许选择多列进行排序，即当选择的第一列（称为主关键字）内容有多个相同的值时，可根据另一列（称为次要关键字）排序，依此类推，最多可选择三个关键字进行排序。

例 4-12　对成绩表表格中的数据进行计算：计算每位学生的"总分"及每门课程的"平均分"（要求平均分保留 2 位小数），并对表格进行排序（不包括"平均分"行）。首先按总分降序排列，如果总分相同，再按语文成绩降序排列，结果如图 4-76 所示。

在 Word 2016 中，操作步骤如下：

① 计算总分。计算总分即求和，选择的函数是 SUM。单击存放第一位学生总分的单元格，单击"表格工具-布局"选项卡"数据"组中的"公式"按钮 f_x，打开"公式"对话框，如图 4-77 所示。此时，Word 自动给出的公式是正确的，可以直接单击"确定"按钮；继续单击用于存放第二位学生总分的单元格，重复相同的步骤。但这次 Word 自动提供的公式"= SUM(ABOVE)"是错误的，需要将括号中的内容进行更改，最简单的方法是用 LEFT 替换 ABOVE，也可以选择用"B3,C3,D3,E3"或"B3:E3"（注意其中的标点符号必须是英文的）替换 ABOVE，还可以不使用 SUM 函数，直接在公式框中输入"= B3+C3+D3+E3"，公式框中的字母大小写均可；用同样的方法计算出其他学生的总分。

姓名＼科目	语文	数学	英语	计算机	总分
秦娜	93	95	96	96	380
李红	92	93	96	98	379
张峰	90	95	94	98	377
赵燕	92	93	95	96	376
杨芳	88	96	92	95	371
平均分	91.00	94.40	94.60	96.60	376.60

图 4-76　表格计算和排序结果

图 4-77　计算总分

② 计算平均分。计算平均分与总分类似，选择的函数是 AVERAGE。单击存放"语文"平均分的单元格，单击"表格工具-布局"选项卡"数据"组中的"公式"按钮 f_x，在"公式"对话框中保留"="，删除其他内容。然后单击"编号格式"下拉列表框，在其中选择 0.00（小数点后有几个 0 就是保留几位小数），再单击"粘贴函数"下拉列表框，在其中选择 AVERAGE，然后在公式框中的括号内单击，输入 ABOVE，如图 4-78 所示。也可以在括号内输入"B2,B3,B4,B5,B6"或"B2:B6"，或者在公式框中输入"= (B2+B3+B4+B5+B6)/5"，最后单击"确定"按钮。第一个保留两位小数的平均分就算好了。用同样的方法计算出"数学""英语""计算机"的平均分。

③ 表格排序。选定表格前 6 行，单击"表格工具-布局"选项卡"数据"组中的"排序"按钮。在"排序"对话框中选择"主要关键字"和"次要关键字"以及相应的排序方式，如图 4-79 所示。

5. 拆分和合并表格、单元格

在文字处理过程中，有时需要将一个表格拆分为两个表格，或者需要将单元格拆分、合并的情况。在 Word 2016 中，拆分表格的操作方法是，首先将指针移到表格将要拆分的位置，即第二个表格的第一行，然后单击"表格工具－布局"选项卡"合并"组中的"拆分表格"按钮，此时在两个表格中产生一个空行。删除这个空行，两个表格又合并成为一个表格。

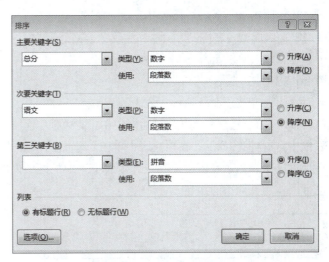

图 4-78　计算平均分设置　　　　　　图 4-79　"排序"对话框

拆分单元格是指将一个单元格分为多个单元格，合并单元格则恰恰相反。在 Word 2016 中，拆分和合并单元格可以利用"表格工具－布局"选项卡"合并"组中的"拆分单元格"按钮和"合并单元格"按钮来完成。

6. 表格的复制和删除

表格的复制和删除主要通过文字处理软件右键快捷菜单中的"复制"和"删除单元格"命令来完成。

> 注意：
>
> 选定表格按【Delete】或【Del】键，只能删除表格中的数据，不能删除表格。

7. 表格跨页操作

当表格很长或表格正好处于两页的分界处时，表格会被分割成两部分，即出现跨页的情况。文字处理软件提供了两种处理跨页表格的方法：

①一种是跨页分断表格，使下页中的表格仍然保留上页表格中的标题（适于较大表格）。

②另一种是禁止表格分页（适于较小表格），让表格处于同一页上。

在 Word 2016 中，表格跨页操作通过单击"表格工具－布局"选项卡"表"组中"属性"按钮，打开"表格属性"对话框，在"行"选项卡中选中"允许跨页断行"复选框来完成。跨页分断表格还可以通过单击"表格工具－布局"选项卡"数据"组中的"重复标题行"按钮来实现。

4.5.3　格式化表格

1. 自动套用表格格式

文字处理软件为用户提供了各种各样的表格样式，这些样式包括表格边框、底纹、字体、颜色的设置等，使用它们可以快速格式化表格。在 Word 2016 中，选中要美化的表格，通过"表格工具－设计"选项卡"表格样式"组中的相应按钮来实现。

2. 边框与底纹

自定义表格外观，最常见的是为表格添加边框和底纹。使用边框和底纹可以使每个单元格或每行每列呈现出不同的风格，使表格更加清晰明了。文字处理软件提供了为表格添加边框和底纹的功能。

在 Word 2016 中，通过单击"表格工具-设计"选项卡"边框"组中的"边框"下拉按钮，在下拉列表中选择"边框和底纹"命令，打开"边框和底纹"对话框来进行操作。其设置方法与段落的边框和底纹设置类似，只是在"应用于"下拉列表框中选择"表格"。

例4-13 对成绩表表格设置边框和底纹：表格外框为 1.5 磅实单线，内框为 1 磅实单线；平均分这一行设置文字红色底纹。效果如图 4-80 所示。

在 Word 2016 中，操作步骤如下：

① 选定表格，单击"表格工具-设计"选项卡"边框"组中的"边框"下拉按钮，在下拉列表中选择"边框和底纹"命令，在"边框和底纹"对话框中单击"边框"选项卡，在"样式"列表框中选择实单线，"宽度"下拉列表框中选择"1.5 磅"，在预览区中单击示意图的四条外边框；然后在"宽度"下拉列表框中选择"1 磅"，在预览区中单击示意图的中心点，生成十字形的两个内框，如图 4-81 所示。设置边框时除单击示意图外，也可以使用其周边的按钮。

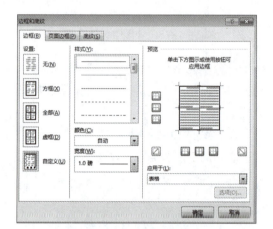

图 4-80 表格加边框和底纹的效果　　　　　　　　图 4-81 设置表格边框

② 选定第一行，调整标题字体并加粗，然后在图 4-81 所示的"边框和底纹"对话框中，单击"底纹"选项卡，在"填充"下拉列表"标准色"区中选择黄色，"应用于"下拉列表框中选择"单元格"，单击"确定"按钮。

4.6 插入对象

文字处理软件不仅仅局限于对文字的处理，还能插入各种各样的媒体对象并编辑处理，使文章的可读性、艺术性和感染力大大增强。文字处理软件可以插入的对象包括：各种类型的图片、图形对象（如形状、SmartArt 图形、文本框、艺术字等）、公式和图表。

在 Word 2016 中，要在文档中插入这些对象，通常选择"插入"选项卡"插图"组中的相应按钮，"文本"组中的"文本框"按钮、"艺术字"按钮，以及"符号"组中的"公式"按钮。

如果要对插入的对象进行编辑和格式化操作，可以利用各自的右键快捷菜单及对应的工具选项卡来进行。图片对应的是"图片工具"选项卡，图形对象对应的分别是"绘图工具""SmartArt 工具""公式工具""图表工具"选项卡等。选定对象，这些工具选项卡就会出现。

4.6.1 插入图片

通常情况下，文档中所插入的图片主要来源于四方面：

① 从图片剪辑库中插入剪贴画或图片。

② 通过扫描仪获取出版物上的图像或一些个人照片。

③ 来自于数码照相机。

④ 从网络上下载所需图片。上网搜索到所需图片后，右击图片，在弹出的快捷菜单中选择"图片另存为"命令，将图片保存到计算机硬盘上。

图片文件具体分为三类：

① 剪贴画：文件扩展名为 WMF（Windows 图元文件）或 EMF（增强型图元文件）。

② 其他图形文件，如 BMP（位图图像）、JPG（静止图像压缩标准格式）、GIF（图形交换格式）、PNG（便携式网络图形）和 TIFF（标签图像文件格式）等。

③ 截取整个程序窗口或截取窗口中部分内容等。

在 Word 2016 中，要在文档中插入图片，可以通过"插入"选项卡"插图"组中的相应按钮来进行。

例 4-14　新建一个空白文档，插入一张图片、一个程序窗口图像（截取整个程序窗口）以及"搜狗"输入法状态条图标（截取窗口中部分内容）。

操作步骤如下：

① 插入图片文件：

- 将光标移到文档中需要放置图片的位置。
- 单击"插入"选项卡"插图"组中的"图片"按钮，打开"插入图片"对话框，选择图片所在的位置和图片名称，单击"插入"按钮，将图片文件插入到文档中。

② 插入一个程序窗口图像（截取整个程序窗口）：

- 打开一个程序窗口，如画图程序，然后将光标移到文档中需要放置图片的位置。
- 单击"插入"选项卡"插图"组中的"屏幕截图"按钮，在弹出的下拉列表中可以看到当前打开的程序窗口，单击需要截取画面的程序窗口即可。也可以打开程序窗口后，按【Alt+PrintScreen】组合键将其复制到剪贴板，然后粘贴至文档。

> **注意：**
> 如果是整个桌面图像，可以先在任务栏上右击，在弹出的快捷菜单中选择"显示桌面"命令，然后打开文档，定位光标，单击"插入"选项卡"插图"组中的"屏幕截图"按钮，在下拉列表中选择"屏幕剪辑"命令，截取整个屏幕。也可以显示桌面后，按【PrintScreen】键将其复制到剪贴板，然后粘贴至文档。

③ 插入图标：

- 显示"搜狗"输入法状态栏，移到屏幕上空白区域（方便截取）。
- 单击"插入"选项卡"插图"组中的"屏幕截图"按钮，在弹出的下拉列表中选择"屏幕编辑"命令，然后迅速将鼠标指针移动到系统任务栏处，单击截取画面的程序图标（此处是 Word 程序窗口），激活该程序。等待几秒，画面就处于半透明状态，在要截图的位置处（"搜狗"输入法状态条）拖动鼠标，选中要截取的范围，然后释放鼠标完成截图操作。

插入文档中的图片，除复制、移动和删除等常规操作外，还可以调整图片的大小，裁剪图片（按比例或形状裁剪）等；可以设置图片排列方式（即文字对图片的环绕）如"嵌入型"（将图片当作文字对象处理），其他非"嵌入型"如四周型、紧密型等（将图片当作区别于文字的外部对象处理）；可以调整图片的颜色（亮度、对比度、颜色设置等）；删除图片背景使文字内容和图片互相映衬；设置图片的艺术效果（包括标记、铅笔灰度、铅笔素描、线条图、粉笔素描、画图笔画、画图刷、发光散射、虚化、浅色屏幕、水彩海绵、胶片颗粒等多种效果）、设置图片样式（样式是多种格式的总和，包括为图片添加边框、效果的相关内容等）；如果是多张图片，可以进行组合与取消组合的操作；多张图片叠放在一起时，还可以通过调整叠放次序得到最佳效果（注意，此时图片的文字环绕方式不能是"嵌入型"）。

在 Word 2016 中，主要通过"图片工具"选项卡和右键快捷菜单中对应的命令来实现。"图片工具"选项卡如图 4-82 所示。

图 4-82 "图片工具"选项卡

图片刚插入文档时往往很大，这就需要调整图片的尺寸大小。最常用的方法是：单击图片，此时图片四周出现八个尺寸句柄，拖动句柄可以进行图片缩放。如果是准确地改变尺寸，在 Word 2016 中，可以右击图片，在弹出的快捷菜单中选择"大小和位置"命令，打开"布局"对话框，在"大小"选项卡中操作完成，如图 4-83 所示。也可以在"图片工具-格式"选项卡的"大小"组中进行设置。

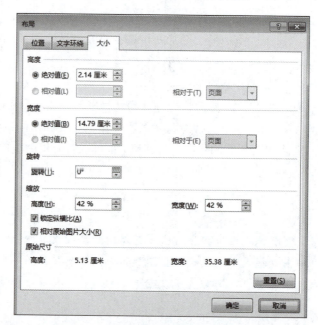

图 4-83 在"布局"对话框中设置图片大小

文档插入图片后，常常会把周围的正文"挤开"，形成文字对图片的环绕。文字对图片的环绕方式主要分为两类：一类是将图片视为文字对象，与文档中的文字一样占有实际位置，它在文档中与上下左右文本的位置始终保持不变，如"嵌入型"，这是系统默认的文字环绕方式；另一类是将图片视为区别于文字的外部对象处理，如"四周型"、"紧密型"、"衬于文字下方"、"浮于文字上方"、"上下型"和"穿越型"。其中前四种更为常用，四周型是指文字沿图片四周呈矩形环绕；紧密型的文字环绕形状随图片形状不同而不同（如图片是圆形，则环绕形状是圆形）；衬于文字下方是指图形位于文字下方；浮于文字上方是指图形位于文字上方。这四种文字环绕的效果如图 4-84 所示。

在 Word 2016 中，设置文字环绕方式有两种方法：一种方法是单击"图片工具-格式"选项卡"排列"组中的"环绕文字"按钮，在下拉列表中选择需要的环绕方式，如图 4-85 所示；另一种方法是右击图片，在弹出的快捷菜单中选择"环绕文字"命令。

图 4-84　四种常用的文字环绕效果　　　　　　　　图 4-85　"自动换行"下拉列表

> ! 注意：
> 如果在文档中插入图片时发生图片显示不全的情况，此时，只要将文字环绕方式由"嵌入型"改为其他任何一种方式即可。

在非"嵌入型"文字环绕方式中，衬于文字下方比浮于文字上方更为常用。但图片衬于文字下方后会使字迹不清晰，可以利用图形着色效果使图形颜色淡化。例如，图片水印效果的设置方法是，单击"图片工具－格式"选项卡"调整"组中"颜色"的下拉按钮，在下拉列表的"重新着色"区中选择"冲蚀"图标，（见图 4-86），其效果如图 4-87 所示。

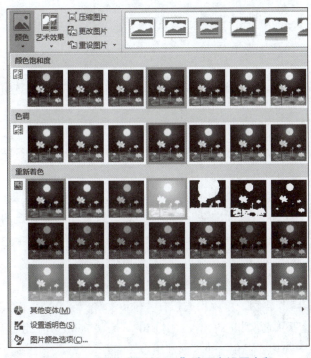

图 4-86　通过"图片工具"选项卡设置水印　　　　　　图 4-87　"冲蚀"效果

插入在文档中的图片，有时往往由于原始图片的大小、内容等因素不能满足需要，期望能对所采用的图片进行进一步处理。文字处理软件提供了图片处理功能。例如，Word 2016 就具有去除图片背景及剪裁图片功能，用户在制作文档的同时就可以完成图片处理工作。具体操作步骤如下：选中图片，单击"图片工具 - 格式"选项卡"调整"组中的"删除背景"按钮，在图片上调整选择区域拖动句柄，使要保留的图片内容浮现出来；调整完成后，在"背景消除"选项卡中单击"保留更改"按钮，完成图片背景消除操作；然后单击"图片工具 - 格式"选项卡"大小"组中的"裁剪"按钮，在图片上拖动图片边框的滑块，调整到适当的图片大小，把不需要的空白区域裁剪掉。

4.6.2　插入图形对象

单纯的文字令人难以记忆，如果能够将文档中的某些理念以图形方式呈现出来，可以大大促进阅读者理解，给其留下深刻的印象。文字处理软件提供了图形对象的制作功能。

图形对象包括形状、SmartArt 图形、艺术字等。

1. 形状

形状包括线条、矩形、基本形状、箭头总汇、公式形状、流程图、星与旗帜和标注等多种类型，每种类型又包含若干图形样式。插入的形状还可以添加文字，设置阴影、发光、三维旋转等各种特殊效果。

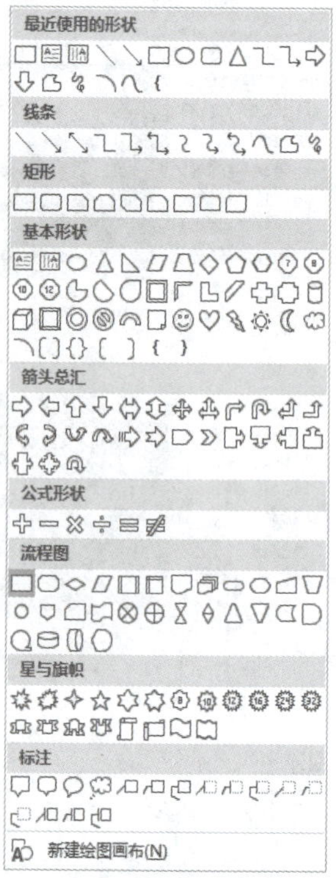

在 Word 2016 中，插入形状是通过单击"插入"选项卡"插图"组中的"形状"按钮 来完成的，如图 4-88 所示。在形状库中单击需要的图标，然后用鼠标在文本区拖动从而形成所需要的图形。需要编辑和格式化时，选中形状，在"绘图工具"选项卡（见图 4-89）或右键快捷菜单中操作。

图 4-88　插入形状

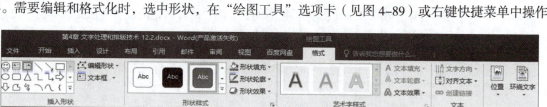

图 4-89　"绘图工具"选项卡

形状最常用的编辑和格式化操作包括：缩放、旋转、添加文字、组合与取消组合、叠放次序、设置形状格式等。

（1）缩放和旋转

单击图形，在图形四周会出现八个白色点和一个 ，拖动白色点可以进行图形缩放，拖动 可以进行图形旋转。

（2）添加文字

在需要添加文字的图形上右击，在弹出的快捷菜单中选择"添加文字"命令。这时光标就出现在选定的图形中，输入需要添加的文字内容。这些输入的文字会变成图形的一部分，当移动图形时，图形中的文字也跟随移动。

（3）组合与取消组合

画出的多个图形如果要构成一个整体，以便同时编辑和移动，可以用先按住【Shift】键，再分别单击其他图形的方法来选定所有图形，然后移动鼠标至指针呈十字形箭头状时右击，在弹出的快捷菜单中选择"组合"命令。若要取消组合，可右击图形，在弹出的快捷菜单中选择"组合"→"取消组合"命令。

（4）叠放次序

当在文档中绘制多个重叠的图形时，每个重叠的图形有叠放的次序，这个次序与绘制的顺序相同，最先绘制的在最下面。可以利用右键快捷菜单中的"叠放次序"命令改变图形的叠放次序。

（5）设置形状格式

右击图形，在弹出的快捷菜单中选择"设置形状格式"命令，打开"设置形状格式"窗格，在其中完成相关操作。

例4-15 绘制一个如图4-90所示的流程图，要求流程图各个部分组合为一个整体。

在Word 2016中，操作步骤如下：

① 新建一个空白文档，单击"插入"选项卡"插图"组中的"形状"下拉按钮，在形状库中选择"流程图"中的相应图形。第一个是"流程图"区的"流程图：终止"图形，画到文档中合适位置，并适当调整大小。右击图形，在弹出的快捷菜单中选择"添加文字"命令，在图形中输入文字"开始"。

② 单击"线条"区的单向箭头按钮↘，画出向下的箭头。

③ 重复第①步和第②步，继续插入其他形状直至完成。

④ 按住【Shift】键，依次单击所有图形，全部选中后，在图形中间右击，在弹出的快捷菜单中选择"组合"命令，将多个图形组合在一起。

> **⚠ 注意：**
> 基本形状中包括横排文本框和竖排文本框。使用它们可以方便地将文字放置到文档中的任意位置。做无边框的文本框时，右击文本框，在弹出的快捷菜单中选择"设置形状格式"命令，在"设置形状格式"对话框"填充"选项卡和"线条颜色"选项卡中分别选中"无填充"和"无线条"单选按钮即可。在文本框中输入文字，当框中部分文字不可见时，可以调大文本框使文字显示出来。

2. SmartArt 图形

SmartArt图形是文字处理软件中预设的形状、文字以及样式的集合，包括列表、流程、循环、层次结构、关系、矩阵、棱锥图和图片等多种类型，每种类型下又有多个图形样式，用户可以根据文档的内容选择需要的样式，然后对图形的内容和效果进行编辑。

例4-16 组织结构图是由一系列图框和连线来表示组织机构和层次关系的图形。绘制一个组织结构图，如图4-91所示。

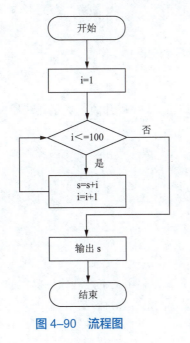

图4-90 流程图

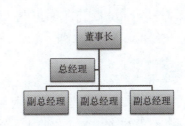

图4-91 组织结构图

在 Word 2016 中，操作步骤如下：

① 新建一个空白文档，单击"插入"选项卡"插图"组中的 SmartArt 按钮，打开"选择 SmartArt 图形"对话框，在"层次结构"选项卡中选择"组织结构图"，如图 4-92 所示。

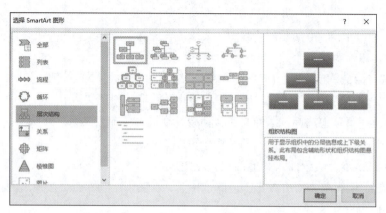

图 4-92 "选择 SmartArt 图形"对话框

② 单击各个"文本框"，从上至下依次输入"董事长""总经理""副总经理"。

③ 单击文档中其他任意位置，组织结构图完成。插入 SmartArt 图形后，可以利用其"SmartArt 工具"选项卡完成设计和格式的编辑操作。

3. 艺术字

艺术字是以普通文字为基础，通过添加阴影、改变文字的大小和颜色、把文字变成多种预定义的形状等来突出和美化文字的。它的使用会使文档产生艺术美的效果，常用来创建旗帜鲜明的标志或标题。

在 Word 2016 中，插入艺术字可以通过"插入"选项卡"文本"组中的"艺术字"按钮来实现。生成艺术字后，会出现"绘图工具"选项卡，在其中的"艺术字样式"组中进行操作，如改变艺术字样式、增加艺术字效果等。如果要删除艺术字，只要选中艺术字，按【Delete】键即可。

例 4-17 制作效果如图 4-93 所示的艺术字"未来可期，不负青春"。

图 4-93 艺术字效果

在 Word 2016 中，操作步骤如下：

① 单击"插入"选项卡"文本"组中的"艺术字"按钮，在展开的艺术字样式库中选择"填充：橙色，主题色 2；边框：橙色，主题色 2"，输入"未来可期，不负青春"。

② 单击"绘图工具-格式"选项卡，在"艺术字样式"组中单击"文本效果"下拉按钮；在下拉列表中指向"发光"，在其级联菜单"发光变体"区中单击"发光：18 磅；绿色，主题色 6"按钮，继续在"艺术字样式"组中单击"文字效果"下拉按钮，在下拉列表中指向"转换"，在其级联菜单"弯曲"区中单击"波形：上"按钮（第 5 行第 2 列）。

4.6.3 创建公式

在编写论文或一些学术著作时，经常需要处理数学公式，利用文字处理软件提供的公式编辑器，可以方便地制作具有专业水准的数学公式。产生的数学公式可以像图形一样进行编辑操作。

在 Word 2016 中，要创建数学公式，可单击"插入"选项卡"符号"组"公式" π 的下拉按钮，在下拉列表中选择预定义好的公式，也可以选择"插入新公式"命令来自定义公式，此时，出现公式输入框和"公式工具"选项卡，帮助完成公式的输入，如图 4-94 所示。

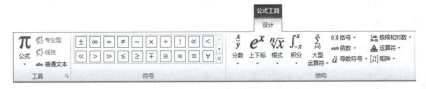

图 4-94 "公式工具"选项卡

> ！注意：
> 在输入公式时，插入点光标的位置很重要，它决定了当前输入内容在公式中所处的位置。可通过在所需的位置处单击来改变光标位置。

例 4-18　输入公式：

$$s = \sqrt{\sum_{i=1}^{n} x_i^2 - n\overline{x^2}} + 1$$

在 Word 2016 中，操作步骤如下：

① 单击"插入"选项卡"符号"组"公式" π 的下拉按钮，在下拉列表中选择"插入新公式"命令。

② 在公式输入框中输入"s="；单击"公式工具 - 设计"选项卡"结构"组中的"根式"按钮，在"根式"区选择 $\sqrt{\Box}$；单击根号中的虚线框，再单击"结构"组中的"大型运算符"按钮，在"求和"区选择 $\sum$，然后单击每个虚线框，依次输入相应内容："i=1" "n" "x"，接着选中"x"，单击"结构"组中的"上下标"按钮，在其中选择 $\Box_\Box^\Box$，单击上、下标虚线框，分别输入"2"和"i"；在 x_i^2 后单击，注意此时光标位置，输入"-"（应仍然位于根式中），继续输入"n"，单击"上下标"按钮，在"常用的下标和上标"区中选择 x^2 输入，然后选中"x^2"，再单击"导数符号"按钮，在"顶线和底线"区中选择 $\overline{\Box}$；在整个表达式后单击，注意此时光标位置，输入"+"和"1"。

③ 在公式输入框外单击，结束公式输入。

4.7　高效排版

制作专业的文档除了使用常规的页面内容和美化操作外，还需要注重文档的结构及排版方式。为了提高排版效率，文字处理软件提供了一些高效排版功能，包括样式、自动生成目录、邮件合并等。

4.7.1　样式的创建及使用

样式是一组命名的字符和段落排版格式的组合。例如，一篇文档有各级标题、正文、页眉和页脚等，它们分别有各自的字符格式和段落格式，并各以其样式名存储以便使用。

使用样式有两个优点：

① 可以轻松快捷地编排具有统一格式的段落，使文档格式严格保持一致，而且，样式便于修改，如果文档中多个段落使用了同一样式，只要修改样式，就可以修改文档中带有此样式的所有段落。

② 样式有助于长文档构造大纲和创建目录。

文字处理软件不仅预定义了很多标准样式，还允许用户根据自己的需要修改标准样式或自己新建样式。

1. 使用已有样式

在 Word 2016 中，选定需要使用样式的段落，在"开始"选项卡"样式"组"快速样式库"中选择已有的样式，如图 4-95 所示；或单击"样式"组右下角的"对话框启动器"按钮，打开"样式"任务窗格，在列表框中根据需要选择相应的样式，如图 4-96 所示。

2. 新建样式

当文字处理软件提供的样式不能满足用户需要时，可以自己创建新样式。

图 4-95 "快速样式库"列表框

在 Word 2016 中，单击"样式"下拉列表（图 4-96）左下角的"新建样式"按钮，在"根据格式设置创建新样式"对话框中单击"修改"按钮进行设置。在该对话框中输入样式名称，选择样式类型、样式基准，设置该样式的格式，再选中"添加到样式库"复选框，如图 4-97 所示。在该对话框设置样式格式时，可以通过"格式"栏中相应按钮快捷设置；也可以单击"格式"按钮，在其弹出的菜单中选择相应的命令详细设置。新样式建立后，就可以像已有样式一样直接使用。

图 4-96 "样式"窗格

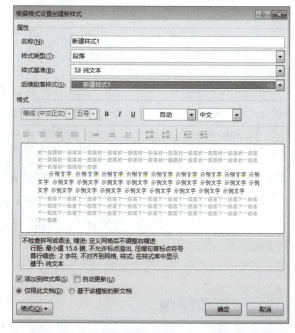

图 4-97 "根据格式设置创建新样式"对话框

3. 修改和删除样式

如果对已有的段落样式和格式不满意，可以进行修改和删除。修改样式后，所有应用了该样式的文本都会随之改变。

在 Word 2016 中，修改样式的方法：在"样式"任务窗格中，右击需要修改的样式名，在弹出的快捷菜单中选择"修改"命令，在"修改样式"对话框中设置所需的格式即可。

删除样式的方法与上面类似，不同的是应选择删除样式名命令，此时，带有此样式的所有段落自动应用"正文"样式。

4.7.2 自动生成目录

书籍或长文档编写完后，需要为其制作目录，以方便读者阅读和大概了解文档的层次结构及主要内容。

文字处理软件不仅可以手动输入目录，还提供了自动生成目录的功能。

1. 创建目录

要自动生成目录，前提是将文档中的各级标题统一格式化。一般情况下，目录分为 3 级，可以使用相应的 3 级标题"标题 1""标题 2""标题 3"样式，也可以使用其他几级标题样式或者自己创建的标题样式来格式化。在 Word 2016 中，先用"开始"选项卡"样式"组快速样式库中的标题将各级标题统一格式化，然后单击"引用"选项卡"目录"组中"目录"的下拉按钮，在下拉列表中选择"自动目录 1"或"自动目录 2"。如果没有需要的格式，可以选择"插入目录"命令，打开"目录"对话框进行自定义操作，如图 4–98 所示。需要注意的是，Word 2016 默认的目录显示级

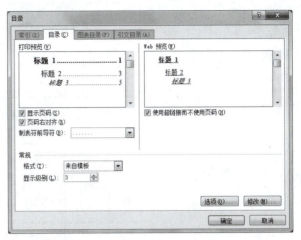

图 4–98　"目录"对话框

别为 3 级，如果需要改变设置，在"显示级别"框中利用数字微调按钮调整或直接输入相应级别的数字即可。

例 4–19　有下列标题文字，如图 4–99 所示，请为它们设置相应的标题样式并自动生成 3 级目录，效果如图 4–100 所示。

图 4–99　自动生成目录时使用的标题文字　　　　图 4–100　自动生成目录的效果

在 Word 2016 中，操作步骤如下：

① 为各级标题设置标题样式。选定标题文字"第 3 章 文字处理和排版技术"，在"开始"选项卡"样式"组中选择"标题 1"，用同样的方法依次设置"3.1 Word 2016 使用基础"和"3.2 Word 2016 基本操作"为"标题 2"，其他为"标题 3"。

② 将光标定位到插入目录的位置，单击"引用"选项卡"目录"组中"目录"的下拉按钮，在下拉列表中选择"自动目录 1"。

2. 更新目录

如果文字内容在编制目录后发生了变化，文字处理软件可以很方便地对目录进行更新。

在 Word 2016 中，操作步骤如下：

在目录中单击，目录区左上角会出现"更新目录"按钮，单击它打开"更新目录"对话框，再选择"更新整个目录"选项即可。也可以通过"引用"选项卡"目录"组中的"更新目录"按钮进行操作。

4.7.3　邮件合并

在实际工作中，经常要处理大量日常报表和信件，如打印信封、工资条、成绩单、录取通知书，发送信函、邀请函给客户和合作伙伴等。这些报表和信件的主要内容基本相同，只是数据有变化，例如图 4–101 所示的成绩单。为了减少重复工作，提高效率，可以使用文字处理软件提供的邮件合并功能。

张峰学习成绩表

科 目	成绩	科 目	成绩
Python 程序设计	90	数据库原理及应用	95
计算机网络	94	操作系统	98
总分	377		

赵燕学习成绩表

科 目	成绩	科 目	成绩
Python 程序设计	92	数据库原理及应用	93
计算机网络	95	操作系统	96
总分	376		

图 4–101 成绩表（邮件合并）

邮件合并就是将两个相关文件的内容合并在一起，用于解决批量分发文件或邮寄相似内容信件时的大量重复性问题。邮件合并是在两个电子文档之间进行的。一个是"主文档"，它包括报表或信件共有的文字和图形内容；另一个是数据源，它包括需要变化的信息，多为通信资料，以表格形式存储，一行（又称一条记录）为一个完整的信息，一列对应一个信息类别，即数据域（如姓名、地址等），第一行为域名记录。在"数据源"文档中只允许包含一个表格，表格的第一行必须用于存放标题，可以在合并文档时仅使用表格的部分数据域，但不允许包含表格之外的其他任何文字和对象。

邮件合并主要包含以下几个步骤：

① 创建主文档，输入内容不变的共有文本。

② 创建或打开数据源，存放可变的数据。数据源是邮件合并所需使用的各类数据记录的总称，可以是多种格式的文件，如 Word、Excel、Access、Outlook 联系人列表、HTML 文件等。

③ 在主文档中所需要的位置插入合并域名称。

④ 执行邮件合并操作，将数据源中的可变数据和主文档的共有文本合并，生成一个合并文档。

准备好主文档和数据源后可以开始邮件合并。文字处理软件通常提供"邮件合并向导"功能，它能帮助用户一步步地了解整个邮件合并的使用过程，并高效、顺利地完成邮件合并任务。

例 4-20 使用邮件合并技术制作学生成绩表。

在 Word 2016 中，操作步骤如下：

① 先创建好"学生成绩表"主文档，如图 4–102 所示。

② 创建好数据源文件，如图 4–103 所示。

学习成绩表

科··目	成绩	科··目	成绩
Python 程序设计		数据库原理及应用	
计算机网络		操作	
总分			

姓名	python程序设计	数据库原理及应用	计算机网络	操作系统	总分
张峰	90	95	94	98	377
赵燕	92	93	95	96	376
秦娜	93	95	96	96	380
李红	92	93	96	98	379
杨芳	88	96	92	95	371

图 4–102 "成绩表"主文档

图 4–103 数据源文件

③ 打开学生成绩表主文档，单击"邮件"选项卡"开始邮件合并"组中的"选择收件人"下拉按钮，在下拉列表中选择"使用现有列表"命令，如图 4–104 所示。

④ 打开"选取数据源"对话框,选中创建好的数据文件——"成绩单"文档(见图4-105),然后单击"打开"按钮,再单击"确定"按钮,完成数据源的选取。

⑤ 将光标插入符置于"学生成绩表"前面,然后单击"插入合并域"按钮,在展开的列表中选取要插入的域——"姓名",将该域插入,如图4-106所示。

⑥ 用同样的方法插入"Python程序设计""数据库原理及应用""计算机网络""操作系统""总分"域,效果如图4-107所示。

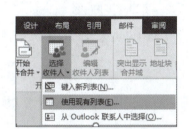

图4-104 选择"使用现有列表"命令

图4-105 选择数据源文件

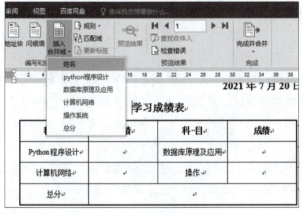

图4-106 选择并插入"姓名"域

图4-107 插入其他域

> ⚠ 提示:
> 将邮件合并域插入主文档时,域名称综述由尖括号(《 》)括住,这些尖括号不会显示在合并文档中,它们只是帮助将主文档中的域与普通文本区分开。

⑦ 单击"完成"组中的"完成并合并"按钮,在弹出的下拉列表中选择"编辑单个文档"命令(见图4-108),系统将产生的邮件放置到一个新文档。

⑧ 在打开的"合并到新文档"对话框中选中"全部"单选按钮(见图4-109),然后单击"确定"按钮,完成邮件合并,另存文档为"学生成绩表(邮件合并)"。

图4-108 选择"编辑单个文档"

图4-109 选择"全部"单选按钮

4.8 修订及打印文档

4.8.1 修订文档

如果一篇文档需要多人协作、共同处理，审阅、跟踪文档的修订状况就变得非常重要。需要及时了解其他人更改了文档的哪些内容，以及为何要进行这些更改。

文字处理软件提供了多种方式协助用户完成文档审阅的相关操作，帮助用户快速对比、查看、合并同一文档的多个修订版本。

1. 修订文档

当用户在修订状态下修改文档时，文字处理软件将跟踪文档中所有内容的变化情况，同时会把用户在当前文档中修改、删除、插入的每一项内容标记下来。

在 Word 2016 中，开启文档的修订状态是通过单击"审阅"选项卡"修订"组中的"修订"按钮来实现的。用户在修订状态下直接插入的文档内容将通过颜色和下画线标记下来，删除的内容也会在右侧的页边空白处显示出来，方便其他人查看。如果多个用户对同一文档进行修订，文档将通过不同的颜色区分不同用户的修订内容。

2. 添加批注

在多人审阅文档时，如果需要对文档内容的变更情况进行解释说明，或者向文档作者询问问题，可以在文档中插入"批注"信息。"批注"与"修订"的不同之处在于，"批注"并不在原文的基础上进行修改，而是在文档页面的空白处添加相关的注释信息，并用有颜色的方框括起来。"批注"除了文本外，还可以是音频、视频信息。

在 Word 2016 中，添加批注信息是通过单击"审阅"选项卡"批注"组中的"新建批注"按钮，然后直接输入批注信息来完成的。若要删除批注信息，可以选择右键快捷菜单中的"删除批注"命令。

3. 审阅修订和批注

文档内容修订完成后，需要对文档的修订和批注状况进行最终审阅，并确定最终的文档版本。

在 Word 2016 中，接受或拒绝文档内容的每一项更改是通过单击"审阅"选项卡"更改"组中的"上一处"（或"下一处"）按钮，定位到文档中的上一条（或下一条）修订或批注，再单击"更改"组中的"拒绝"或"接受"按钮来选择拒绝或接受的。对于批注信息还可以通过"批注"组中的"删除"按钮将其删除。

4. 快速比较文档

文档经过最终审阅后，可以通过对比方式查看修订前后两个文档版本的变化情况。在 Word 2016 中，提供了"精确比较"的功能。要显示两个文档的差异，操作步骤是，单击"审阅"选项卡"比较"组中的"比较"下拉按钮，在下拉列表中选择"比较"命令，打开"比较文档"对话框，在其中通过浏览，找到原文档和修订的文档，如图 4-110 所示。单击"确定"按钮后，两个文档之间的不同之处将突出显示在"比较结果"文档的中间以供用户查看。在文档比较视图左侧的审阅窗格中，自动统计了原文档与修订文档之间的具体差异情况。

图 4-110 "比较文档"对话框

5. 标记文档的最终状态

如果文档已经确定修改完成,可以为文档标记最终状态来标记文档的最终版本。该操作将文档设置为只读,并禁用相关的内容编辑命令。

在 Word 2016 中,要标记文档的最终状态,可选择"文件"→"信息"命令,单击"保护文档"按钮,在下拉列表中选择"标记为最终"命令来完成。

4.8.2 打印文档

计算机中编辑排版好的文档如果想变成书面文档,为计算机连接并添加打印机就可以将其打印输出。在打印输出前,可以对文档进行预览及相应内容设置,如页面布局、打印份数、纸张大小、打印方向等。这可以选择"文件"→"打印"命令,对"打印"选项进行设置,如图 4-111 所示。

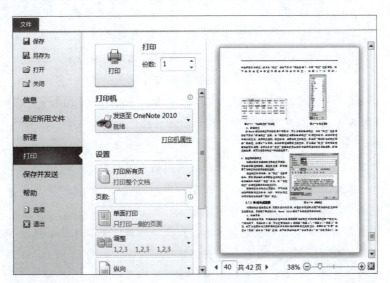

图 4-111 设置打印选项

思考与练习

一、选择题

1. Word 2016 的运行环境是(　　)。
   A. DOS　　　　　　B. UCDOS　　　　　C. WPS　　　　　　D. Windows
2. Word 文档文件的扩展名是(　　)。
   A. .TXT　　　　　　B. .WPS　　　　　　C. .DOCX　　　　　D. .DOC
3. 打开 Word 2016 文档一般是指(　　)。
   A. 把文档的内容从磁盘调入内存,并显示出来

B. 把文档的内容从内存中读入，并显示出来

C. 显示并打印出指定文档的内容

D. 为指定文件开设一个新的、空的文档窗口

4. Word 中（　　）方式使得显示效果与打印预览效果基本相同。

    A. Web 版式视图   B. 大纲视图   C. 页面视图   D. 草稿

5. "复制"命令的功能是将选定的文本或图形（　　）。

    A. 复制到剪贴板   B. 由剪贴板复制到插入点

    C. 复制到文件的插入点位置   D. 复制到另一个文件的插入点位置

6. 选择纸张大小，可以在（　　）选项卡"页面设置"组中单击"纸张大小"按钮设置。

    A. 开始   B. 插入   C. 页面布局   D. 视图

7. 在 Word 编辑中，可单击（　　）选项卡"页眉和页脚"组中的"页眉"或"页脚"按钮，建立页眉和页脚。

    A. 开始   B. 插入   C. 视图   D. 引用

8. Word 2016 具有分栏功能，下列关于分栏的说法中正确的是（　　）。

    A. 最多可以分 4 栏   B. 各栏的宽度必须相同

    C. 各栏的宽度可以不同   D. 各栏之间的间距是固定的

9. 在 Word 2016 表格计算中，其公式：=SUM(A1，C4) 含义是（　　）。

    A. 1 行 1 列至 3 行 4 列 12 个单元相加   B. 1 行 1 列至 1 行 4 列相加

    C. 1 行 1 列与 1 行 4 列相加   D. 1 行 1 列与 4 行 3 列相加

10. 在 Word 2016 文档中插入图形，下列方法（　　）是不正确的。

    A. 单击"插入"选项卡"插图"组中的"形状"按钮，选择需要绘制的图形。

    B. 选择"文件"→"打开"命令，再选择某个图形文件名

    C. 单击"插入"选项卡"插图"组中的"图片"按钮，再选择某个图形文件名

    D. 利用剪贴板将其他应用程序中的图形粘贴到所需文档中

二、思考题

1. 在文字处理软件中，输入文本的途径有哪些？最常用的是哪种？
2. 特殊的标点符号、数学符号、单位符号、希腊字母等如何输入？特殊的符号如》、& 等如何输入？
3. 文档编辑主要包括哪些操作？其遵守的原则是什么？
4. 文字处理软件的格式编排命令有哪 3 种基本单位？文档的排版一般在什么视图下进行？为什么？
5. 字符排版、段落排版和页面排版主要包括什么内容？
6. 文字处理软件提供的表格功能和电子表格处理软件的区别在哪里？
7. 文字处理软件可以插入的对象有哪些？如果要对插入的对象进行编辑和格式化，如何操作？
8. 什么是样式？使用样式有什么好处？
9. 自动生成目录的前提是什么？
10. 什么时候使用邮件合并？

第 5 章
电子表格处理

Excel 2016 是 Microsoft Office 的核心组件之一,也是目前公认的优秀的表格处理软件之一。利用它不仅可以制作美观、规范及实用的电子表格,还可以对其中的数据进行编辑和处理,包括数据计算、数据管理与分析、创建图表、创建数据透视表等。因此在管理、会计、审计、金融等领域应用广泛。

> **学习目标:**
>
> 通过对本章内容的学习,学生应该能够做到:
> ① 了解: Excel 2016 的主要功能、特点及其应用。
> ② 理解: 工作簿、工作表、单元格、单元格地址、地址的绝对引用、相对引用和混合引用、公式中使用的运算符等概念。
> ③ 掌握: 工作表中各类数据的输入方法、工作表中的各种格式设置、常用公式或函数的使用、常用的数据管理方法、常用的数据分析方法、图表的制作方法、工作表的打印等。

5.1　Excel 2016 使用基础

本节主要介绍 Excel 2016 软件启动与退出的不同方法,Excel 2016 软件工作界面组成,工作簿、工作表的概念及基本操作等。

5.1.1　Excel 2016 的启动与退出

1. 启动 Excel 2016

启动 Excel 2016 的方式有以下几种:

① 选择"开始"→"所有程序"→ Microsoft Office → Microsoft Excel 2016 命令。
② 如果桌面上有 Excel 2016 的快捷图标,双击该快捷图标。
③ 双击计算机中存储的 Excel 类型文件,可以直接启动 Excel 2016 软件并自动打开该文件。

2. 退出 Excel 2016

退出 Excel 2016 的方式有以下几种:

① 单击窗口标题栏右上角的"关闭"按钮。
② 右击窗口标题栏,在弹出的快捷菜单中选择"关闭"命令。
③ 选择"文件"→"关闭"命令。
④ 按【Alt+F4】组合键。

5.1.2 Excel 2016 的工作界面

Excel 2016 启动后的工作界面如图 5-1 所示，主要由快速访问工具栏、标题栏、功能区、工作表编辑区（名称栏、编辑栏、编辑输入区）、状态栏和滚动条等部分组成。

（1）快速访问工具栏

快速访问工具栏放置一些使用频率较高的命令。为方便用户快速执行常用命令，以减少在功能区查找命令的时间，提高工作效率，用户可以自定义快速工具栏。

（2）标题栏

由快速访问工具栏、工作簿名称和控制按钮等组成。标题栏最右端是窗口的"功能区显示选项"按钮，窗口的最小化按钮、最大化/还原按钮和关闭按钮。

3. 功能区

功能区最左边为"文件"菜单，其他部分由各个选项卡组成，如"开始"选项卡、"插入"选项卡、"页面布局"选项卡等，每个选项卡中包含若干个命令按钮，这些命令按钮以分组的方式进行组织，图 5-1 显示的是"开始"选项卡，该选项卡中的命令分为 7 个分组，分别是剪贴板、字体、对齐方式、数字、样式、单元格和编辑，每个分组中包含了若干个按钮，这些按钮对应不同的命令。

功能区中有些分组中的某些命令按钮的右方有一个下拉按钮▼，单击该按钮时可以打开一个下拉列表。在有些分组的右下角有一个"对话框启动器"按钮，单击该按钮可以打开一个用于设置的对话框。

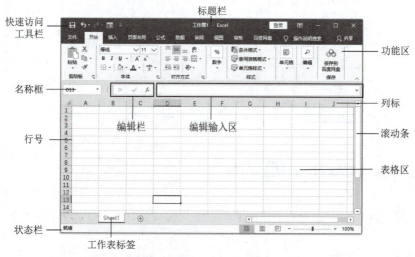

图 5-1　Excel 2016 工作界面

4. 工作表编辑区

该区由名称栏、编辑栏和编辑输入区 3 部分组成。

（1）名称栏

名称栏又称名称框，用来显示当前单元格或区域的地址或名称。例如，图 5-1 中的 D13 单元格就是当前单元格，选中该单元格时，其右下角有一个小方块，称为填充柄或控制柄，用于单元格的复制和填充。

（2）编辑栏

在向单元格输入数据时，中间的编辑栏中有三个按钮，分别表示对输入数据的"取消"、"输入"和"插入函数"。其中，前两个按钮在向单元格输入内容时才显示，单击"插入函数"按钮时，可以打开"插入函数"对话框，用于向单元格中输入函数。

（3）编辑输入区

编辑输入区用来输入或编辑当前所选单元格的值或公式。

5. 表格区

这是由若干行若干列个单元格构成的二维表格,最左边显示每一行的行号,最上方显示是每一列的列标。

6. 工作表标签

在表格区左下方,显示组成工作簿的各个工作表的名称。工作表标签左侧为工作表滚动按钮。工作表标签右侧为"新建工作表"按钮。

7. 状态栏

窗口底部的一行为状态栏,由三部分组成,从左到右分别是"编辑模式"、"视图切换"和"缩放区"。

(1)"编辑模式"

"编辑模式"用于显示当前命令、操作或状态的有关信息,例如,在向单元格输入数据时,状态栏显示"输入",修改当前单元格数据时,状态栏显示"编辑",完成输入后,状态栏显示"就绪"。

(2)"视图切换"

"视图切换"区有三个按钮⊞□□用来进行视图方式的切换,这三个按钮分别是普通、页面布局和分页预览。

(3)"缩放区"

"缩放区"在状态栏的右边,拖动其中的滑块可以改变工作表显示比例。

5.1.3 工作簿、工作表和单元格的概念

1. 工作簿

工作簿是 Excel 的文档文件,它的扩展名是 .xlsx。

2. 工作表

工作表用来存储和处理数据,Excel 2016 的一个工作表中有 1 048 576 行,每一行有 16 384 列,这样,一个工作表中共有 1 048 576×16 384 个单元格。

工作表中的每一行分别用数字 1~1 048 576 来表示,称为行号,每一列用字母和字母组合来表示,称为列标,列标的具体值是 A~Z、AA~AZ、BA~BZ、……、XFA~XFD。

一个新建的工作簿中默认有 1 张工作表,这张表默认的名称是 Sheet1。可以通过"新建工作表"按钮向工作簿中添加新的工作表,一个工作簿中最多可以有 255 个工作表。右击标签区工作表名称还可以用来对该工作表进行移动、复制、重命名等操作。

3. 单元格

工作表中行和列的交叉位置称为单元格,单元格是表格的最小单位。

一个单元格中保存的可以是数据,例如数值、文字、公式、图片、声音等具体内容,除此之外,每个单元格中还可以单独地设置格式(如字体、字号、对齐方式等),也可以向单元格中插入批注,还可以是超链接。

一个工作表中共有 1 048 576×16 384 个单元格,每个单元格所在列的列标与所在行的行号构成了单元格的地址,即采用"列标 + 行号"的格式作为单元格的名称或地址。例如,第 6 行第 3 列单元格的地址是 C6,而第 20 行第 10 列单元格的地址是 J20。

5.1.4 工作簿的基本操作

在 Excel 2016 中,对文档的基本操作大都体现在"文件"菜单中。

1. 新建工作簿

选择"文件"→"新建"命令,在窗口中部的可用模板区域可以选择创建的文档类型,如"空白工作簿"、样本模板、图表模板等,如图 5-2 所示。选择"空白工作簿"选项即可创建出一个空白工作簿。

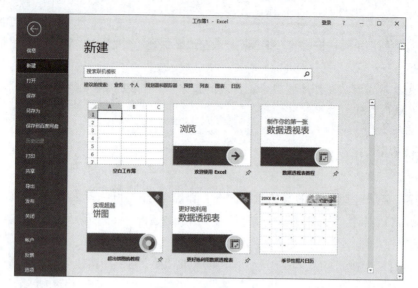

图 5-2 新建工作簿

2. 保存

选择"文件"→"保存"命令，或单击快速访问工具栏中的"保存"按钮，可以将现有的文档保存到磁盘上。如果文档是新建的而且是首次进行保存，则结果和选择下面的"另存为"命令一样。

3. 另存为

选择"文件"→"另存为"命令，单击"浏览"按钮，打开"另存为"对话框，如图 5-3 所示。在此对话框中可以改变文件所在的磁盘、文件夹或原有的文件名。

在对话框中可以选择不同的保存类型，这样，可以将该文档保存为工作簿、网页、文本文件或 PDF 文件。

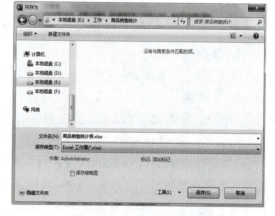

图 5-3 "另存为"对话框

4. 打开

选择"文件"→"打开"命令，单击"浏览"按钮，出现"打开"对话框，选择一个 Excel 文档后，可以将该文档在 Excel 中打开。

5. 关闭

选择"文件"→"关闭"命令，可以将打开的 Excel 文档关闭，但 Excel 程序并不退出，这时，还可以继续打开其他的工作簿文档。

5.1.5 工作表的基本操作

对工作表的基本操作是指对工作表的整体进行插入、删除、移动、复制和重命名等，所有这些操作可以在 Excel 窗口左下方的工作表标签区进行。在进行操作之前，需要首先选择工作表。

1. 选择工作表

选择工作表可以分为选择单张工作表和选择多张工作表。

（1）选择单张工作表

单击工作表的标签，则该工作表的内容显示在工作簿窗口中，同时对应的标签变为白色。

（2）选择多张工作表

①要选择连续多张工作表，可单击选择第一张，然后按住【Shift】键单击最后一张工作表。

②要选择不连续多张工作表，可按住【Ctrl】键后分别单击每一张工作表。

选择后的工作表可以进行复制、删除等操作，最简单的方法是在工作表标签处右击工作表，在弹出的快捷菜单中选择相应的命令，如图 5-4 所示。

2. 插入工作表

新建工作簿中只包含有一个工作表，根据需要还可以增加工作表，最多可以增加到 255 张，插入工作表可以按选择以下三种方法之一完成。

- 在工作表标签上右击该工作表，在弹出的快捷菜单中选择"插入"命令，打开"插入"对话框；在新对话框中选择"工作表"，然后单击"确定"按钮。
- 单击工作表标签区的"新工作表"按钮 ，也可插入一张新的工作表。
- 选择"开始"选项卡的"单元格"组中"插入"→"插入工作表"命令。插入的新工作表成为当前工作表。

图 5-4　工作表操作快捷菜单

3. 删除工作表

删除工作表时，右击选择的工作表，在弹出的快捷菜单中选择"删除"命令，也可以选择"单元格"组中的"删除"→"删除工作表"命令。

删除工作表时，会出现确认对话框，如图 5-5 所示，单击"删除"按钮后，该工作表被删除，工作表名也从标签中被删除，同时被删除的工作表也无法用"撤销"命令来恢复。

4. 重命名工作表

工作表默认的名称分别是 Sheet1、Sheet2、Sheet3 等，重命名时，双击工作表标签或右击工作表标签，在弹出的快捷菜单中选择"重命名"命令，这时工作表标签位置底纹变暗突出显示，可直接输入新的工作表名，然后按【Enter】键即可。

5. 移动和复制工作表

移动和复制工作表可以在同一个工作簿内进行，也可以在不同的工作簿之间进行。

（1）使用菜单命令

使用菜单命令时，移动和复制这两个操作的过程是一样的，具体步骤如下：

① 打开需要移动或复制的工作表所在工作簿和目标工作簿。

② 右击要移动或复制的工作表。

③ 在弹出的快捷菜单中选择"移动或复制"命令，打开如图 5-6 所示的对话框。

图 5-5　"确认删除"对话框

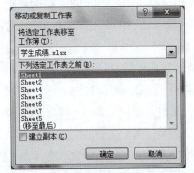

图 5-6　"移动或复制工作表"对话框

④ 在对话框中可以分别设置：

- 在工作簿的下拉列表框中选择目标工作簿，如果选择的是工作表所在工作簿，则表示移动或复制在同一个工作簿内进行。
- 在工作表列表框中选择移动或复制工作表的目标位置，即某个工作表之前或移至最后。
- 如果要复制工作表，则选中"建立副本"复选框；如果是移动工作表，则取消对该复选框的选择。

⑤ 在对话框中设置完成后，单击"确定"按钮，完成移动或复制。

（2）使用鼠标拖动

在同一个工作簿内复制或移动工作表，用鼠标拖动的方法更为方便。

① 移动工作表时，先选择要移动的工作表，然后按住鼠标左键后拖动鼠标到某个工作表位置，松开鼠标，则该工作表移动到目标工作表之前的位置。

② 复制工作表时，先选择要移动的工作表，在拖动鼠标时按住【Ctrl】键，拖动鼠标到某个工作表位置，松开鼠标，则该工作表移动到目标工作表之前的位置。

5.2 工作表的操作

新建立的工作簿中并没有数据，具体的数据要分别输入到不同的工作表中。因此，建立工作簿后首先要做的就是向工作表中输入数据。

5.2.1 输入工作表数据

1. 输入数据的基本方法

输入数据时的一般步骤如下：

① 在窗口下方的工作表标签区域，单击选择某个工作表。

② 单击要输入数据的单元格，使其成为当前单元格，此时，名称框中显示该单元格的地址。Excel 中并没有规定数据必须从哪个单元格开始输入，为便于操作，通常从工作表的左上角开始。

③ 向该单元格输入数据，输入的内容同时显示在编辑栏中。

④ 如果输入的数据有错，可以单击编辑栏中的"取消"按钮✖或按【Esc】键将其取消，然后重新输入；如果输入正确，可单击"输入"按钮✔确认输入的数据或直接单击其他单元格即可。

⑤ 继续向其他单元格输入数据，选择其他单元格可以用以下方法：

- 按【←】【↑】【→】【↓】键。
- 按【Enter】键。
- 单击其他的单元格。

2. 不同类型数据的输入

每个单元格中都可以输入不同类型的数据，如数值、文本、日期等，不同类型的数据输入时应使用不同的格式，这样 Excel 才能识别输入数据的类型。

（1）数值

数值类型的数据可以直接输入，在单元格中默认的是右对齐。如果输入的数值长度超过单元格的宽度，自动转换成科学计数法，即指数法表示。例如，如果输入的数据为 123456789123456789，则在单元格中显示 1.23457E+17。在输入数值数据时，除了 0～9、正负号和小数点以外，还可以使用以下的符号。

① "E"和"e"用于指数法的输入，如 2.34E–2 表示输入 0.0234。

② 用圆括号表示输入的是负数，如（213）表示输入 –213。

③ 以"＄"或"￥"开始的数值表示货币格式。

④ 以符号"%"结尾表示输入的是百分数，如 50% 表示 0.5。

⑤ 逗号","表示分节符，如 1,234,567。

（2）文本

文本也称为文字或字符串，在单元格中默认的是左对齐。输入文本时，应在文本之前加上单撇号"'"以示区别。例如，'Hello 表示要输入的字符串是 Hello，事实上，在输入字符串时，通常单撇号"'"可以省略，只有一种情况不能省略，就是数字字符串的输入。

数字字符串是指全由数字字符 0～9 组成的字符串，如身份证号、邮政编码等，这类数据是不参与诸如求和、平均等数学运算的，输入这样的字符串时不能省略单撇号"'"。

（3）日期

输入的日期在单元格中默认的是右对齐。日期输入的形式比较多，例如，要输入 2014 年 3 月 1 日，则以下几种形式都可以。

① 14/3/1。

② 2014/3/1：注意顺序为年月日。

③ 2014-3-1。

④ 1-MAR-14：注意顺序为日月年。

⑤ 1/MAR/14。

如果只输入了两个数字，则系统默认为输入的是月和日。例如，如果在单元格输入 1/3，则表示输入的是 1 月 3 日，年份默认为系统的年份。

（4）时间

输入的时间在单元格中默认的是右对齐。输入时间时，时间格式为 hh:mm:ss [a/am/p/pm]。时和分之间用冒号"："隔开，分和秒之间也用冒号"："隔开，也可以在时间后面加上"A""AM""P""PM"等字母表示上下午，其中秒 ss 和字母之间应有空格。例如，7:30:12 AM。

- 如果只输入两个数字，则表示输入的是时和分，时间格式为 hh:mm [a/am/p/pm]，其中分 mm 和后面的字母之间应有空格。例如，7:30 AM。
- 如果将日期和时间组合输入，输入时日期和时间之间要留有空格。例如，2014-3-1 10:30。
- 如果要输入当天的日期可以按快捷键【Ctrl+;】组合键，要输入现在的时间可以按【Ctrl+Shift+;】组合键。

（5）分数

由于分数线和除号"/"是同一个符号，为了区分输入的是日期还是分数，输入分数时，要在分数前加 0 和空格。如果要输入 1/3，则应向单元格输入 0 1/3，这时编辑栏中显示的是 0.333333333333333。如果要输入 5/3，应向单元格输入 0 5/3 或输入 1 2/3。

3. 自动填充数据

如果在连续的单元格中要输入相同的数或具有某种规律的数据（如等差数列、等比数列），可以使用自动填充功能方便地进行输入。

（1）相同数据

如果相邻的同一行或同一列若干个单元格要输入相同的文本或数值，在输入第 1 个文本或数值之后，光标指针放置在该单元格右下角的填充柄处，指针的形状变为细十字形状"+"时，按下鼠标左键直接拖动填充柄，则拖动所经过的单元格都被填充了与该单元格相同的内容。

（2）有序数据

如果要输入的若干个数据具有某种规律，如等差数列、等比数列或日期序列，这些数据称为有序数字，下面通过例 5-1～例 5-3 分别说明这些数据的输入。其结果如图 5-7 所示。

例 5-1 在 A1：A7 单元格分别输入等差数列的数字 1、3、5、7、9、11、13。具体操作步骤如下：

① 在 A1 和 A2 单元格分别输入数列的前 2 个数据 1 和 3。

② 用鼠标从 A1 单元格拖动到 A2 单元格，选中这两个单元格。

③ 将鼠标移动到 A2 单元格右下角的填充柄，此时指针变为细十字形状"+"。

④ 拖动"+"到 A7 单元格后松开鼠标，这时 A3:A7 分别填充了 5、7、9、11 和 13。

例 5-2 在 C1:C7 单元格分别输入等比数列的数字 1、2、4、8、16、32、64。具体操作步骤如下：

① 在 C1 单元格输入第 1 个数据 1。

② 用鼠标从 C1 单元格拖动到 C7 单元格，选中这 7 个单元格。

③ 在"开始"选项卡的"编辑"组中，选择"填充"→"序列"命令（见图 5-8），打开"序列"对话框，如图 5-9 所示。

图 5-7 有序数字和文字

图 5-8 "填充"按钮的下拉菜单　　　　图 5-9 "序列"对话框

④ 在"序列"对话框的"类型"框内选择"等比序列"单选按钮；在"步长值"文本框内输入数字 2；由于在此之前已经选中了所有单元格 C1：C7，因此"终止值"框内不需要输入，单击对话框的"确定"按钮，这时，C1：C7 单元格分别输入了 1、2、4、8、16、32、64。

（3）有序文字

例 5-3 在 E1：E7 单元格分别输入文字序列"星期一"至"星期日"。具体操作步骤如下：

① 在 E1 单元格输入文字"星期一"。

② 将鼠标移动到 E1 单元格右下角的复制柄，此时指针变为细十字形状"+"。

③ 拖动"+"到 E7 单元格后松开鼠标，这时 E1：E7 分别填充了要求输入的文字。

本题中的"星期一""星期二"等文字是 Excel 事先定义好的序列，因此，当在 E1 单元格输入了"星期一"后，拖动复制柄时，Excel 就按该序列的内容依次填充"星期二""星期三"等。如果序列的数据用完，则再使用序列的开始数据继续填充。除该序列外，Excel 已定义的填充序列常用的还有以下序列。

- 日、一、二、三、四、五、六。
- Sun、Mon、Tue、Wed、Thu、Fri、Sat。
- Sunday、Monday、Tuesday、Wednesday、Thursday、Friday、Saturday。
- 一月、二月……
- Jan、Feb……
- January、February……

5.2.2 数据有效性输入

有效性输入是指用户可以对一个或若干个单元格输入的数据类型和范围预先进行设置，保证数据的输入在有效的范围内，同时还可以设置输入数据的提示信息和输入出错时的提示信息。

例 5-4 将区域 A1:F10 输入的数据设置为 0～100 的整数，输入提示信息为"请输入 0～100 之间的整数"，出错提示信息为"你所输入的数据不在正确范围"。操作步骤如下：

① 用鼠标拖动选定 A1:F10 区域所有单元格。

② 在"数据"选项卡的"数据工具"组中，选择"数据验证"下拉列表中的"数据验证"命令，打开"数据验证"对话框，如图 5-10 所示。

③在"数据验证"对话框中选中"设置"选项卡,设置内容如下:
- 在"允许"下拉列表框中选择允许输入的数据类型"整数"。
- 在"数据"下拉列表框中选择"介于"。
- 在"最小值"框中输入数字 0。
- 在"最大值"框中输入数字 100。

④选中"输入信息"选项卡(见图 5-11),设置内容如下:
- 在"标题"框中输入"注意"。
- 在"输入信息"框中输入"请输入 0～100 之间的整数!"。

图 5-10 "设置"选项卡

图 5-11 "输入信息"选项卡

⑤选中"出错警告"(见图 5-12)选项卡,设置内容如下:
- 在"标题"框中输入"出错了"。
- 在"出错信息"框中输入"你所输入的数据不在正确的范围!"。

⑥单击"确定"按钮,至此,有效数据设置完毕。

当选中 A1:F10 区域的任一单元格时,屏幕上出现提示信息,如图 5-13 所示。如果输入的数据不在正常范围,例如输入了一个 200,则屏幕出现出错信息,如图 5-14 所示。

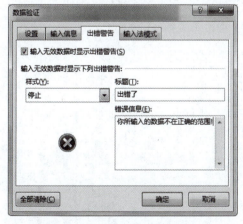

图 5-12 "出错警告"选项卡

图 5-13 提示信息

图 5-14 出错信息

5.2.3 编辑工作表

编辑工作表包括对工作表中的数据进行编辑修改和对表格的格式进行设置,在进行编辑之前,需要首先选择对象。

1. 选择单元格

选择单元格包括选择单个单元格、连续矩形区域、不连续的多个单元格或区域、行或列、整个工作表。

（1）选择单个单元格

如果要在工作表中选择某个单元格，最简单的方法就是直接单击该单元格。此外，还可以使用键盘上的方向键选择当前单元格的前、后、左、右单元格。

当已输入的数据单元格较多时，如果要精确快速定位到某个单元格，可以选择"开始"选项卡的"编辑"组，单击"查找和选择"按钮，在弹出的下拉列表中选择"转到"命令，打开"定位"对话框（见图5-15），在对话框的引用位置文本框中输入要定位的单元格地址即可。

（2）选择连续矩形区域

选择矩形区域可以使用以下方法之一，这里以选择区域 A1:F10 为例进行说明：

- 单击区域左上角的单元格 A1，然后用鼠标拖动到该区域的右下角单元格 F10。
- 单击区域左上角的单元格 A1，然后按住【Shift】键单击该区域右下角的单元格 F10。
- 在名称框中输入 A1:F10，然后按【Enter】键。
- 在"定位"对话框的引用位置文本框中输入 A1:F10，然后单击"确定"按钮。

（3）选择不连续的多个单元格或区域

按下【Ctrl】键后，使用鼠标分别选择各个单元格或区域。

图 5-15 "定位"对话框

（4）选择行或列

① 选择某个整行：可直接单击该行的行号。

② 选择连续多行：可以在行号区从首行拖动到末行。

③ 选择某个整列：可直接单击该列的列标。

④ 选择连续多列：可以在列标区从首列拖动到末列。

⑤ 选择不连续的行或列：单击第一个行号或列标，按【Ctrl】键，再单击其他的行号或列标。

（5）选择整个工作表

单击工作表的左上角即行号与列标相交之处的全选按钮 ，或按【Ctrl+A】组合键。

2. 移动单元格

将某个单元格或某个区域的内容移动到其他位置，可以使用以下方法：

（1）使用鼠标拖动

选定要移动数据的单元格或区域，将鼠标指针移动到所选区域的边框上，然后拖动到目标位置即可。

（2）使用"剪贴板"

具体操作步骤如下：

① 选定要移动数据的单元格或区域。

② 单击"剪贴板"组中的"剪切"按钮。

③ 单击目标单元格或目标区域左上角的单元格。

④ 单击"粘贴"按钮。

3. 复制单元格

将某个单元格或某个区域的内容复制到其他位置，同样也可以使用鼠标或剪贴板的方法。

（1）用鼠标拖动

将鼠标指针移动到所选区域的边框上，然后按住【Ctrl】键后拖动鼠标到目标位置即可，同时鼠标指针的右上角有一个小的"+"符号。

（2）使用"剪贴板"

使用"剪贴板"复制的过程与移动的过程基本一致，不同之处在于第②步时要单击"复制"按钮，其他步骤完全一样。具体操作步骤如下：

① 选定要复制数据的单元格或区域。
② 单击剪贴板分组中的"复制"按钮。
③ 单击目标单元格或目标区域左上角的单元格。
④ 单击"粘贴"按钮。

4. 插入行、列

（1）插入行

在某行上面插入一整行，可以使用以下两种方法之一：

- 右击某行的行号，在弹出的快捷菜单中选择"插入"命令。
- 单击某行的任意一个单元格，然后选择"开始"选项卡"单元格"组中的"插入"→"插入工作表行"命令，如图 5-16 所示。

（2）插入列

在某列前面插入一整列，同样可以使用以下两种方法之一：

- 右击某列的列标，在弹出的快捷菜单中选择"插入"命令。
- 单击某行的任意一个单元格，然后选择"开始"选项卡"单元格"组中的"插入"→"插入工作表列"命令，如图 5-16 所示。

5. 删除行、列

（1）删除行

要删除某个整行，可以使用以下两种方法之一。某行被删除后，该行下面的各行内容自动上移。

- 右击某行的行号，在弹出的快捷菜单中选择"删除"命令。
- 单击选择某行的行号，然后选择"开始"选项卡"单元格"组中的"删除"→"删除工作表行"命令，如图 5-17 所示。

（2）删除列

要删除某个整列，可以使用以下两种方法之一。某列被删除后，该列右边的各列内容自动左移。

- 右击某列的列标，在弹出的快捷菜单中选择"删除"命令。
- 单击选择某行的行号，然后选择"开始"选项卡中"单元格"组中的"删除"→"删除工作表列"命令，如图 5-17 所示。

6. 插入单元格

插入单元格的操作步骤如下：

① 单击某个单元格，确定插入位置。
② 选择"开始"选项卡"单元格"组中的"插入"→"插入单元格"命令，打开"插入"对话框。
③ 在对话框中选择插入的方式，如图 5-18 所示。

- 活动单元格右移：当前单元格及同一行中其右侧的所有单元格右移一个单元格。

图 5-16　"插入"下拉列表　　图 5-17　"删除"下拉列表　　图 5-18　"插入"对话框

- 活动单元格下移：当前单元格及同一列中其下面的所有单元格下移一个单元格。
- 整行：当前单元格所在的行上面出现空行。
- 整列：当前单元格所在的列左边出现空列。

④ 单击"确定"按钮，插入完成。

7．删除单元格

删除单元格的操作步骤如下：

① 单击某个单元格，确定插入位置。

② 选择"开始"选项卡"单元格"组中的"删除"→"删除单元格"命令，打开"删除"对话框，如图 5-19 所示。

③ 在对话框中选择删除的方式：

- 右侧单元格左移：被删单元格所在行右侧的所有单元格左移一个单元格。
- 下方单元格上移：被删单元格所在列下面的所有单元格上移一个单元格。
- 整行：删除当前单元格所在的行。
- 整列：删除当前单元格所在的列。

④ 单击"确定"按钮，完成删除。

8．清除单元格

由于一个单元格中由数据（内容）、格式、超链接和批注组成，因此，清除单元格时可以选择清除这四者之一或者将四者全部清除。清除单元格时，先选择要进行清除的单元格或区域，然后单击"开始"选项卡"编辑"组中的"清除"下拉按钮，在弹出的下拉列表中选择要清除的命令，如图 5-20 所示。

 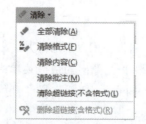

图 5-19　"删除"对话框　　图 5-20　"清除"下拉列表

- 全部清除：可将所选单元格的格式、内容、批注等全部清除。
- 清除格式：可将所选单元格的字体、段落等格式清除。
- 清除内容：可将所选单元格的内容清除，或直接按【Delete】键完成。
- 清除批注：可将所选单元格的批注清除。
- 清除超链接：可将所选单元格的超链接清除。

9．查找和替换

查找是指在指定的范围内从当前单元格开始查找某数据，找到后可以继续查找，替换则是指将查找到的数据用另一个数据代替。

（1）查找

具体操作步骤如下：

① 选择查找范围。

② 在"开始"选项卡的"编辑"组中，单击"查找和选择"按钮，在其下拉列表中选择"查找"命令，打开"查找和替换"对话框。在"查找"选项卡，单击对话框中的"选项"按钮，可以将该对话框展开，如图5-21所示。

③ 在"查找"选项卡中，设置内容如下：
- 在"查找内容"框中输入要查找的内容，同时也可以单击右边的"格式"按钮设置查找内容的格式。
- 在"范围"下拉列表框中选择"工作表"或"工作簿"。
- 在"搜索"下拉列表框中选择"按行"或"按列"方式搜索。
- 在"查找范围"下拉列表框中选择"公式""值""批注"。

④ 单击"查找下一个"按钮，则从当前单元格开始查找，找到第一个满足查找内容的单元格后停下来，该单元格成为当前单元格。如果再单击"查找下一个"按钮，则会继续查找下一个满足查找内容的单元格。

单击"查找全部"按钮，则对话框向下扩展，在扩展部分显示找到的所有单元格。

（2）替换

具体操作步骤如下：

① 选择查找范围。

② 在"开始"选项卡的"编辑"组中，单击"查找和选择"按钮，在其下拉列表中选择"替换"命令，打开"查找和替换"对话框。在"替换"选项卡中，单击对话框中的"选项"按钮，可以将该对话框展开，如图5-22所示。

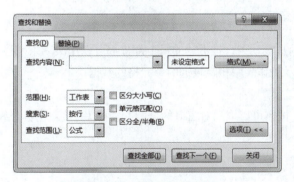

图5-21 "查找"选项卡

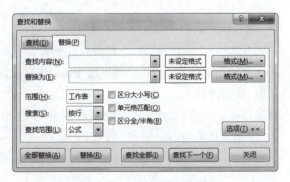

图5-22 "替换"选项卡

③ 在"替换"选项卡中：
- 在"查找内容"框中输入要查找的内容，同时也可以单击右边的"格式"按钮设置查找内容的格式。
- 在"替换为"框中输入用于替换的新内容，同时也可以单击右边的"格式"按钮设置查找内容的格式。
- 在"范围"下拉列表框中选择"工作表"或"工作簿"。
- 在"搜索"下拉列表框中选择"按行"或"按列"方式搜索。
- 在"查找范围"下拉列表框中只有一个"公式"选项。

④ 如果单击"替换"按钮，则当前单元格的内容被新数据替换；如果单击"全部替换"按钮，则查找到的满足查找内容的所有单元格都被替换。

5.2.4 工作表的拆分和冻结

工作表窗口拆分是将工作表窗口分为几个窗口，每个窗口都可以独立显示工作表，方便用户对比查看同一工作表不同位置的数据。冻结工作表是把某些单元格或标题在窗口中的位置固定，不随滚动条的移动而移动，方便用户查看和浏览数据。

1. 拆分工作表窗口

（1）拆分

工作表窗口的拆分有水平拆分、垂直拆分和水平垂直拆分等三种方式。

- 水平拆分：先单击某一行的行号或某一行的第一列单元格，然后单击"视图"选项卡"窗口"组中的"拆分"按钮，这时，所选行的上方出现水平拆分线，工作表窗口被分割为上下两部分。
- 垂直拆分：先单击某一列的列标或某一列的第一行单元格，然后执行"拆分"命令按钮，这时，在所选列的左侧出现垂直拆分线。
- 水平垂直拆分。单击第一行和第一列之外的某个单元格，然后单击"拆分"按钮，这时，在所选单元格的左侧出现垂直拆分线，该单元格的上方出现水平拆分线，该窗口被分割为四个窗口，如图 5-23 所示。

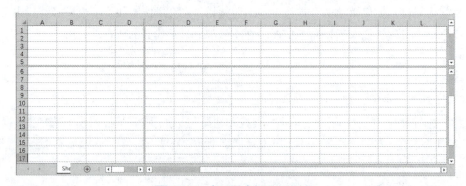

图 5-23 水平垂直拆分工作表

在图 5-23 中，工作表窗口中有两对水平滚动条和垂直滚动条，被拆分的每个部分都可以用滚动条来移动显示工作表的不同部分，这样，就可以在窗口中对比显示工作表中相距较远的单元格的数据。

（2）取消拆分

在窗口被分割后，再次单击"窗口"分组中的"拆分"按钮可以取消对窗口的分割，也可以直接双击拆分线。

2. 冻结工作表窗口

工作表的冻结有冻结窗格、冻结首行、冻结首列等三种方式。

（1）冻结首行

单击"视图"选项卡"窗口"组中的"冻结窗格"按钮，在下拉列表中选择"冻结首行"命令，将工作表的第一行内容位置固定。

（2）冻结首列

单击"视图"选项卡"窗口"组中的"冻结窗格"按钮，在下拉列表中选择"冻结首列"命令，将工作表的第一列内容位置固定。

（3）冻结窗格

选择工作表中某一单元格，单击"视图"选项卡"窗口"组中的"冻结窗格"按钮，在下拉列表中选择"冻结窗格"命令。如图 5-24 所示，单击 D7 单元格，工作表窗口被分成四部分。使用水平和垂直滚动条时，左上角即 A1:C6 分保持固定不动，其他三个部分可以滚动显示。

第 5 章　电子表格处理

图 5-24　冻结窗格

5.3　设置工作表格式

5.3.1　设置数字格式

单击"开始"选项卡"数字"组右下角的"对话框启动器"按钮，打开"设置单元格格式"对话框，如图 5-25 所示。该对话框中的"数字"选项卡用于对单元格中不同类型的数字进行格式化，左边的"分类"列表框中列出的不同格式类型共 12 种，每选择一种格式，对话框右边显示对应类型的显示示例。从图中可以看出，以上设置内容也可以直接使用"开始"选项卡"数字"组对应的按钮完成。

图 5-25　"数字"选项卡

"分类"列表中的第一个是"常规"格式，具有"常规"格式的单元格不含其他特定的数字格式。在输入数据时，Excel 自动根据数据来确定显示格式。例如：

① 输入"0 2/3"时，会显示分数"2/3"。

② 输入"2/3"时，会显示"2 月 3 日"。

③ 输入"1234"时，会作为数值以右对齐显示。

④ 输入"'1234"时，则会作为文本以左对齐方式显示。

向某个单元格输入数据后，如果对单元格设置不同的格式，则输入的数据也以不同的形式显示，例如向某个单元格输入 1234.567，表 5-1 列出了同一数据在不同类型格式时的显示形式。

表 5-1　同一数据在不同类型格式时的显示形式

设置类型	显示形式	格式说明
常规	1234.567	不包含特定的格式
数值	1,234.5670	用千位分隔符，4 位小数
货币	¥1,234.57	¥，用千位分隔符，2 位小数
会计专用	¥1,234.57	与货币格式类似
百分比	123456.70%	百分数表示，2 位小数
分数	1234 55/97	分母为两位数

续表

设置类型	显示形式	格式说明
科学记数	1.23E+03	带 2 位小数
文本	1234.567	作为文本，左对齐
特殊	一千二百三十四.五六七	中文小写
自定义	￥1,234.57	自定义格式为￥#,##0.00

5.3.2 设置字体格式

单击"开始"选项卡"字体"组右下角的"对话框启动器"按钮，打开"设置单元格格式"对话框，如图 5-26 所示。在该对话框的"字体"选项卡中，可以进行字体的设置，字体设置主要包括字体、字形、字号及颜色等设置。从图中可以看出，以上设置内容也可以直接使用"开始"选项卡"字体"组对应的按钮完成。

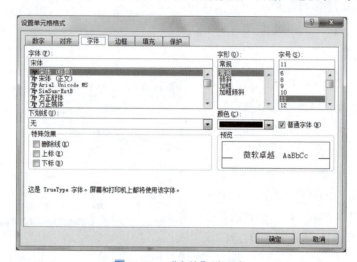

图 5-26 "字体"选项卡

5.3.3 设置行高、列宽

刚创建的工作表，所有的单元格都具有相同的宽度和高度，也可以自行调整宽度和高度，调整时同样可以使用鼠标或菜单命令按钮进行。而使用菜单命令可以更精确地调整行高和列宽。

（1）使用鼠标调整行高、列宽

① 调整行高时，将鼠标在行号区指向要调整行高的行与其下一行的中间分隔线上，当鼠标指针变成一个有上下双向箭头的形状时，拖动分隔线至合适的位置，这样就可以改变行高。

② 调整列宽时，将鼠标在列标区指向要调整列宽的列与其右边一列的分隔线上，当鼠标指针变成一个有左右双向箭头形状时，拖动分隔线至合适的位置即可。

（2）使用菜单命令按钮调整行高、列宽

① 调整行高时，右击要调整行高的行号，在弹出的快捷菜单中选择"行高"命令，在"行高"对话框中输入具体的高度值。

② 调整列宽时，右击要调整列宽的列标，在弹出的快捷菜单中选择"列宽"命令，在"列宽"对话框中输入具体的宽度值。

5.3.4 设置对齐方式

在 Excel 2016 中，设置对齐方式通过"开始"选项卡"对齐方式"组中的相应按钮来完成。如果要求比较复杂，就需要通过单击该组右下角的"对话框启动器"按钮，打开"设置单元格格式"对话框，在"对齐"选项卡中进行设置，如图 5-27 所示。

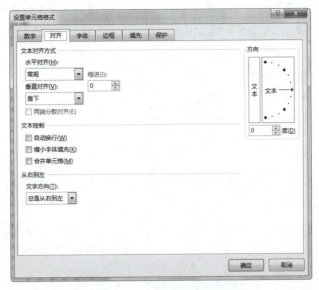

图 5-27 "对齐"选项卡

"对齐"选项卡中包含四部分，分别是"文本对齐方式"、"文本控制"、"从右到左"和"方向"。

1. 文本对齐方式

文本对齐方式通过两个下拉列表框进行设置，其中：

① "水平对齐"下拉列表框中包括常规、靠左（缩进）、居中、靠右（缩进）、填充、两端对齐、跨列居中、分散对齐。

② "垂直对齐"下拉列表框中包括靠上、居中、靠下、两端对齐、分散对齐。

2. 文本控制

文本控制部分由三个复选框组成，其中：

① "自动换行"：对于输入的文本根据单元格的列宽自动换行。

② "缩小字体填充"：指自动缩小单元格中的字符大小，使数据的宽度与列宽相同。

③ "合并单元格"：用于将多个相邻的单元格合并为一个单元格，该功能常常与"水平"列表框中的"居中"结合起来，用于表格标题的显示，而这两个功能也可以通过"对齐方式"分组中的"合并后居中"这一个按钮实现。

3. 从右到左

这一项用来设置文字的显示方向，下拉列表框中有三个选项，分别是"根据内容"、"总是从左到右"和"总是从右到左"。

4. 方向

方向框用来改变单元格中文本的旋转角度，角度范围是 -90°～ 90°，设置角度时可以直接在数值框中输入角度值。

5.3.5 设置表格边框

在默认情况下，工作表的表格线都是统一的浅色线，称为网格线，这种线在打印时是不显示的，使用如图 5-28 所示的"边框"选项卡，可以为表格设置不同类型的边框线。该选项卡中由预置、样式、颜色及边框等四部分组成。

① 预置部分包括三个按钮。"无"：取消所选区域的边框；"外边框"：对所选区域的外部边缘即上、下、左、右添加边框；"内部"：对所选单元格区域的内部加框。

② 边框部分有八个边框按钮，对应八个不同的位置。每个按钮分别用来设置显示或取消显示上边框线、下边框线、左边框线、右边框线、内部水平线、内部垂直线和两个对角方向的斜线。

③ 线条样式中包括了虚线、实线、粗实线、双线等。

④ 颜色部分用来设置边框线的颜色。

在设置边框线时，先选择"线形"和"颜色"，然后单击"预置"或"边框"下的按钮以便对选定的单元格应用边框。如果要删除所有线条，可单击"无"按钮。

5.3.6 设置表格填充

在"填充"选项卡中可以为单元格设置不同类型的背景色、填充效果、图案颜色及图案样式等，如图 5-29 所示。设置的方法与在 Word 中的设置是一样的。

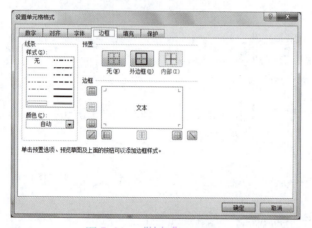

图 5-28　"边框"选项卡

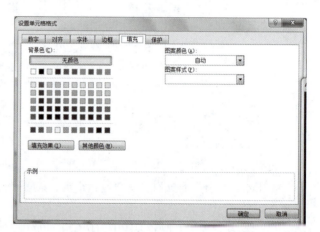

图 5-29　"填充"选项卡

5.3.7 设置条件格式

如果需要对选择区域中满足条件的数据设置格式，以醒目方式突出显示，可以使用"开始"选项卡"样式"组中的"条件格式"按钮。

例 5-5　在 1 月份商品销售统计表中，将原库存量大于 30 台的单元格设置格式为绿色，填充深绿色文本，如图 5-30 所示。

	A	B	C	D	E	F
1			1月份商品销售统计表			
2	商品编号	商品名称	销售部门	原库存量（台）	进货量（台）	销售量（台）
3	2021XM01	扫地机	销售1部	38	12	40
4	2021XM03	空气净化器	销售1部	22	28	50
5	2021XM05	蓝牙音箱	销售1部	35	15	10
6	2021XM07	空调	销售1部	56	0	6
7	2021XM02	吸尘器	销售2部	30	20	20
8	2021XM04	电视机	销售2部	50	0	50
9	2021XM06	电饭煲	销售2部	27	23	16
10	2021XM08	洗衣机	销售2部	33	17	36

图 5-30　设置条件格式效果

操作步骤如下：

① 选择数据区域 D3:D10。

② 在"开始"选项卡的"样式"组中，选择"条件格式"→"突出显示单元格规则"→"大于"命令，打开"大于"对话框，如图 5-31 所示。

③ 向第一个文本框中输入"30"，如图 5-32 所示。

④ 在"设置为"下拉列表框中选择"绿填充色深绿色文本"选项，单击"确定"按钮即可。

如果取消设置的条件格式，则在"开始"选项卡的"样式"组中，选择"条件格式"→"清除规则"命令。

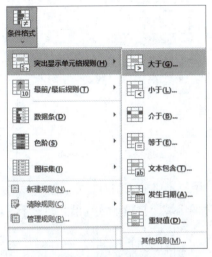

图 5-31　选择"大于"命令

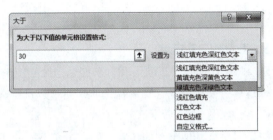

图 5-32　"大于"对话框设置

5.4　使用公式与函数

Excel 的强大功能在于拥有庞大的预定义函数库，可以实现数学、财务、统计、工程、逻辑等多个领域的自动计算，也可以自定义公式实现对工作表的计算和处理。

5.4.1　使用公式

Excel 中的公式，类似于数学中的一个表达式。公式从等号开始，由常数、单元格引用、函数和运算符等组成，当输入公式确认后，单元格中显示公式计算结果，而非公式本身。单元格的真实内容显示在编辑栏中。

1. 公式中使用的运算符

运算符是为了对公式中的操作数进行某种运算而规定的符号。Excel 2016 提供了四种类型的运算符。

① 算术运算符：加号（+）、减号（-）、乘号（*）、除号（/）、幂（∧）、百分比（%），运算结果为数值。

② 比较运算符：等于（=）、大于（>）、小于（<）、大于等于（>=）、小于等于（<=）、不等于（<>），比较运算符的返回值为真（True）或假（False）。

③ 文本运算符：文本连接符（&），它用于两个文字值的拼接。如果对数值型数据使用该运算符，也将按字符型数据对待。

④ 引用运算符：区域运算符（:）、并集运算符（,）、交叉运算符（空格）。

> ⚠ 注意：
> 公式中运算符的优先级与数学中运算符的优先级相同。

2. 输入公式

① 先单击单元格，然后输入“=”。

② 在单元格中或编辑栏内输入公式“=F3*G3”（见图 5–33），需要引用的单元格可直接录入或者单击选取。

③ 按【Enter】键确定，或单击 × ✓ fx 栏中的✓按钮确定。

1月份商品销售统计表					
商品编号	商品名称	销售部门	销售量（台）	单价	销售总额
2021XM01	扫地机	销售1部	40	¥ 1,399.00	=F3*G3
2021XM03	空气净化器	销售1部	50	¥ 1,999.00	
2021XM05	蓝牙音箱	销售1部	10	¥ 299.00	
2021XM07	空调	销售1部	6	¥ 2,499.00	
2021XM02	吸尘器	销售2部	20	¥ 899.00	
2021XM04	电视机	销售2部	50	¥ 2,799.00	
2021XM06	电饭煲	销售2部	16	¥ 399.00	
2021XM08	洗衣机	销售2部	36	¥ 2,299.00	

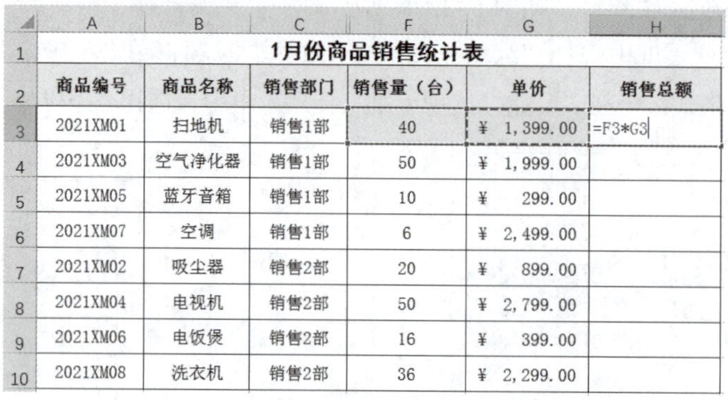

图 5–33　输入公式计算

3. 数据的自动运算

Excel 2016 具有“自动运算”功能，这个功能非常有用。用户不必输入临时公式，就可以对一组数据进行各种运算。使用自动计算的操作非常简单，只要选中要计算的区域，自动计算结果立即显示在屏幕底部的状态栏上，如图 5–34 所示。

如果要执行其他类型的计算，则右击状态栏的任意位置，在弹出的快捷菜单（见图 5–35）中选择需要执行的计算类型即可。

1月份商品销售统计表					
商品编号	商品名称	销售部门	销售量（台）	单价	销售总额
2021XM01	扫地机	销售1部	40	¥ 1,399.00	¥ 55,960.00
2021XM03	空气净化器	销售1部	50	¥ 1,999.00	¥ 99,950.00
2021XM05	蓝牙音箱	销售1部	10	¥ 299.00	¥ 2,990.00
2021XM07	空调	销售1部	6	¥ 2,499.00	¥ 14,994.00
2021XM02	吸尘器	销售2部	20	¥ 899.00	¥ 17,980.00
2021XM04	电视机	销售2部	50	¥ 2,799.00	¥ 139,950.00
2021XM06	电饭煲	销售2部	16	¥ 399.00	¥ 6,384.00
2021XM08	洗衣机	销售2部	36	¥ 2,299.00	¥ 82,764.00

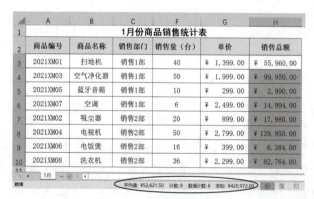

图 5–34　自动计算显示

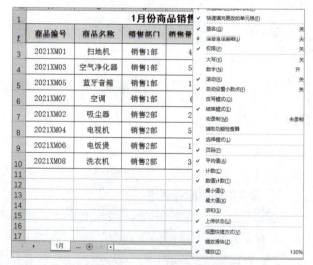

图 5–35　“计算”快捷菜单

5.4.2 使用函数

Excel 2016 中提供了数百个函数，它把许多复杂的数学计算、财务计算和统计计算都设计为函数，便于用户编写公式、进行运算，更便于进行数据处理。函数可以单独使用，也可以放在其他函数内。

函数是预定义的公式，包括函数名和系列参数。例如，SUM(A1 ∶ A3，A6，A8 ∶ A10) 表示的是公式 A1+A2+A3+A6+ A8+A9+A10。其中，SUM 是函数，其功能是求和。(A1 ∶ A3，A6，A8 ∶ A10) 是参数，其指定了该函数可以使用的值或单元格引用。

参数紧接着函数名并置于括号内，无参数的函数也必须有空括号，参数多于一个时，用逗号分隔。参数最多可使用30个，总长度不能超过1 024个字符。参数可以是引用，或单个单元格的引用，或任意数量单元格区域的引用，被引用的单元格也可以包含引用更多单元格或区域的公式；参数可以是数值、文本值、逻辑值、区域名称、数组或混合使用这些数值，还可以是表达式。

1. 插入函数

利用"公式"功能区"函数库"组中的"插入函数"按钮，或使用编辑栏中的"插入函数"快捷按钮，可以进行相关函数的主要操作。

例5-6 在1月份商品销售统计表中，选出商品单价大于2000元的商品数量，将结果放在G11单元格中。

可采用以下两种方法：

方法一：在G11单元格中输入"="，在编辑栏内输入 =COUNTIF(G3:G10, ">2000")（见图5-36），可得结果为3。

图5-36 输入函数表达式

方法二：如图5-37所示。选择G11单元格，单击编辑栏中的 f_x 按钮，打开"插入参数"对话框，在"或选择类别"下拉列表中选择"统计"选项，在选择函数中使用滚动条往下滚动选择COUNTIF参数，单击"确定"按钮。

如图5-38所示，在打开的"函数参数"对话框中单击Range右侧选择按钮，选择G3:G10单元格。在Criteria文本框中输入">2000"，单击"确定"按钮。

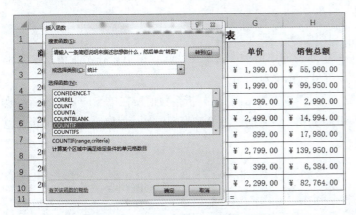

图5-37 选择"COUNTIF"函数

图5-38 函数参数设置

2. 常用函数

（1）求和函数SUM()

求和函数的格式为SUM(求和区域)。例如：

① SUM(3,5)：表示求3+5的和。

② SUM(A2:A10)：表示求A2到A10一列数据的和。

③ SUM(A2:A10,10)：表示求A2到A10之和再加10的和。

④ SUM(A3,B5,C6)：表示求A3、B5、C6这三个单元格之和。

（2）按条件求和函数SUMIF()

按条件求和函数的格式为SUMIF(条件区域,统计条件,[求和区域])。例如，SUMIF(A2:A6,">60",B2:B6)，表示在A2:A6这一列数据内选出大于60的信息，然后在B2:B6的范围内对符合条件的数据进行求和。

（3）求平均值函数AVERAGE()

按平均值求函数的格式为AVERAGE(计算区域)。例如：

① AVERAGE(A2:A10)：表示求 A2 到 A10 这一列数据的平均值。

② AVERAGE(A2:A10,10)：表示求 A2 到 A10 及 10 这些数的平均值。

（4）统计指定区域中所有数字数据的个数的函数 COUNT()

统计指定区域中所有数字数据的个数的函数的格式为 COUNT(计算区域)，例如，COUNT(A2:A9) 表示求 A2 到 A9 这一列内数字数据的个数。

（5）求指定区域中所有数值的最大值的函数 MAX()

① MAX(A2:A10)：求 A2 到 A10 这一列数据中的最大值。

② MAX(A2:A10,6)：求 A2 到 A10 及 6 这些数据中的最大值。

（6）求指定区域中所有数值的最小值的函数 MIN()

① MIN(A2:A10)：求 A2 到 A10 这一列数据中的最小值。

② MIN(A2:A10,6)：求 A2 到 A10 及 6 这些数据中的最小值。

5.4.3 单元格引用

在使用公式或函数时，一般可以使用单元格的相对引用、绝对引用和混合引用三种引用方式。

1. 相对引用

当把一个含有单元格地址的公式复制或移动到另一个位置时，公式中的单元格地址就会随着位置的改变而改变。例如，将 H3 单元格中的公式（=G3*F3）复制到 H4 时，H4 单元格中的公式自动变为 "=G4*F4"（见图 5-39），利用填充柄可快速引用到其他单元格。

2. 绝对引用

当复制或移动含有单元格地址的公式时，如果单元格的地址不需要发生变化，就可以在不希望发生变化的单元格地址的行号或列标前加上 "$" 符号，该符号表示绝对引用。

如图 5-40 所示，将"单价"乘以"打折系数"，再计算"销售总额"。打折系数值所在单元格 B12 的绝对地址是 B12，在 H3 单元格的公式中绝对引用了此单元格，则无论该公式复制到何处，它都始终引用 B12 单元格。

图 5-39　相对引用　　　　图 5-40　绝对引用

3. 混合引用

如果只需要保持某一行（或列）号的单元格地址不变，只要在不变的行（或列）号前面加上 "$" 符号即可。当复制或移动公式时，有 "$" 符号的行（或列）号不变，没有 "$" 符号的行（或列）号会随位置的改变而改变。

使用【F4】键可以快速切换公式中的引用方式。使用时只需将光标定在公式中引用的单元格后面，按【F4】键即可将相对引用转换成绝对引用。再按【F4】键进入混合引用状态，持续按【F4】键在三个变化中循环选择。

在使用公式或函数中，描述引用多个单元格时，可分为以下三种情况：

① 一维引用：是指对某一行或某一列数据的引用，如 A1:A10、A2:F2。

② 二维引用：是指对一张工作表内某个数据区域的引用，如 A1:C5。

③ 三维引用：是可引用同一工作簿不同工作表的单元格，还可引用不同工作簿的单元格。三维地址的格式：[工作簿名]工作表名!单元格地址。其中"!"表示工作表分隔符，"[]"表示工作簿分隔符。

例如，公式"=SUM（信息管理!D3:F10,交通运输!D3:F10）"表示当前工作簿中"信息管理"工作表 D3:F10 区域与"交通运输"工作表的 D3:F10 区域的数据之和。

例如，公式"=[产品.XLSX]单价!D2*[销售.XLSX]销售数量!D2"表示"产品"工作簿中"单价"工作表的 D2 单元格内容与"销售"工作簿中"销售数量"工作表的 D2 单元格内容之积。

5.5 图表制作

用图表方式展示枯燥的数据，可以使工作表的数据直观、简捷，版面更加生动。在 Excel 中，可以利用图表来表示工作表中的数据及其变化趋势，帮助用户分析数据和比较不同数据之间的差异。如果对工作表中原有数据进行修改，图表也会随着数据的改变而自动更新。

Excel 图表由图表区、绘图区、数据系列、标题、图例、网格线、坐标轴等图表对象组成，如图 5-41 所示。

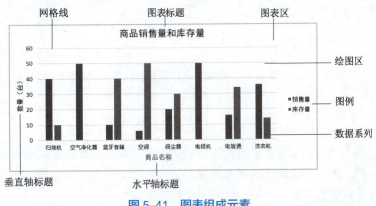

图 5-41 图表组成元素

5.5.1 创建图表

电子表格处理软件提供了创建图表的功能。在 Excel 2016 中，创建图表快速简便，只需要选择源数据，然后单击"插入"选项卡"图表"组中对应图表类型的下拉按钮，在下拉列表中选择具体的类型即可。

例 5-7 根据"1月份商品销售统计表"中的商品名称、销售量、库存余量等制作一个三维簇状柱形图。

在 Excel 2016 中，操作步骤如下：

① 选定建立图表的数据源。这一步非常重要，方法如下：先选定商品名称列（B2:B10），按住【Ctrl】键，再选定销售量列（F2:F10）和库存余量列（I2:I10），如图 5-42 所示。

② 单击"插入"选项卡"图表"组中"插入柱形图或条形图"下拉按钮，在"三维柱形图"区中选择第一个"三维簇状柱形图"，如图 5-43 所示。然后将图表调整至合适大小。

	A	B	C	D	E	F	I
1				1月份商品销售统计表			
2	商品编号	商品名称	销售部门	原库存量（台）	进货量（台）	销售量（台）	库存余量（台）
3	2021XM01	扫地机	销售1部	38	12	40	10
4	2021XM03	空气净化器	销售1部	22	28	50	0
5	2021XM05	蓝牙音箱	销售1部	35	15	10	40
6	2021XM07	空调	销售1部	56	0	6	50
7	2021XM02	吸尘器	销售2部	30	20	20	30
8	2021XM04	电视机	销售2部	50	0	50	0
9	2021XM06	电饭煲	销售2部	27	23	16	34
10	2021XM08	洗衣机	销售2部	33	17	36	14

图 5-42　选定建立图表的数据源

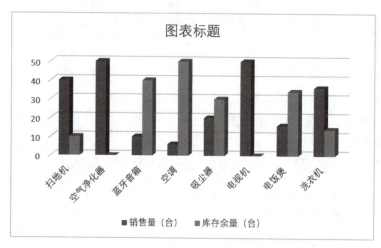
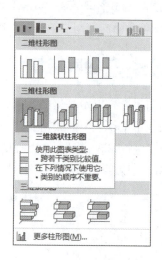

图 5-43　选择"三维簇状柱形图"

5.5.2　编辑图表

在创建图表之后，如果图表的类型不能直观表达工作表中的数据，或者想设计图表布局和图表样式时，需要编辑图表。在 Excel 2016 中，编辑图表通过"图表工具"选项卡中的相应功能来实现。该选项卡在选定图表后便会自动出现，它包括了"设计"和"格式"两个选项卡。

编辑图表通过"图表工具－设计"选项卡中的相应功能来实现。可以进行如下操作：

① 更改图表类型：重新选择合适的图表。

② 添加图表元素，直接加上图表的标题、坐标轴、数据等信息。

③ 切换行／列：将图表的 X 轴数据和 Y 轴数据对调。

④ 选择数据："在选择数据源"对话框中可以编辑、修改系列与分类轴标签。

⑤ 快速布局：快速套用集中内置的布局样式。

⑥ 更改图表样式：为图表应用内置样式。

⑦ 移动图表：在本工作簿中移动图表或将图表移动至其他工作簿。

⑧ 更改颜色。

例 5-8　将图 5-43 图表添加图表标题为"1月份商品销售量和销售余量"，X 轴标题为"商品名称"，Y 轴标题为"商品数量（台）"，效果如图 5-44 所示。

在 Excel 2016 中，操作步骤如下：

① 选定图表，在"图表工具–设计"选项卡"图表布局"组中单击"添加图表元素"下拉按钮，在下拉列表中选择"图表标题"→"图表上方"命令，此时图表上方添加了图表标题文本框，在其中输入"1月份商品销售量和销售余量"。

② 选择"坐标轴标题"命令，指向其中的"主要横坐标轴标题"，在出现的"坐标轴标题"文本框中输入"商品名称"。

③ 选择"坐标轴标题"命令，指向其中的"主要纵坐标轴标题"，在出现的"坐标轴标题"文本框中输入"商品数量（台）"。

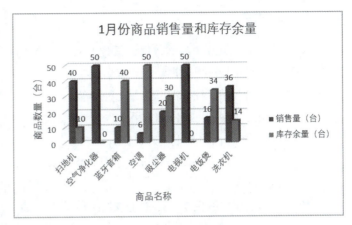

图 5–44　编辑图表

④ 选择"图例"命令，指向其中的"右侧"，则"销售数量（台）"、"库存余量（台）"图例放置在图表内右侧。

⑤ 选择"数据标签"命令，显示数据系列具体数值。

5.5.3　格式化图表

生成一个图表后，为了获得更理想的显示效果，需要对图表的各个对象进行格式化。电子表格处理软件提供了格式化图表的功能。

在 Excel 2016 中，格式化图表是通过"图表工具–格式"选项卡中的相应命令按钮来完成的。也可以双击要格式化的图表对象，在打开的格式窗格中进行设置。

在"格式"选项卡中可以进行如下操作：

① 设置所选内容格式：在"当前所选内容"组中快速定位图表元素，并设置所选内容格式。

② 形状样式：套用快速样式，设置形状填充、形状轮廓及形状效果。

③ 插入艺术字：快速套用艺术字样式，设置文本填充、文本轮廓或文本效果。

④ 排列图表：排列图表元素对齐方式等。

⑤ 设置图表大小：设置图表的宽度与高度、裁剪图表。

⑥ 插入形状：可以插入各种形状的图形。

例 5–9　将图 5–44 中的三维簇状柱形图的图表标题"1月份商品销售量和库存余量"更改字体格式，更改绘图区的背景。其效果如图 5–45 所示。

在 Excel 2016 中，操作步骤如下：

① 单击选定图表标题，在"图表工具–格式"选项卡的"艺术字样式"组中选择样式"填充：黑色文本色1，阴影"。

② 选择"图表工具–格式"选项卡，在"当前所选内容"组的"图标元素"下拉列表中选择"绘图区"。单击"形状样式"组中的"形状填充"下拉按钮，在弹出的颜色列表中选择"绿色，个性色6，淡色80%"。

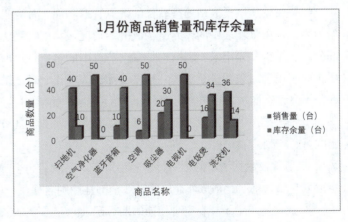

图 5–45　格式化图表

5.5.4 迷你图

迷你图是 Excel 2016 中局部数据分析微型图表，主要用作对数据表中行或列的数据进行分析，并在同行或同列空白单元格中展现出数据趋势。以单元格为绘图区域，绘制出简约的数据小图标。

迷你图包括折线图、柱形图、盈亏三种类型：

① 折线图用于返回数据的变化情况。

② 柱形图用于表示数据间的对比情况。

③ 盈亏则可以将业绩的盈亏情况形象地表现出来。

1．创建迷你图

例 5-10 创建如图 5-46 所示的迷你图。

① 选中要插入迷你图的单元格 D11。

② 单击"插入"选项卡"迷你图"组中的"柱形"按钮，在打开的"创建迷你图"对话框中选择数据范围 D3:D10，单击"确定"按钮。

③ 创建完迷你图后，可以像公式一样利用自动填充柄复制到其他单元格中。

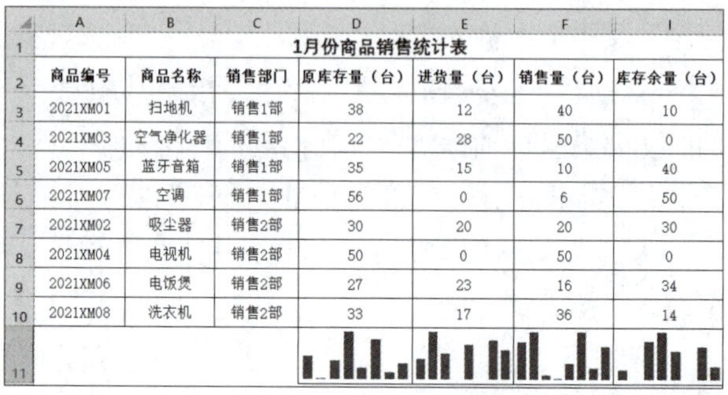

2．编辑迷你图

	A	B	C	D	E	F	I
1				1月份商品销售统计表			
2	商品编号	商品名称	销售部门	原库存量（台）	进货量（台）	销售量（台）	库存余量（台）
3	2021XM01	扫地机	销售1部	38	12	40	10
4	2021XM03	空气净化器	销售1部	22	28	50	0
5	2021XM05	蓝牙音箱	销售1部	35	15	10	40
6	2021XM07	空调	销售1部	56	0	6	50
7	2021XM02	吸尘器	销售2部	30	20	20	30
8	2021XM04	电视机	销售2部	50	0	50	0
9	2021XM06	电饭煲	销售2部	27	23	16	34
10	2021XM08	洗衣机	销售2部	33	17	36	14
11							

图 5-46　插入柱形迷你图

创建完迷你图并选中后，功能区中出现"迷你图工具"动态选项卡，通过其中的"设计"子选项卡可以对迷你图进行编辑修改，包括更改迷你图类型，突出显示高点和低点，更改样式，设置迷你图或标记颜色；也可像普通单元格一样，在迷你图所在单元格中输入文本、添加填充等。通过编辑，可使迷你图更加美观，信息表现力更强。

清除迷你图的方法：选择某个包含迷你图的单元格，选择"迷你图工具－设计"→"分组"→"清除"→"清除所选迷你图（或清除所选迷你图组）"命令；也可以右击，在弹出的快捷菜单中选择"迷你图"，"清除所选迷你图（或清除所选迷你图组）"命令来清除迷你图。

5.6　数据管理

5.6.1　建立数据清单

如果要使用电子表格处理软件的数据管理功能，首先必须将电子表格创建为数据清单。数据清单又称数据列表，是由工作表中的单元格构成的矩形区域，即一张二维表。数据清单是一种特殊的表格，必须包括两部分：表结构和表记录。表结构是数据清单中的第一行，即列标题（又称字段名）。电子表格处理软件将利用这些字段名对数据进行查找、排序及筛选等操作。表记录则是电子表格处理软件实施管理功能的对象，该部分不允许有非法数据内容出现。要正确创建数据清单，应遵循以下准则：

① 避免在一张工作表中建立多个数据清单，如果在工作表中还有其他数据，要在它们与数据清单之间留出空行、空列。

② 通常在数据清单的第一行创建字段名。字段名必须唯一，且每一字段的数据类型必须相同，例如，若字段名是"性别"，则该列存放的必须全部是性别名称。

③ 数据清单中不能有完全相同的两行记录。

5.6.2　数据排序

新建立的数据表根据输入先后顺序进行排序。可以利用 Excel 的排序功能对其进行重新排序，以满足不同数据分析的需要。

1. 快速排序数据

快速排序就是直接将序列中的数据按照排序规则来快速升序或降序排列，对于数据而言，即由高到低或低到高快速排序。快速排序方法：单击"数据"→"排序和筛选"组中的 ↑↓ 按钮，将按递增方式排列数据；单击 ↓↑ 按钮，将按递减方式排列数据。

例 5-11 如图 5-47 所示，将数据表格按照"销售总额"降序排序。

图 5-47 按照"销售总额"降序排序

首先选中数据表中 G3:G10 中的任一单元格，然后单击 ↓↑ 按钮降序排序。排序后，数据表将按照指定的排序次序重新排列行。

2. 数据高级排序

用 ↑↓ 或 ↓↑ 排序按钮只能按照一个关键字来排序。如果需要进行更加复杂的排序，比如根据两个甚至多个字段进行排序，则需要使用高级排序。

例 5-12 如图 5-47 所示，将数据表格按照每个部门的"销售总额"降序排序。

在 Excel 2016 中，操作步骤如下：

① 选中待排序数据表中的任一单元格。

② 单击"数据"→"排序和筛选"→"排序"按钮，在打开的"排序"对话框中进行相应设置，如图 5-48 所示。

③ 单击"确定"按钮，完成排序。排序结果如图 5-49 所示。

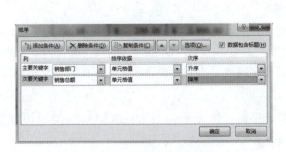

图 5-48 "排序"对话框

图 5-49 排序结果

5.6.3 数据筛选

当数据列表中记录非常多，用户只对其中一部分数据感兴趣时，可以使用电子表格处理软件提供的数据筛选功能将不感兴趣的记录暂时隐藏起来，只显示感兴趣的数据。当筛选条件被清除时，隐藏的数据又恢复显示。

数据筛选有两种：自动筛选和高级筛选。自动筛选可以实现单个字段筛选，以及多字段筛选的"逻辑与"关系（即同时满足多个条件），操作简便，能满足大部分应用需求；高级筛选能实现多字段筛选的"逻辑或"关系，较复杂，需要在数据清单以外建立一个条件区域。

1. 自动筛选

在 Excel 2016 中，自动筛选是通过"数据"选项卡"排序和筛选"组中的"筛选"按钮 ▼ 来实现的。在所需筛选的字段名下拉列表中选择符合的条件，若没有，则选择"文本筛选"或"数字筛选"中的"自定义筛选"

命令输入条件。如果要使数据恢复显示，可单击“排序和筛选”组中的“清除”按钮。如果要取消自动筛选功能，再次单击“筛选”按钮即可。

例5-13 筛选“1月份商品销售统计表”中销售量在20～40台（包括20台和40台）之间的所有记录。

在Excel 2016中，操作步骤如下：

① 选择数据清单中任意单元格。

② 单击“数据”选项卡“排序和筛选”组中的“筛选”按钮，在各个字段名的右边会出现筛选按钮。

③ 单击“销售量（台）”列的筛选按钮，在下拉列表中指向“数字筛选”，然后选择其中的“介于”命令，打开“自定义自动筛选方式”对话框，如图5-50所示在其中进行相应设置，单击“确定”按钮，筛选结果如图5-51所示。

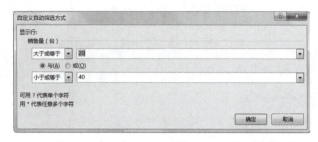

图5-50 “自定义自动筛选方式”对话框设置

	A	B	C	F	G	H	I
1	1月份商品销售统计表						
2	商品编号	商品名称	销售部门	销售量（台）	单价	销售总额	库存余量（台）
4	2021XM01	扫地机	销售1部	40	¥ 1,399.00	¥ 55,960.00	10
8	2021XM08	洗衣机	销售2部	36	¥ 2,299.00	¥ 82,764.00	14
9	2021XM02	吸尘器	销售2部	20	¥ 899.00	¥ 17,980.00	30

图5-51 自动筛选结果

2. 高级筛选

当筛选的条件较为复杂，或出现多字段间的“逻辑或”关系时，可单击“数据”选项卡“排序和筛选”组中的按钮进行设置。

高级筛选时，需要在条件区域输入条件。条件区域应建立在数据清单以外，用空行或空列与数据清单分隔。输入筛选条件时，首行输入条件字段名，从第2行起输入筛选条件，输入在同一行上的条件关系为“逻辑与”，输入在不同行上的条件关系为“逻辑或”。

在Excel 2016中，建立条件区域后，单击“数据”选项卡“排序和筛选”组中的“高级”按钮，在打开的对话框内进行数据区域和条件区域的选择。筛选的结果可在原数据清单位置显示，也可在数据清单以外的位置显示。

例5-14 要筛选出“1月份商品销售统计表”中销售1部销售量>=40且库存余量<=10或销售2部销售量>=30的所有记录，并将筛选结果在原有区域显示。筛选结果如图5-52所示。

	A	B	C	F	G	H	I
1	1月份商品销售统计表						
2	商品编号	商品名称	销售部门	销售量（台）	单价	销售总额	库存余量（台）
3	2021XM01	扫地机	销售1部	40	¥1,399.00	¥ 55,960.00	10
4	2021XM03	空气净化器	销售1部	50	¥1,999.00	¥ 99,950.00	0
8	2021XM04	电视机	销售2部	50	¥2,799.00	¥ 139,950.00	0
10	2021XM08	洗衣机	销售2部	36	¥2,299.00	¥ 82,764.00	14

图5-52 高级筛选结果

在Excel 2016中，操作步骤如下：

① 建立条件区域：在数据清单以外选择一个空白区域，在第13行输入字段名“销售部门、销售量（台）、库存余量（台）”，在第14行对应字段下面输入条件“销售1部、>=40、<=10”，在第15行对应字段下面输入条件“销售2部、>=30”，如图5-53所示。

② 选择数据清单中任意单元格，单击“数据”选项卡“排序和筛选组”中的“高级”按钮，打开“高级筛选”对话框。单击按钮选择参与筛选的“列表区域”和“条件区域”，用鼠标在工作表中选择条件区域后单击“折

叠对话框"按钮返回。单击"确定"按钮，"高级筛选"对话框设置如图 5-54 所示。

图 5-53 输入筛选条件　　　　　图 5-54 "高级筛选"对话框

5.6.4 分类汇总

分类汇总就是把某一关键字段的相同数据汇总在一起，得到一些数据的统计信息，并且可以将结果分级显示出来。分类汇总有基本分类汇总和嵌套分类汇总两类。使用分类汇总命令之前，首先要对关键字段进行排序，从而可以连续访问相同关键字段的数据记录。

1. 基本分类汇总

例 5-15　将"1月份商品销售统计表"中每个销售部门的销售总额进行求和汇总。在 Excel 2016 中，操作步骤如下：

① 对"销售部门"按升序或降序排序。

② 选择数据清单中的任意单元格，单击"数据"→"分级显示"→"分类汇总"按钮，打开"分类汇总"对话框（见图 5-55），其中"分类字段"选"销售部门"，"汇总方式"选"求和"，"选定汇总项"选择"销售总额"。选中"替换当前分类汇总"复选框。单击"确定"按钮后，分类汇总结果如图 5-56 所示。

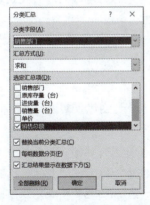

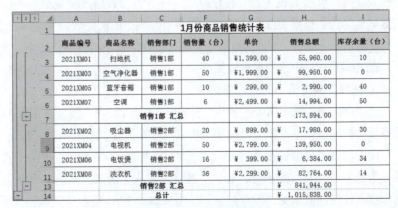

图 5-55 "分类汇总"对话框　　　　　图 5-56 分类汇总结果

2. 嵌套汇总

嵌套分类汇总是指使用多个条件进行多层分类汇总，达到以不同的条件对数据进行汇总的目的。

例 5-16　在对每个销售部门的销售总额进行求和的基础上，再统计库存余量最大值，这需要分两次进行分类汇总。在 Excel 2016 中，操作步骤如下：

① 按例 5-15 的方法进行求和值汇总。

② 在求和汇总的基础上统计库存余量最大值。统计库存余量最大值"分类汇总"对话框的设置如图 5-57 所示，需要注意的是"替换当前分类汇总"复选框不能选中。设置完成单击确定即可，结果如图 5-58 所示。

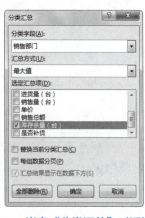

图 5-57　嵌套"分类汇总"对话框设置　　　　图 5-58　嵌套汇总结果

3. 分级显示

在创建分类汇总后，在数据表的左侧自动生成分级显示区，清楚地显示分类汇总的结构。利用分级显示控制区域中的显示级别按钮（图 5-58 左上侧），可折叠（扩展）至某指定级别的分级显示。分级显示的每一汇总级别也都有其自己的按钮（见图 5-58 左侧），可以使用该按钮显示或者隐藏该级别的明细数据。

4. 清除分类汇总

在"分类汇总"对话框中，单击"全部删除"按钮，即可将分类汇总清除。

5.6.5　数据透视表

分类汇总虽然可以快速、有效地创建一些汇总报表，但有一定的局限性，如只能按列汇总等。使用数据透视表是完成大量数据汇总分析任务的更好方法。数据透视表是一种用于快速汇总大量数据的交互式表格。它能够将筛选、排序和按行或按列分类汇总等操作依次完成，并生成汇总表格。

例 5-17　统计"1月份商品销售统计表"中每个销售部门的各个商品的库存余量。

在 Excel 2016 中，操作步骤如下：

① 选择数据清单中的任意单元格。

② 如图 5-59 所示，单击"插入"选项卡"表格"组中"数据透视表"按钮，打开"创建数据透视表"对话框，选择要分析的数据的范围以及数据透视表的放置位置，然后单击"确定"按钮。

此时出现"数据透视表字段列表"窗格，如图 5-60 所示。把要分类的字段拖入行标签、列标签位置，使其成为透视表的行、列标题，要汇总的字段拖入∑值区，本例"销售部门"作为行标签，"商品名称"作为列标签，统计的数据为"库存余量"，结果如图 5-61 所示。默认情况下，数据项如果是非数字型字段则对其计数，否则求和。

创建好数据透视表后，会自动出现"数据透视表工具"选项卡，用它可以修改数据透视表。数据透视表的修改主要有以下几方面：

① 更改数据透视表布局。透视表结构中行、列、数据字段都可以被更替或增加。将行、列、数据字段移出表示删除字段，移入表示增加字段。

② 改变汇总方式。可以通过单击"数据透视表工具 - 分析"选项卡"活动字段"组中的"字段设置"按

钮来实现。

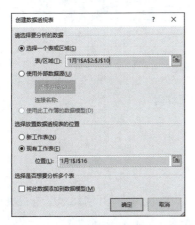

图 5-59 "创建数据透视表"对话框

图 5-60 "数据透视表字段列表"窗格

③ 数据更新。有时数据清单中的数据发生了变化，但数据透视表并没有随之变化。此时，不必重新生成数据透视表，单击"数据透视表工具-分析"选项卡"数据"组中的"刷新"按钮即可。

为形象化地对数据进行比较，还可以将数据透视表中的汇总数据生成数据透视图。选定数据透视表，单击"数据透视表工具-分析"选项卡"工具"组中的"数据透视图"按钮，打开"插入图表"对话框，选择相应的图表类型和图表子类型，如选择"柱形图"，单击"确定"按钮即可，结果如图 5-62 所示。

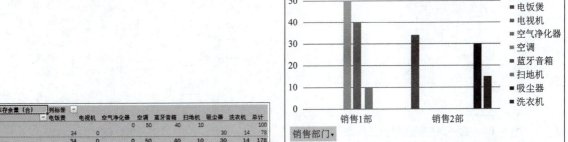

图 5-61 数据透视表统计结果　　　　　　　　图 5-62 数据透视图

5.6.6 数据链接

电子表格处理软件允许同时操作多个工作表或工作簿，通过工作簿的链接，使它们具有一定的联系。修改其中一个工作簿的数据，通过它们的链接关系，会自动修改其他工作表或工作簿中的数据。

链接让一个工作簿可以共享其他工作簿中的数据，可以链接单元格、单元格区域、公式、常量或工作表。包含原始数据的工作簿是源工作簿，接收信息的工作簿是目标工作簿，在打开目标工作簿时，源工作簿可以是打开的，也可以是关闭的。如果先打开源工作簿，后打开目标工作簿，系统会自动使用源工作簿中的数据更新目标工作簿中的数据。

链接可以在不同的工作簿和工作表之间进行数据共享，实现了数据采集、更新和汇总，让多人合作，同时办公成为可能。

例 5-18　某电视机厂生产的电视机产品有 32 英寸（1 英寸 =2.54 厘米）、42 英寸、46 英寸及 47 英寸几种规格，主要销售于华北地区的河北、山西、天津等地。该厂每个季度进行一次销售统计，每个地区每个季度的统计数据保存在一个独立的工作簿中，各个地区电视机销售统计工作簿如图 5-63 所示。

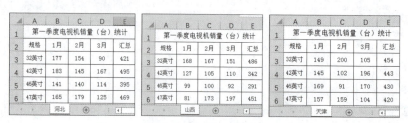

图 5-63　各个地区电视机销售统计工作簿

现在要进行第一季度销售统计，从每个地区的工作簿中直接取出汇总数据，然后在季度汇总工作簿中进行统计。第一季度销售统计工作簿如图 5-64 所示。

通过"复制"和"选择性粘贴"建立链接的操作步骤如下：

① 同时打开链接的源工作簿和目标工作簿，激活源工作簿中的源工作表。打开河北地区电视机销售数据工作簿和各地区电视机销售季度汇总工作簿后，单击"河北"工作表。

② 选中源工作表中要链接的单元格区域并复制。选择"河北"工作表中的数据区域 E3:E6，然后右击，在弹出的快捷菜单中选择"复制"命令。

③ 选中各地区电视机销售季度汇总工作簿，单击"第一季度"工作表，然后选择存放数据的 B3:B6 单元格区域，右击，在弹出的快捷菜单中选中"选择性粘贴"命令，打开如图 5-65 所示的对话框，单击"粘贴链接"按钮，建立两个工作簿中的单元格链接。

图 5-64　第一季度销售统计工作表　　　　图 5-65　"选择性粘贴"对话框

④ 用同样的方法实现"第一季度"工作表中对山西、天津地区销售汇总数据的链接。

数据链接后，每次打开包含链接的工作簿，且源工作簿处于关闭状态时，系统会弹出一个对话框提醒用户是否更新，单击"更新"按钮会更新数据。

如果作为数据源的工作簿改名或移到了另外的磁盘目录中，系统会报告一个链接错误信息，此时单击信息框中的"编辑链接"按钮，打开"编辑链接"对话框，单击其中的"更改源"按钮，在随后的"打开文件"对话框中选择链接的数据源所在的位置和文件名即可。

5.6.7　数据合并计算

电子表格处理软件提供了"合并计算"的功能，可以对多张工作表中的数据同时进行计算汇总，包括求和（SUM）、求平均数（AVERAGE）、求最大值（MAX）、求最小值（MIN）、计数（COUNT）、求标准差（STDEV）等运算。

"合并计算"可以将多个工作表中的信息合并计算到一个主工作表中，这些工作表可以在同一个工作簿中，也可以来源于不同的工作簿。在合并计算中，计算结果所在的工作表称为目标工作表，接受合并数据的区域称为源区域。

按位置进行合并计算是最常用的方法，它要求参与合并计算的所有工作表数据的对应位置都相同，即各工作表的结构完全一样，就可以把各工作表中对应位置的单元格数据进行合并。

例 5–19　在例 5–18 中，假设某电视机厂已对各地区电视机的销售情况进行了第一季度和第二季度的统计，第一季度销售统计工作簿如图 5–64 所示，第二季度销售统计工作簿如图 5–66 所示。

现在要统计上半年的年度销售总量，可以采用合并计算完成。操作步骤如下：

① 打开第一季度和第二季度的电视机销售汇总工作簿。

② 建立上半年度汇总工作簿，如图 5–67 所示。单击上半年度汇总工作表中存放合并数据的第一个单元格（或选中要存放合并数据的单元格区域），本例为 B3（或单元格区域 B3:D6）。

第二季度电视机销量（台）统计				
规格	河北	山西	天津	汇总
32寸	301	375	321	997
42寸	350	326	389	1065
46寸	258	384	329	971
47寸	329	325	332	986

图 5–66　第二季度销售统计工作表

上半年度电视机销量（台）统计				
规格	河北	山西	天津	汇总
32寸				0
42寸				0
46寸				0
47寸				0

图 5–67　上半年度汇总工作簿

③ 单击“数据”选项卡“数据工具”组中的“合并计算”按钮，打开“合并计算”对话框（见图 5–68），在“函数”下拉列表中选择“求和”，然后单击“引用位置”编辑框右边的“折叠对话框”按钮，出现“合并计算 – 引用位置”编辑框，用鼠标选取第一季度工作表中的数据区域（B3:D6），单击该编辑框“折叠对话框”按钮返回，再单击“添加”按钮，则选择的工作表单元格区域就会加入“所有引用位置”列表框中，同样的方法把第二季度的统计数据区域添加到“所有引用位置”列表框中，选中“创建指向源数据的链接”复选框，然后单击“确定”按钮，结果如图 5–69 所示。

如果想查看合并计算的明细数据，可单击图中的“+”按钮；如果不想显示明细数据，可单击相关行前的“–”按钮。

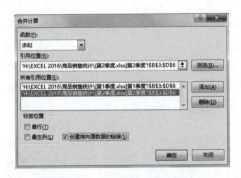

图 5–68　“合并计算”对话框

上半年度电视机销量（台）汇总统计				
规格	河北	山西	天津	汇总
32寸	722	861	775	2358
	495	342	443	
	350	326	389	
42寸	845	668	832	2345
46寸	653	675	759	2087
47寸	798	776	752	2326

图 5–69　创建了链接源数据的合并结果

5.6.8　分组显示

在工作表中若数据较多，用户可以对数据进行分组显示，这样在选择分类数据时，容易查找数据。

例 5–20　如图 5–70 所示，表中数据为各个班级班干部的联系方式，按照班级分组显示数据。操作步骤如下：

①选中第 2 行至第 4 行，单击“数据”选项卡的“分级显示”组中的“组合”按钮，在展开的列表中打开“组合”命令，如图 5–71 所示。

②第6行至第8行、第10行至第12行执行同样操作。分级显示效果如图5-72所示。

图5-70　创建工作表数据　　　　图5-71　"组合"命令　　　　图5-72　分组显示效果

③单击工作表左上角的数字"1"按钮，工作表中显示了每个汇总项标题；单击"2"按钮，工作表数据全部显示。如果想查看每个分组明细数据，可单击图中的"+"按钮；如果不想显示明细数据，可单击相关行前的"-"按钮。

5.6.9　宏功能的简单应用

宏是设计者为了避免在工作中重复相同的操作而设计的一种自定义工具。宏采用简单的语法将所需的操作串联在一起，使用时直接调用宏就能自动完成某项指定的操作。

1. 录制宏

通过录制宏的操作创建一个设置字体的宏。单击"视图"功能区"宏"组中的"宏"下拉按钮，在下拉列表中选择"录制宏"命令（见图5-73），打开"录制宏"对话框，如图5-74所示。

图5-73　"宏"下拉列表

在"录制宏"对话框的"宏名"文本框中定义宏的名称，如"设置字体"；在"保存在"下拉列表框中选择宏的保存位置，可设置定义宏的快捷键。

选择"字体"中的某种字体（如"宋体"），选择需要的字号（如"12号"）、红色等，设置完成后，选择"宏"下拉列表中的"停止录制"命令，宏代码已经生成。

2. 查看宏

要查看录制好的宏，仍需选择"宏"下拉列表中的"查看宏"命令，打开"宏"对话框（见图5-75），在此对话框中可以看到已经录制的所有宏。选择某个宏，单击"编辑"按钮，可以进入VB窗口对宏代码进行编辑操作。

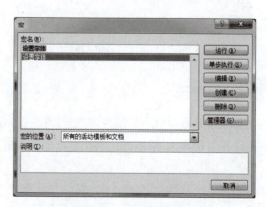

图5-74　"录制宏"对话框　　　　　　　　图4-75　"宏"对话框

3. 执行宏

录制好的宏需要执行时,通过"宏"对话框直接执行即可。本例中,只要先选择需要设置字体的单元格区域,然后选择"宏"下拉列表中的"查看宏"命令,在打开的"宏"对话框中选择"设置字体"宏,单击"运行"按钮,指定单元格区域文本的字体、字号、颜色等即被设置为指定值。

5.7 打印工作表

电子表格编辑完成需要打印时,可以进行相应的设置,然后将其打印输出。

5.7.1 设置打印内容

1. 设置打印区域

默认情况下,Excel 会自动选择有文字的最大行和列作为打印区域,而通过设置打印区域可以只打印工作表的部分数据。具体操作步骤如下:

① 选定要打印的区域,单击"页面布局"选项"页面设置"组中的"打印区域"按钮,在展开的列表中选择"设置打印区域"命令。

② 选择"文件"选项卡中的"打印"命令,在预览区可看效果。

③ 如果要取消打印区域,单击"页面布局"选项卡"页面设置"组中的"打印区域"按钮,在展开的列表中选择"取消打印区域"命令。

2. 设置分页符

如果打印的工作表内容不止 1 页,Excel 会自动在工作表插入分页符将工作表分成多页。如果用户不想按照固定尺寸进行分页,可以人为插入分页符。具体操作步骤如下:

① 选定要插入分页符的位置,单击"页面布局"选项卡"页面设置"组中的"分隔符"按钮,在展开的列表中选择"插入分页符"命令。

② 选择"文件"选项卡中的"打印"命令,单击"上一页"按钮或"下一页"按钮,可分页查看效果。

例5-21 在"学生记分册"的 14 与 15 行之间插入分页符,选中第 15 行,按上述步骤操作后可以看到分页后的效果,如图 5-76 所示。具体预览情况如图 5-77 和图 5-78 所示。

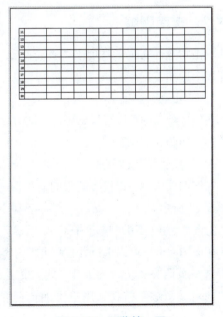

图 5-76 插入分页符　　　　　　　　图 5-77 预览第一页

如果单击"视图"选项卡"工作簿视图"组中的"分页预览"按钮,工作表视图会被切换成分页视图,同时显示蓝色边框框,如图 5-79 所示。单击并拖动分页符,可以调整分页符的位置。如果想恢复原视图,可以单击"视图"选项卡中"工作簿视图"组中的"普通"按钮。

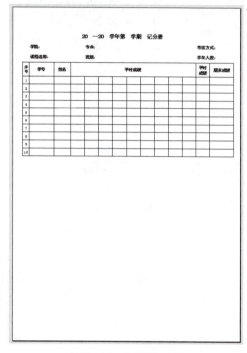

图 5-78　预览第二页　　　　　　　　　　图 5-79　分页显示视图

如果要取消分页符,可选择以下操作方法之一:
- 选中刚才插入分页符的位置,单击"页面布局"选项卡"页面设置"组中的"分隔符"按钮,在展开的列表中选择"删除分页符"命令。
- 单击工作表中的"全部选择"按钮,单击"页面布局"选项卡的"页面设置"组中的"分隔符"按钮,在展开的列表中选择"重设所有分页符"命令。

5.7.2　页面设置

单击"页面布局"选项卡"页面设置"组右下侧的对话框启动器按钮,打开"页面设置"对话框,其中有四个选项卡。

1. "页面"选项卡

在该选项卡中可以设置纸张的打印方向、缩放比例、纸张类型、质量等,如图 5-80 所示。

2. "页边距"选项卡

在该选项卡中可以设置纸张的上、下、左、右边距及页眉页脚,如图 5-81 所示。

3. "页眉/页脚"选项卡

在该选项卡中可以选择页眉和页脚内容。在"页脚"的下拉列表中选择页码方式为"第 1 页,共 ? 页",如图 5-82 所示。单击"自定义页眉"按钮,用户可编辑页眉相关文字,如图 5-83 所示。

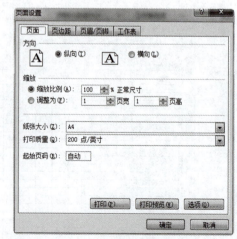

图 5-80　"页面"选项卡

4. "工作表"选项卡

在该选项卡中可以设置工作区域、打印标题、打印顺序等,如在"学生记分册"插入分页符后,需要在每页都显示第 1 页的标题(A1:N4 单元格区域内容)。如图 5-84 所示,选择区域 ＄1:＄4,单击"确定"按钮。效果参考图 5-78。

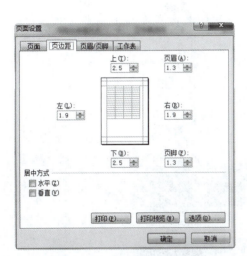

图 5-81 "页边距"选项卡

图 5-82 添加页脚

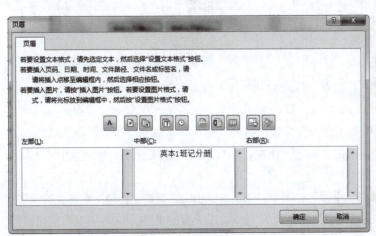

图 5-83 添加页眉

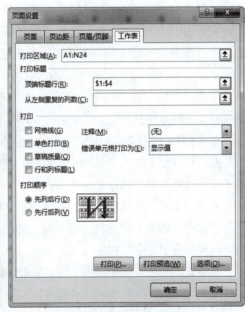

图 5-84 设置"打印标题"

5.7.3 预览与打印

在工作表打印之前,先预览一下,效果满意后即可进行打印。选择"文件"选项卡中的"打印"命令,在右侧窗格中可选择打印的区域、页数范围、纸张顺序、份数、纸张方向、纸张大小等。如图 5-85 所示。

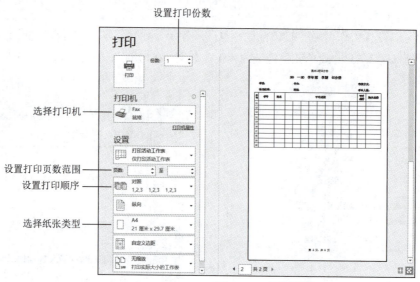

图 5-85　打印预览

5.8　保护工作簿和工作表

5.8.1　保护工作簿

1. 保护工作簿数据

为了保证数据安全，有时需要为工作簿设置打开密码。电子表格处理软件提供了设置文档权限密码的功能。

选择"文件"选项卡中的"信息"命令，打开右侧"保护工作簿"下拉列表，选择"用密码进行加密"命令，在打开的"加密文档"对话框中输入密码，如图 5-86 所示。确定后在弹出的"确认密码"对话框中再次输入密码并单击"确定"按钮即可。在下次打开该工作簿时，需要输入该密码才能打开。

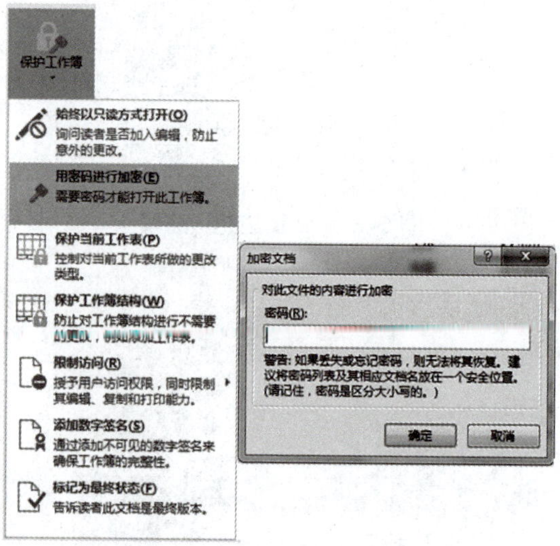

2. 保护工作簿结构和窗口

图 5-86　设置打开工作簿密码

有时允许他人更改工作簿中的数据，但不希望对工作簿的结构或窗口进行改变时，电子表格处理软件提供了保护结构和窗口的命令。

单击"审阅"选项卡"保护"组中的"保护工作簿"按钮，打开"保护结构和窗口"对话框，如图 5-87 所示。选中"结构"复选框，然后输入密码并单击"确定"按钮，在打开的"确认密码"对话框中输入同样的密码并单击"确定"按钮。

如果要取消对工作簿的保护，只需再次单击"审阅"选项卡"保护"组中的"保护工作簿"按钮，若设置了密码保护，此时会弹出"撤销工作簿保护"对话框，如图 5-88 所示。输入之前设置的密码后单击"确定"按钮即可。

图 5-87　"保护结构和窗口"对话框

图 5-88　"撤销工作簿保护"对话框

> **注意:**
> 如果使用密码,一定要牢记自己的密码,否则自己也无法再对工作簿的结构和窗口进行设置。

5.8.2 保护工作表

如果是为了防止他人对某张工作表单元格格式或数据进行修改,可以只设置工作表保护。单击"审阅"选项卡"保护"组中的"保护工作表"按钮,打开"保护工作表"对话框,在"取消工作表保护时使用的密码"编辑框中输入密码,在"允许此工作表的所有用户进行"列表框中勾选允许操作的选项,单击"确定"按钮。然后在打开的"确认密码"对话框中输入同样的密码,单击"确定"按钮即可。如图 5-89 所示。

如果要取消对工作表的保护,只需再次单击"审阅"选项卡"保护"组中的"撤销工作表保护"按钮即可。

图 5-89 "保护工作表"对话框

5.8.3 隐藏工作表

在制作 Excel 工作簿时,一般情况下很少会删除源数据所在的 Excel 工作表,通常的操作方法就是将暂时不用的 Excel 工作表隐藏起来。如图 5-90 所示,单击"开始"选项卡"单元格"组中的"格式"按钮打开下拉列表,选择"隐藏和取消隐藏"→"隐藏工作表"命令,则当前选中的工作表隐藏起来。

若要显示被隐藏的工作表,单击"开始"选项卡"单元格"组中的"格式"按钮打开下拉列表,选择"隐藏和取消隐藏"中的"取消隐藏工作表"命令,打开"取消隐藏"对话框,如图 5-91 所示。在该对话框中选择需要显示的工作表后单击"确定"按钮即可。

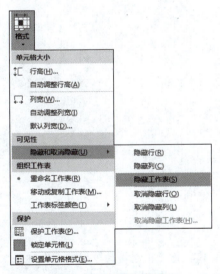

图 5-90 隐藏工作表

图 5-91 取消隐藏工作表

思考与练习

一、选择题

1. Excel 2016 创建的工作簿文件扩展名是(   )。
   A. DOCX   B. XLSX   C. XLS   D. PPTX

2. 引用单元格时，C1:E6 表示（　　）。

   A. C1 和 E6 单元格

   B. C1 或 E6 单元格

   C. 第 1 行至第 6 行，第 C 列至第 E 列区域内的所有单元格

   D. 以上都不对

3. 在工作表中进行公式计算时，应首先在选中的单元格中输入（　　）。

   A. =　　　　　　　B. @　　　　　　　C. ?　　　　　　　D. :

4. 如果在工作表 Sheet2 中"绝对引用"工作表 Sheet1 的 C1 单元格内容，其引用内容为（　　）。

   A. Sheet1!C1　　　B. Sheet1!$C1　　　C. Sheet1!C$1　　　D. Sheet1!C1

5. 通常在单元格内出现"####"符号时，表明（　　）。

   A. 显示的是字符串"####"　　　　　　B. 数值溢出

   C. 列宽不够，无法显示数值数据　　　　D. 计算错误

6. Excel 2016 中，在 A1 单元格输入"10/8"后，该单元格中显示的内容是（　　）。

   A. 1.25　　　　　B. 10月8日　　　　C. 5/4　　　　　D. 10/8

7. 在 Excel 2016 中，若将成绩表中不及格的成绩用"红色"字体颜色显示，可以使用（　　）命令快速、方便实现。

   A. 查找替换　　　B. 条件格式　　　　C. 数据筛选　　　D. 单元格样式

8. 下列关于排序操作的叙述正确的是（　　）。

   A. 排序时只能对数值型字段进行排序，对于字符型字段不能进行排序

   B. 排序可以选择字段值的升序或降序两个方向分别进行

   C. 用于排序的字段称为关键字字段，排序只能有一个关键字字段

   D. 一旦排序后就不能恢复原来的记录排列

9. 在 Excel 2016 中，完成数据筛选时（　　）。

   A. 只显示符合条件的第一个记录　　　　B. 显示数据清单中的全部记录

   C. 只显示不符合条件的记录　　　　　　D. 只显示符合条件的记录

10. 在 Excel 2016 中，下面关于分类汇总的叙述错误的是（　　）。

    A. 分类汇总前数据必须按分类字段排序

    B. 分类汇总的分类字段只能选择一个

    C. 汇总方式只能是计数

    D. 分类汇总可以删除，但删除汇总后排序操作不能撤销

二、思考题

1. 简述工作簿、工作表和单元格之间的关系。
2. 要进行数据管理和分析，首先需要创建数据清单。创建数据清单遵循的原则是什么？
3. 说明单元格的引用方式的类型、含义和表示方法。如果希望使用公式填充的方法来快速实现大量数据的同类运算，应该使用哪种引用？
4. 什么是公式？什么是函数？如何在工作表中录入公式？如何复制公式？
5. 电子表格处理的常用图表类型有哪些？创建图表的第一步是什么？编辑、格式化图表主要通过什么来操作？
6. 分类汇总前，必须做什么？嵌套分类汇总要特别注意什么？
7. 数据透视表和数据透视图主要用来解决什么问题？
8. 数据合并计算最常用的方法是什么？它对工作表数据有什么要求？

第 6 章 演示文稿制作

在进行学术交流、产品展示、会议报告、课程教学、广告宣传时，经常会有一些复杂的内容难以用语言描述，此时，可以通过 PowerPoint 演示文稿制作软件制作出集文字、图形、图像、表格、声音、视频及动画等元素于一体的演示文稿（简称 PPT），便于在各种场合下更好地进行信息表达和交流。

> **学习目标：**
>
> 通过对本章内容的学习，学生应该能够做到：
> ① 了解：PowerPoint 2016 的主要功能、特点及其应用。
> ② 理解：视图模式、幻灯片版式、幻灯片母版、演示文稿主题、演示文稿交互、打包演示文稿等概念。
> ③ 掌握：幻灯片内容的制作、使用幻灯片母版、添加超链接、创建动作按钮、设置动画效果等。

6.1 PowerPoint 2016 使用基础

下面首先学习启动和退出 PowerPoint 2016 的方法，然后熟悉 PowerPoint 2016 的工作界面，最后了解演示文稿的组成和制作要点。

6.1.1 启动和退出 PowerPoint 2016

1. 启动 PowerPoint 2016

启动 PowerPoint 2016 的方法与启动 Word 2016 相同，下面介绍两种最常用的方法：
① 单击"开始"按钮，选择"PowerPoint 2016"命令，可启动 PowerPoint 2016。
② 如果桌面上有 PowerPoint 2016 的快捷图标，可双击启动 PowerPoint 2016。

2. 退出 PowerPoint 2016

下面是两种退出 PowerPoint 2016 的常用方法：
① 在 PowerPoint 2016 程序窗口中选择"文件"→"关闭"命令。
② 单击 PowerPoint 2016 窗口右上角的"关闭"按钮。

6.1.2 熟悉 PowerPoint 2016 工作界面

启动 PowerPoint 2016 并创建演示文稿后，看到的就是它的工作界面，如图 6-1 所示。

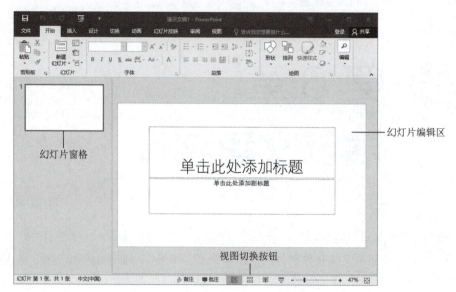

图 6-1 PowerPoint 2016 的工作界面

可以看出，PowerPoint 2016 的工作界面与 Word 2016 有许多相似之处，但也有一些不同。下面介绍 PowerPoint 2016 特有的一些组成元素。

1．幻灯片窗格

利用幻灯片窗格可以快速查看和选择演示文稿中的幻灯片。幻灯片窗格显示了幻灯片的缩略图，单击某张幻灯片的缩略图可选中该幻灯片，此时即可在右侧的幻灯片编辑区编辑该幻灯片内容。

2．幻灯片编辑区

幻灯片编辑区是编辑幻灯片的主要区域，在其中可以为当前幻灯片添加文本、图片、图形、声音和影片等，还可以创建超链接或设置动画。

幻灯片编辑区有一些带有虚线边框的编辑框，被称为占位符，用于指示可在其中输入标题文本（标题占位符）、正文文本（文本占位符），或者插入图表、表格和图片（内容占位符）等对象。幻灯片版式不同，占位符的类型和位置也不同。

3．视图切换按钮

单击窗口下方状态栏中不同的按钮 ，可切换到不同的视图模式。

6.1.3 演示文稿的组成和制作要点

演示文稿是由一张或若干张幻灯片组成的，每张幻灯片一般包括两部分内容：幻灯片标题（用来表明主题）和若干文本条目（用来论述主题）。另外，还可以包括图片、图形、图表、表格等其他对于论述主题有帮助的内容。

如果是由多张幻灯片组成的演示文稿，通常在第一张幻灯片上单独显示演示文稿的主标题和副标题，在其余幻灯片上分别列出与主标题有关的子标题和文本条目。

制作演示文稿的最终目的是给观众演示，能否给观众留下深刻的印象是评定演示文稿效果的主要标准。为此，在进行演示文稿设计时一般应遵循以下原则：

① 重点突出。

② 简捷明了。

③ 形象直观。

演示文稿的结构包括以下几部分：

① 标题页：文稿的标题（副标题）、作者、时间等。
② 目录及跳转页面。
③ 正文。
④ 致谢页面：经常采用艺术字。
⑤ 副文：主要内容是文稿作者在讲述结束后可能提出的问题及回答等。

一份演示文稿的制作过程就是一种艺术创作过程，是灵活多变的。它可以将多种元素有机结合，除了插入文字、图形图表、Flash 动画或者音乐、视频等多媒体对象外，还能做出阴影、三维等丰富的效果。此外，还可以动静结合，灵活多变，让观众的视线跟随幻灯片或者演讲者的思路移动。在达到一定的熟练程度后，可以利用演示文稿软件设计出更多新花样。

6.2 PowerPoint 2016 演示文稿基本操作

下面首先了解创建演示文稿的不同方法，然后进行保存、关闭、打开演示文稿等操作，最后掌握在不同视图模式下查看演示文稿的方法。

6.2.1 创建演示文稿

1. 创建空白演示文稿

空白演示文稿是指不带任何格式和内容的演示文稿，有以下几种方法：
① 启动 PowerPoint 2016 后，在右侧选择"空白演示文稿"项，即可创建一个空白演示文稿，如图 6-2 所示。
② 选择"文件"→"新建"命令，然后单击"空白演示文稿"选项。
③ 按【Ctrl+N】组合键。

图 6-2　创建空白演示文稿

2. 利用模板和主题创建演示文稿

利用模板和主题可以创建具有漂亮格式的演示文稿，且利用模板创建的演示文稿通常还带有相应的内容，用户只需要对这些内容进行修改，便可快速设计出专业的演示文稿。

要利用模板和主题创建演示文稿，只需在图 6-2 所示的界面上方选择演示文稿的类型，然后在打开的列表中选择需要的模板和主题，单击"创建"按钮即可。

例如，选择"主题"选项，在打开的列表中选择"音乐主要事件设计"，然后在打开的对话框中单击"创建"按钮，即可下载并使用该模板创建演示文稿，如图6-3所示。

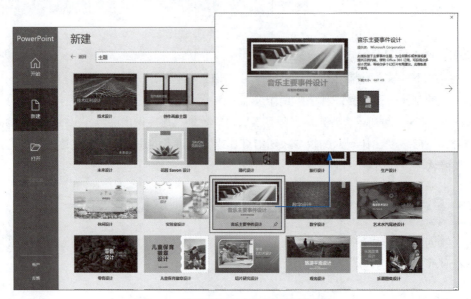

图6-3 使用模板和主题创建演示文稿

6.2.2 保存、关闭和打开演示文稿

1. 保存演示文稿

① 单击"快速访问工具栏"中的"保存"按钮 。
② 选择"文件"→"保存"命令。
③ 按【Ctrl+S】组合键。

2. 关闭演示文稿

要关闭演示文稿，可选择"文件"→"关闭"命令；若希望退出 PowerPoint 2016 程序，可在该界面中单击"退出"按钮，或者按【Alt+F4】组合键。

3. 打开演示文稿

打开演示文稿的操作与打开 Word 文档相同，都是选择"文件"→"打开"命令，打开"打开"对话框，选择要打开的演示文稿所在的磁盘驱动器或文件夹，选择要打开的演示文稿，然后单击"打开"按钮。

6.2.3 PowerPoint 2016 的视图模式

PowerPoint 2016 提供了普通视图、幻灯片浏览视图、备注页和阅读视图等视图模式，通过单击状态栏或"视图"选项卡"演示文稿视图"组中的相应按钮，可切换到不同的视图模式，如图6-4所示。

图6-4 演示文稿的视图模式

其中，普通视图是 PowerPoint 2016 默认的视图模式，主要用于制作演示文稿；在幻灯片浏览视图中，幻灯片以缩略图的形式显示，从而方便用户浏览所有幻灯片的整体效果；备注页视图用来显示和编排备注页内容；阅读视图是以窗口的形式来查看演示文稿的放映效果。

6.3 幻灯片基本操作

演示文稿是由一张张具有相关内容的幻灯片组成的，因此制作演示文稿，实质上就是制作各张幻灯片的内容。

6.3.1 新建幻灯片

若要在演示文稿中的某张幻灯片后面添加一张新幻灯片，可首先在"幻灯片"窗格中单击选中该幻灯片，然后单击"开始"选项卡"幻灯片"组中的"新建幻灯片"按钮，如图 6-5 所示。

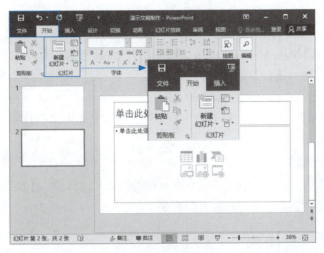

图 6-5　新建幻灯片

6.3.2 设置幻灯片版式

幻灯片版式通过占位符的方式规划好了幻灯片中内容的布局，只需选择一个符合自身需要的版式，然后在其规划好的占位符中输入或插入内容，便可快速制作出符合要求的幻灯片。

1. 在新建幻灯片时应用版式

单击"新建幻灯片"下拉按钮，在展开的幻灯片版式列表中选择版式，如图 6-6 所示。

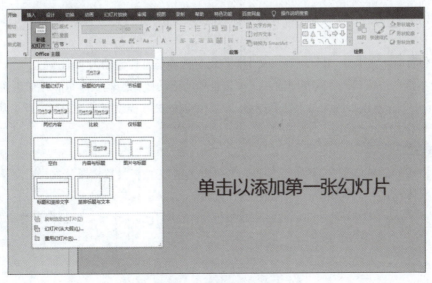

图 6-6　设置幻灯片版式

2. 更改版式

默认情况下，添加的幻灯片的版式为"标题幻灯片"，用户可以根据需要改变其版式。通过单击"开始"选项卡"幻灯片"组中的"版式"按钮，在展开的列表中选择一种幻灯片版式。

6.3.3 复制、移动和删除幻灯片

要对幻灯片进行复制、移动、删除等操作，需要首先选择要操作的幻灯片。要选择单张幻灯片，直接在"幻灯片"窗格中单击该幻灯片即可；要选择连续的多张幻灯片，可按住【Shift】键单击前后两张幻灯片；要选择不连续的多张幻灯片，可按住【Ctrl】键依次单击要选择的幻灯片。

1. 复制幻灯片

在"幻灯片"窗格中选择要复制的幻灯片，然后右击所选幻灯片，在弹出的快捷菜单中选择"复制"命令。然后在"幻灯片"窗格中要粘贴幻灯片的位置右击，在弹出的快捷菜单中选择一种粘贴方式，如"使用目标主题"选项，即可将复制的幻灯片插入该位置。

2. 移动幻灯片

要调整幻灯片的排列顺序，可在"幻灯片"窗格中选中要调整顺序的幻灯片，然后按住鼠标左键将其拖放到需要的位置即可。

3. 删除幻灯片

要删除幻灯片，只需在"幻灯片"窗格中选中要删除的幻灯片，然后按【Delete】键，或者右击要删除的幻灯片，在弹出的快捷菜单中选择"删除幻灯片"命令。

6.4 制作幻灯片内容

用户可以在幻灯片中输入文本、绘制图形，以及插入图片、艺术字、音频、视频、图表、表格等对象，制作出集图文和影音于一体的幻灯片。

6.4.1 文本的输入与格式设置

文本是演示文稿中的重要内容，在幻灯片中添加文本是制作幻灯片的基础，同时对于输入的文本进行相应的格式设置。

1. 输入文本

单击幻灯片内标题占位符中的"单击此处添加标题"提示文字，提示文字消失，此时即可输入标题，如图 6-7 所示。

除了利用占位符输入文本外，也可以利用文本框在幻灯片的任意位置输入文本。通过单击"开始"选项卡"绘图"组中的"文本框"按钮，然后在要输入文本位置单击拖动鼠标绘制文本框，接着就可以在文本框中输入文本。与 Word 中的文本框不同的是，在 PowerPoint 中绘制的文本框没有高度，其高度会随输入的文本自动调整。

2. 设置文本格式

选中要设置格式的文本，通过"开始"选项卡"字体"组中的按钮设置标题文本，如设置字体为"黑体"、字号为"40"、字体样式为"倾斜"、字体颜色为"蓝色"，如图 6-8 所示。

还可以单击"字体"组右下角的对话框启动器按钮，在打开的"字体"对话框设置文本格式。

图 6-7　输入幻灯片标题

图 6-8　设置文本格式

6.4.2　对象及其操作

对象是幻灯片中的基本成分。幻灯片中的对象包括文本对象（标题、项目列表、文字说明等）、可视化对象（图片、图形、图表等）和多媒体对象（视频、音频等）。下面分别介绍插入不同对象的方法。

1. 插入图片

单击"插入"选项卡"图像"组中的"图片"按钮，打开"插入图片"对话框。在该对话框中选择所需的图片，然后单击"插入"按钮，即可将选中的图片插入到当前幻灯片中。

2. 插入自选图形

单击"插入"选项卡"插图"组中的"形状"按钮，打开如图6-9所示的下拉列表，从重选择合适的形状，然后将鼠标指针移至幻灯片中准备绘制图形的起始点，按住鼠标左键并拖动，至需要的图形大小时释放鼠标左键，即可绘制出先前选择的形状。

选中绘制好的图形并右击，在弹出的快捷菜单中选择"设置形状格式"命令，打开"设置形状格式"对话框，从中可对图形的填充颜色、线条颜色等效果进行设置。

3. 插入艺术字

单击"插入"选项卡"文本"组中的"艺术字"按钮 ，在打开的下拉列表中选择合适的艺术字样式即可。

4. 插入表格和图表

单击"插入"选项卡"表格"组中的"表格"按钮，在展开的列表中选择所需的行、列数后单击，即可在幻灯片中插入一个普通带主题格式的表格。然后可以通过"表格工具-设计"和"表格工具-布局"选项卡中的相关按钮对表格进行美化。

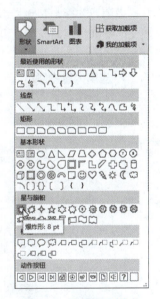

图 6-9　选择图形样式

单击"插入"选项卡"插图"组中的"图表"按钮，在打开的"插入图表"对话框中选择所需的图表类型，然后单击"确定"按钮，即可插入图表。

5. 插入音频和视频

单击"插入"选项卡"媒体"组中的"音频"下拉按钮，在展开的列表中选择"PC上的音频"命令，然后在打开的"插入音频"对话框中选择要插入的声音文件，单击"插入"按钮。之后在幻灯片上会出现一个声音图标，如图6-10所示。在声音图标下方显示音频播放控件，单击其左侧的"播放/暂停"按钮可预览声音；将鼠标移动到"静音/取消静音"按钮 上，可利用出现的滚动条调整播放音量的大小。

在 PowerPoint 中插入 .mp3、.midi、.wav 等格式的音频文件时，非 .wav 格式的音频文件将以链接方式插入，即在演示文稿中保存的仅仅是该文件的一个路径。因此，要正常播放外部音频，需要将其与演示文稿保存在同一文件夹中，并且在移动演示文稿时将音频文件一起移动。

插入视频文件的方法与插入音频文件类似，只需单击"插入"选项卡"媒体"组中的"视频"下拉按钮，在展开的列表中选择"PC 上的视频"命令，从打开的"插入视频文件"对话框中选择要插入的视频文件，单击"插入"按钮即可。

图 6-10　在幻灯片中插入音频

6.5 修饰演示文稿

修饰演示文稿的操作主要包括设置演示文稿主题，设置幻灯片背景和使用母版等。通过这些操作可以使演示文稿的所有幻灯片具有一致的外观，用户最好在制作幻灯片的具体内容之前进行这些操作。

6.5.1 设置演示文稿主题

PowerPoint 2016 提供了多种内置主题，用户可以直接进行选择，还可以根据需要分别设置不同的主题颜色、主题字体和主题效果等。

当用户为演示文稿应用了某主题之后，演示文稿中默认的幻灯片背景，以及图形、表格、图表、艺术字或文字等都将自动与该主题匹配，使用该主题规定的格式。此外，用户还可以自定义主题的颜色、字体和效果，以及设置幻灯片背景等。

1. 应用内置主题

具体操作步骤：单击"设计"选项卡"主题"组右侧的"其他"按钮，在展开的主题列表中选择要应用的主题，即可将其应用到当前演示文稿中，如图 6-11 所示。

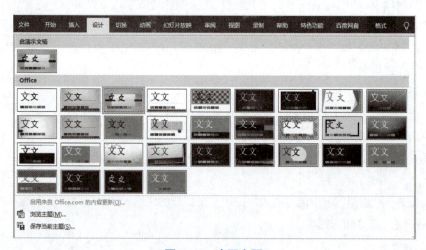

图 6-11　应用主题

2. 自定义主题

在对幻灯片应用了某个主题后，如果对主题不满意，还可自行设置主题的颜色、字体和效果。

具体操作步骤：单击"设计"选项卡"变体"组右侧的"其他"按钮，在展开的列表中选择"颜色""字体""效果"子命令下的选项，如图 6-12 所示。

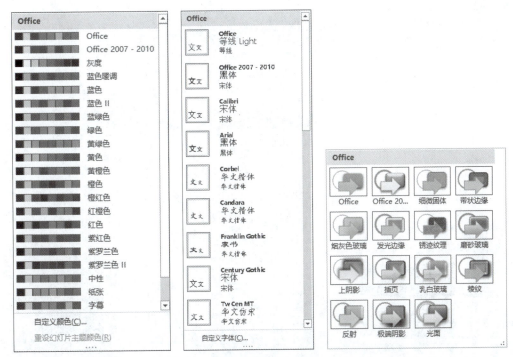

图 6-12　设置主题颜色、字体和效果

6.5.2　设置幻灯片背景

默认情况下，演示文稿中的幻灯片使用主题规定的背景，用户也可以重新为幻灯片设置背景颜色或填充效果，并将其应用于演示文稿中指定或所有的幻灯片。

具体操作步骤如下：

① 单击"设计"选项卡"变体"组中的"其他"按钮，在展开的列表中选择"背景样式"命令，从中选择要更换的背景样式（见图 6-13），此时所有幻灯片的背景都会应用该样式。

② 如果对列表中的背景样式都不满意，可选择"设置背景格式"命令，打开"设置背景格式"窗格。在"填充"分类中选择一种填充类型（纯色填充、渐变填充、图片或纹理填充、图案填充），再单击"图片源"分类中的"插入"按钮，如图 6-14 所示。

③ 在打开的"插入图片"对话框中找到想应用的图片，单击"插入"按钮返回"设置背景格式"对话框，然后在"偏移量"的各编辑框中设置数值，如图 6-15 所示。

④ 关闭"设置背景格式"窗格，将设置的背景应用于当前幻灯片中。若单击"应用到全部"按钮，则可将设置的背景应用于演示文稿中的所有幻灯片。

"设置背景格式"对话框中各填充类型的作用如下：

- 纯色填充：用来设置纯色背景，可设置所选颜色的透明度。
- 渐变填充：选择该单选按钮后，可通过选择渐变类型，设置色标等来设置渐变填充。
- 图片或纹理填充：选择该单选按钮后，若要使用纹理填充，可单击"纹理"右侧的下拉按钮，在弹出的列表中选择一种纹理。
- 图案填充：用来设置图案填充。设置时，只需选择需要的图案，并设置图案的前景色和背景色即可。

若在对话框中选中"隐藏背景图形"复选框，设置的背景将覆盖幻灯片母版中的图形、图像和文本等对象，也将覆盖主题中自带的背景。

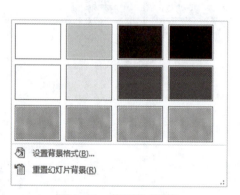
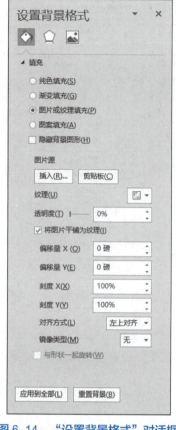

图 6-13　背景样式列表　　　图 6-14　"设置背景格式"对话框　　　图 6-15　设置图片偏移量

6.5.3　使用幻灯片母版

母版用于为演示文稿中指定幻灯片设置相同的内容或格式，这些格式包括每张幻灯片标题及正文文字的位置和大小、项目符号的样式、背景图案等。例如，在每张幻灯片中都加入公司的徽标（Logo），且每张幻灯片标题占位符和文本占位符的字符格式和段落格式都一致。如果在每张幻灯片中重复设置这些内容，无疑会浪费时间，此时可在 PowerPoint 的母版中设置这些内容。

母版可以分为三类：幻灯片母版、讲义母版和备注母版。

1. 幻灯片母版

幻灯片母版是所有母版的基础，控制演示文稿中所有幻灯片的默认外观。单击"视图"选项卡"母版视图"组中的"幻灯片母版"按钮，进入幻灯片母版视图，如图 6-16 所示。

在幻灯片母版视图左侧任务窗格中幻灯片母版以缩略图的方式显示。第一个母版（比其他母版稍大）称为"幻灯片母版"，在其中进行的设置将应用于演示文稿的所有幻灯片。下面列出了与上面的幻灯片母版相关联的版式母版（子母版），在某个版式母版中进行的设置将应用于使用了对应版式的幻灯片中。

幻灯片母版中有五个占位符：标题区、文本区、页脚区、日期区、编号区。对幻灯片母版的编辑包括以下几方面：

（1）编辑母版标题样式

在幻灯片母版中选中对应的标题占位符或文本占位符，可以设置字体格式、段落格式、项目符号与编号等。

（2）设置页眉页脚和幻灯片编号

如果需要对页脚占位符进行修改，可以在幻灯片母版状态下单击"插入"选项卡"文本"组中的"页眉和页脚"按钮，打开"页眉和页脚"对话框，如图 6-17 所示。在"幻灯片"选项卡中选中"日期和时间"复选框，表示在幻灯片的"日期区"显示日期和时间；若选中"自动更新"单选按钮，则时间域会随着制作日期和时间的变化而变化。选中"幻灯片编号"复选框，则每张幻灯片上将增加编号。选中"页脚"复选框，并在页脚区输入内容，可作为每一页的注释。

图 6-16　幻灯片母版视图

图 6-17　"页眉和页脚"对话框

（3）向母版插入对象

要使每一张幻灯片都出现某个对象，可以向母版中插入该对象。例如，在某个演示文稿的幻灯片母版的右上角位置添加一个 Logo 图形，则每张幻灯片（除了标题幻灯片）中都会自动拥有该对象。

完成对幻灯片母版的编辑后，单击"幻灯片母版"选项卡"关闭"组中的"关闭母版视图"按钮，退出幻灯片母版编辑模式，则可返回原视图模式。

2. 讲义母版和备注母版

除了幻灯片母版外，PowerPoint 2016 还提供了讲义母版和备注母版。讲义母版用于控制幻灯片以讲义形式打印的格式，如页面设置、讲义方向、幻灯片方向、每页幻灯片数量等，还可增加日期、页码（并非幻灯片编号）、页眉、页脚等。

备注母版用来格式化演示者备注页面，以控制备注页的版式和文字的格式。

6.6　演示文稿的交互

为了增强幻灯片之间的交互功能，可以为幻灯片添加超链接或动作按钮，也可以为幻灯片添加切换效果，这样在放映幻灯片时，通过超链接和动作按钮可以切换幻灯片、打开网页或文档、发送电子邮件等，使幻灯片的播放更加灵活、更加精彩。

6.6.1　添加超链接

1. 为幻灯片中的对象添加超链接

具体操作步骤如下：

① 在幻灯片中选中要添加超链接的对象，然后单击"插入"选项卡"链接"组中的"链接"按钮，打开"插入超链接"对话框，如图 6-18 所示。

② 若要链接到某个文件或网页，可在"链接到"列表中选择"现有文件或网页"选项，然后在"地址"文本框中输入超链接的目标地址；若要链接到本文件内的某一张幻灯片，可在"链接到"列表中选择"本文档中的位置"选项，然后选择文档中的目标幻灯片；若要链接到某一电子邮件地址，可在"链接到"列表中选择"电子邮件地址"选项，然后在右侧窗格的"电子邮件地址"文本框中输入邮件地址。

图 6-18 "插入超链接"对话框

③ 单击"确定"按钮完成超链接。在幻灯片放映视图中,当单击该对象时,就会链接到目标地址。

如果给文本对象设置了超链接,代表超链接的文本会自动添加下画线,并显示成所选主题颜色所指定的颜色。需要说明的是,超链接只在"幻灯片放映"时才会起作用,在其他视图中处理演示文稿时不会起作用。

2. 编辑和删除超链接

对已有的超链接,可以进行编辑修改或删除。

在幻灯片中选中要修改超链接的对象,然后单击"插入"选项卡"链接"组中的"链接"按钮,这时打开的是"编辑超链接"对话框,如图 6-19 所示。如果需要修改超链接,只要重新选择超链接的目标地址即可;如果需要删除超链接,只要在"编辑超链接"对话框中单击"删除链接"按钮即可。

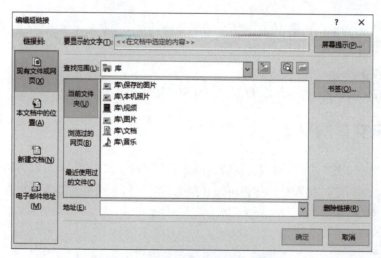

图 6-19 "编辑超链接"对话框

6.6.2 创建动作按钮

PowerPoint 2016 提供了一组代表一定含义的动作按钮,用户可以在幻灯片上插入不同的动作按钮,并为这些动作按钮设置超链接,这样在幻灯片放映过程中,可以通过单击这些动作按钮在不同的幻灯片之间跳转,也可以播放图像、声音等文件,还可以用它启动应用程序或链接到 Internet 上。

1. 在幻灯片中插入动作按钮

具体操作步骤如下:

① 选择需要插入动作按钮的幻灯片。

② 单击"插入"选项卡"插图"组中的"形状"按钮，在打开的下拉列表的"动作按钮"栏中选择所需的动作按钮，之后将鼠标移动到幻灯片中需要放置该动作按钮的位置，按住鼠标左键并拖动绘制出一个大小适中的按钮，此时会自动打开"操作设置"对话框，如图 6-20 所示。

③ 选择"超链接到"单选按钮，然后在其下拉列表框中选择跳转目的地。选择的跳转目的地既可以是当前演示文稿中的其他幻灯片，也可以是其他文件，或者是某一个 URL 地址。选中"播放声音"复选框，在其下拉列表框中可以选择对应的声音效果。

④ 单击"确定"按钮。

例如，在某张幻灯片中依次创建了"动作按钮：转到开头" ◁、"动作按钮：后退或前一项" ◁、"动作按钮：前进或下一项" ▷ 和"动作按钮：转到结尾" ▷，然后按住【Shift】键依次单击选中四个按钮，在"绘图工具-格式"选项卡"大小"组中设置按钮的大小；单击"排列"组中的"组合"按钮，在展开的列表中选择"组合"命令，组合所选四个按钮，效果如图 6-21 所示。

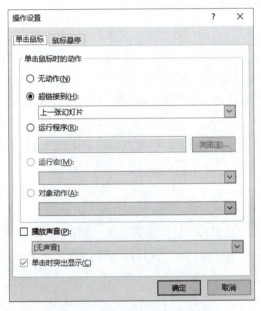

图 6-20 "操作设置"对话框

图 6-21 设置动作按钮的大小和组合

2. 为幻灯片中的对象设置动作

除了可以对动作按钮设置动作外，还可以对幻灯片上的其他对象设置动作。为对象设置动作后，当单击该对象时，可以像动作按钮一样执行指定的动作。设置方法：选定要设置动作的对象，单击"插入"选项卡"链接"组中的"动作"按钮，从中进行动作设置。

6.6.3 设置切换效果

幻灯片的切换效果是指放映幻灯片时从一张幻灯片过渡到下一张幻灯片时的动画效果。PowerPoint 2016 提供了多种切换效果，但默认情况下，各幻灯片之间的切换是没有任何效果的，可以通过设置，为每一张幻灯片设置不同的切换效果，也可以为一组幻灯片设置相同的切换效果。

具体操作步骤如下：

① 选定要设置切换效果的幻灯片。

② 单击"切换"选项卡"切换到此幻灯片"组中的"其他"按钮 ▽，在展开的列表中列出了各种不同类型的切换效果，如图 6-22 所示。选择一种幻灯片切换效果，如选择"细微"中的"分割"。

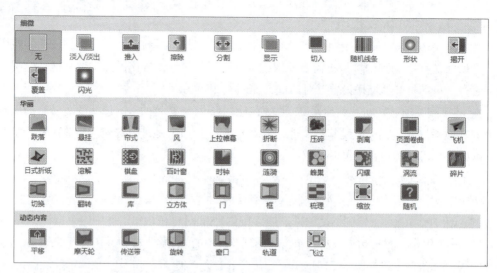

图 6-22　幻灯片切换效果列表

③ 单击"效果选项"按钮，可从中选择切换的效果，如"自右侧"或"从左上部"等。

④ 在"计时"组中的"声音"下拉列表框和"持续时间"数值框中设置切换幻灯片时的声音效果和幻灯片的切换速度，如设置持续时间为 1 s。在"换片方式"中设置幻灯片的换片方式，选中"单击鼠标时"复选框，则在单击鼠标时切换幻灯片；选中"设置自动换片时间"复选框，可在其右侧设置幻灯片的自动切换时间；若同时选中两个复选框，可实现手工切换和自动切换相结合。

⑤ 单击"计时"组中的"应用到全部"按钮，即可将设置的幻灯片切换效果应用于全部幻灯片。否则，当前的设置将只应用于当前所选的幻灯片。

6.6.4　设置动画效果

PowerPoint 2016 提供了动画功能，利用"动画"选项卡，可以为幻灯片中的文本、图片或其他对象设置各种动画效果（出现的方式、先后顺序及声音效果等），利用"动画窗格"可以对添加的动画效果进行管理。

1. 为对象设置动画效果

具体操作步骤如下：

① 在幻灯片中选定要设置动画效果的对象，单击"动画"选项卡"动画"组中的"其他"按钮，在展开的列表中列出了多种动画效果，如图 6-23 所示。其中包括"进入""强调""退出""动作路径"四类，每一类中又包含了不同的效果。

各动画类型的作用如下：

- 进入：设置放映幻灯片时对象进入放映界面时的动画效果。
- 强调：为已出现在幻灯片上的对象添加某种效果进行强调。
- 退出：设置对象离开幻灯片时的动画效果。
- 动作路径：让对象在幻灯片中沿着系统自带的或用户绘制的路径移动。

对同一个对象不仅可以同时设置上述四类动画效果，还可以对其设置多种不同的"强调"效果。

② 单击"动画"组中的"效果选项"按钮，在下拉列表中设置动画的运动方向。注意"效果选项"下拉列表中的内容会随着添加动画效果的不同而变化，如添加的动画效果是"进入"中的"飞入"，则"效果选项"中显示为"自底部"或"自顶部"等。

③ 在"计时"组中设置动画的开始播放方式。"开始"下拉列表框中有三种选项，各选项的作用如下：

- 单击时：在放映幻灯片时，需要单击才开始播放动画。

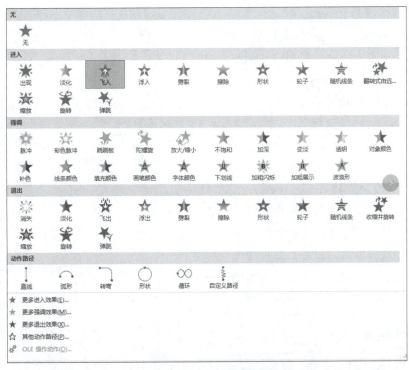

图 6-23　动画效果列表

- 与上一动画同时：在放映幻灯片时，在上一动画开始的同时自动播放该动画。
- 上一动画之后：在放映幻灯片时，在上一动画结束后自动播放该动画。

④ 在"持续时间"数值框中可指定动画的长度；在"延迟"数值框中指定经过几秒后播放动画。

⑤ 单击"预览"组中的"预览"按钮，则设置的动画效果将在幻灯片窗格中自动播放，用来观察设置的效果。

2. 管理动画窗格

当对一张幻灯片中的多个对象设置动画效果后，有时需要重新设置动画出现的顺序，此时可以通过管理"动画窗格"来实现。

单击"动画"选项卡"高级动画"组中的"动画窗格"按钮，打开"动画窗格"。在 PowerPoint 右侧的"动画窗格"中可以查看为当前幻灯片中的对象添加的所有动画效果，并可对动画效果进行更多设置。

放映幻灯片时，各动画效果将按照在动画窗格中的排列顺序进行播放，用户可以通过拖动方式调整动画的播放顺序，或者在选中动画效果后，单击动画窗格的"重新排序"按钮 ▲ ▼ 排列动画的播放顺序。

6.7　放映和打包演示文稿

演示文稿内容制作完成后，便可以进行放映，以查看演示文稿的最终效果；此外，为了方便在其他计算机中放映演示文稿，可以将演示文稿打包。

6.7.1　设置放映方式

根据不同的场所，可以对演示文稿设置不同的放映方式，如可以由演讲者控制放映，也可以由观众自行浏览，或者让演示文稿自动运行。

单击"幻灯片放映"选项卡"设置"组中的"设置幻灯片放映"按钮，打开"设置放映方式"对话框，如图 6-24 所示。

在对话框的"放映类型"选项组中，有三种放映方式：

1. 演讲者放映（全屏幕）

这是最常用的放映类型。放映时幻灯片将全屏显示，演讲者对幻灯片的播放具有完全的控制权。例如，切换幻灯片、播放动画、添加墨迹注释等。

2. 观众自行浏览（窗口）

放映时在标准窗口中显示幻灯片，显示菜单栏和 Web 工具栏，方便用户对幻灯片进行切换、编辑、复制和打印等操作。

3. 在展台浏览（全屏幕）

该放映方式不需要专人来控制幻灯片的播放，适合在展览会等场所全屏放映演示文稿。在放映过程中，除了保留鼠标指针用于选择屏幕对象外，其余功能全部失效（终止放映需要按【Esc】键），因为此时不需要现场修改，也不需要提供额外功能，以免破坏演示画面。

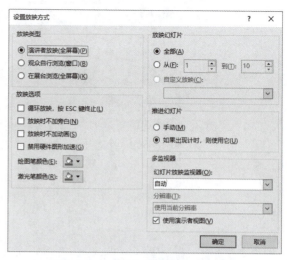

图 6-24 "设置放映方式"对话框

6.7.2 设置放映时间

在 PowerPoint 中，除了可以通过"切换"选项卡"计时"组中的"设置自动换片时间"复选框来设置幻灯片的放映时间外，还可以通过"幻灯片放映"选项卡"设置"组中的"排练计时"按钮来设置幻灯片的放映时间。

具体操作步骤如下：

① 在演示文稿中选定要设置放映时间的幻灯片。

② 单击"幻灯片放映"选项卡"设置"组中的"排练计时"按钮，系统自动切换到幻灯片放映视图，同时打开"录制"工具栏，如图 6-25 所示。

③ 用户按照自己总体的放映规划和需求，依次放映演示文稿中的幻灯片。在放映过程中，"录制"工具栏对每一张幻灯片的放映时间和总放映时间进行自动计时。

④ 当放映结束时，弹出预演时间的提示框，并提示是否保留幻灯片的计时，单击"是"按钮，如图 6-26 所示。

图 6-25 "录制"工具栏

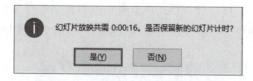

图 6-26 是否保留排练时间提示框

⑤ 此时切换到幻灯片浏览视图，在每张幻灯片的右下角给出了幻灯片的放映时间。

至此，演示文稿的放映时间设置完成，以后放映该演示文稿时，将按照此次的设置自动放映。

6.7.3 创建自定义放映

当同一份演示文稿在不同场合放映时，根据不同场合有不同的放映需求，演示文稿的播放内容或次序可能有所不同，这时可以利用"自定义放映"功能，将同一份演示文稿中指定的幻灯片按一定顺序重新组成一个新的放映集来进行放映。

具体操作步骤如下：

① 单击"幻灯片放映"选项卡"开始放映幻灯片"组中的"自定义幻灯片放映"按钮，在展开的列表中选择"自定义放映"命令，打开"自定义放映"对话框，单击"新建"按钮，如图6-27所示。

② 在打开的"定义自定义放映"对话框的"幻灯片放映名称"文本框中输入放映名称；再按住【Ctrl】键，在"在演示文稿中的幻灯片"列表中依次单击选择要加入自定义放映集的幻灯片，单击"添加"按钮，将所选幻灯片添加到右侧的"在自定义放映中的幻灯片"列表中，如图6-28所示。

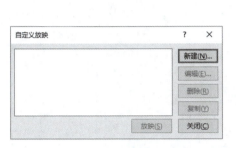

图6-27 "自定义放映"对话框

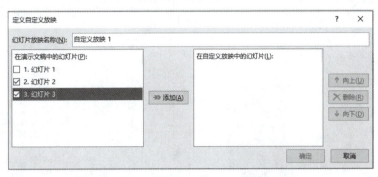

图6-28 "定义自定义放映"对话框

③ 单击"定义自定义放映"对话框中的"确定"按钮，返回"自定义放映"对话框，此时在对话框的"自定义放映"列表中将显示创建的自定义放映集。单击"关闭"按钮，完成自定义放映集的创建。

④ 单击"自定义幻灯片放映"按钮，在展开的列表中可看到新建的自定义放映集，选择该放映集即可放映。

除了通过自定义幻灯片放映来放映指定的幻灯片外，也可以通过在幻灯片窗格中选择需要在放映时隐藏的幻灯片，单击"幻灯片放映"选项卡"设置"组中的"隐藏幻灯片"按钮将其隐藏。再次执行该操作可显示隐藏的幻灯片。

6.7.4 放映演示文稿

启动幻灯片放映有以下几种常用的方法：

1. 从第一张幻灯片开始放映

在"幻灯片放映"选项卡的"开始放映幻灯片"组中单击"从头开始"按钮，或者按【F5】键，从第一张幻灯片开始放映演示文稿。

2. 从当前幻灯片开始放映

在"幻灯片放映"选项卡的"开始放映幻灯片"组中单击"从当前幻灯片开始"按钮，或者按【Shift+F5】组合键，从当前幻灯片开始放映。

在放映过程中，将鼠标指针移动至放映画面左下角位置，会显示一组控制按钮。例如：

① 跳转幻灯片：单击 或 按钮可跳转到上一张或下一张幻灯片；单击按钮将打开一个列表，从中选择相应的选项也可跳转到指定幻灯片。

② 添加墨迹注释：单击 按钮，在弹出的列表中选择一种绘图笔，然后在放映画面中按住鼠标左键并拖动，可为幻灯片中一些需要强调的内容添加墨迹注释。

在放映演示文稿时，PowerPoint还提供了许多控制播放进程的技巧。例如：

- 按【↓】、【→】、【Enter】、【空格】、【Page Down】键均可快速显示下一张幻灯片。
- 按【↑】、【←】、【Backspace】、【Page Up】键均可快速显示前一张幻灯片。
- 同时按住鼠标左右键不放，可快速返回第一张幻灯片。

演示文稿放映完毕后，可按【Esc】键结束放映；如果想在中途终止放映，也可按【Esc】键。如果在幻灯片放映中添加了墨迹标记，结束放映时会弹出提示框，单击"放弃"按钮，可不在幻灯片中保留墨迹。

6.7.5 打包演示文稿

制作好的演示文稿可以复制到其他计算机中进行播放,但是如果该计算机没有安装 PowerPoint 程序,或者没有演示文稿中所链接的文件及所采用的字体,那么演示文稿将不能正常放映。此时,可利用 PowerPoint 提供的"打包成 CD"功能,将演示文稿及与其关联的文件、字体等打包,这样一来,即使其他计算机中没有安装 PowerPoint 程序,也可以正常播放演示文稿。

打包演示文稿的具体操作步骤如下:

① 选择"文件"→"导出"→"将演示文稿打包成 CD"选项,然后单击"打包成 CD"按钮,如图 6-29 所示。

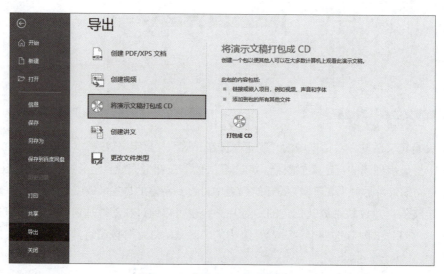

图 6-29　将演示文稿打包成 CD

② 在打开的"打包成 CD"对话框的"将 CD 命名为"文本框中为打包的文件命名,如图 6-30 所示。

③ 单击"打包成 CD"对话框中的"选项"按钮,在打开的"选项"对话框中可为打包文件设置包含文件及打开和修改文件的密码等,如图 6-31 所示。完成后单击"确定"按钮,返回到"打包成 CD"对话框。

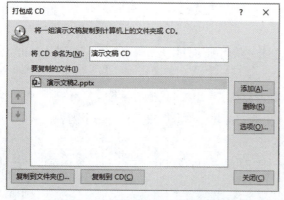

图 6-30　"打包成 CD"对话框

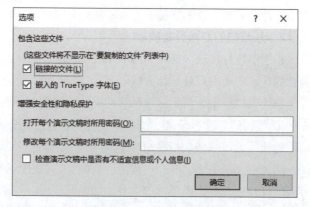

图 6-31　"选项"对话框

在"包含这些文件"选项组可根据需要选择相应的复选框:

- 如果选中"链接的文件"复选框,则在打包的演示文稿中含有链接关系的文件。
- 如果选中"嵌入的 TrueType 字体"复选框,则在打包演示文稿时,可以确保在其他计算机上看到正确的字体。

- 如果需要对打包的演示文稿进行密码保护，可以在"打开、修改每个演示文稿时所用密码"文本框中输入密码，用来保护文件。

④ 在"打包成 CD"对话框中单击"复制到文件夹"按钮，打开"复制到文件夹"对话框，设置打包的文件夹名称及保存位置；单击"复制到 CD"按钮，会提示用户插入一张空白 CD，直接将演示文稿打包到光盘中。

⑤ 等待一段时间后，即可将演示文稿打包到指定的文件夹中，并自动打开该文件夹，显示其中的内容。双击打包文件夹中的演示文稿即可进行播放。

思考与练习

一、选择题

1. PowerPoint 2016 的扩展名是（   ）。
   A．.potx B．.pptx C．.prtx D．.pftx
2. 在 PowerPoint 2016 的（   ）窗格中显示幻灯片缩略图。
   A．幻灯片 B．备注页 C．大纲 D．任务
3. 如果希望对幻灯片进行统一修改，可以通过（   ）来快速实现。
   A．应用主题 B．修改母版 C．设置背景 D．修改每张幻灯片
4. 要从头开始放映幻灯片，可以按（   ）键。
   A．F8 B．F5 C．Shift+F5 D．Shift
5. PowerPoint 2016 中，有关幻灯片母版中的页眉页脚下列说法错误的是（   ）。
   A．页眉或页脚是加在演示文稿中的注释性内容
   B．典型的页眉/页脚内容是日期、时间以及幻灯片编号
   C．在打印演示文稿的幻灯片时，页眉/页脚的内容也可打印出来
   D．不能设置页眉和页脚的文本格式

二、思考题

1. PowerPoint 2016 的各种视图模式的作用有何不同？
2. 如何为当前幻灯片设置渐变背景？
3. 母版有几种类型？幻灯片母版和标题母版的作用分别是什么？
4. 如何为幻灯片中的对象设置动画效果？
5. 如何打包演示文稿？

第 7 章 多媒体技术与应用

随着计算机科学技术的发展，计算机处理的信息已经由原来只能处理数字、文字信息，到可以处理声音、图像、视频等多种形式的信息，作为综合处理多种媒体的多媒体技术也得到了迅速发展，并加速了计算机进入家庭和社会生活各个领域的速度。

多媒体技术使计算机能同时处理文字、视频、音频等多种信息，丰富了信息处理的形式，而计算机网络技术的信息共享性消除了地域范围的限制。这两者的结合把计算机的交互性、通信的分布性及信息的实时性有机地融为一体，成为当前信息社会的一个重要标志。本章主要介绍声音、图像等不同形式信息的特点、文件格式以及这些信息的处理方式。

> **学习目标：**
> 通过对本章内容的学习，学生应该能够做到：
> ① 了解：多媒体技术的基本概念、多媒体信息的数字化、多媒体信息的压缩技术和多媒体网络应用技术。
> ② 理解：多媒体信息处理技术，包括音频、图像、图形、动画、视频信息的处理技术。
> ③ 掌握：简单的音频信息处理技术，图像处理信息技术和动画信息处理技术。能简单利用 Photoshop、GoldWave 等多媒体处理软件，完成多媒体作品制作。

7.1 认识多媒体技术

多媒体技术是将各种媒体有机组合起来，利用各种技术使之建立起逻辑联系，并进行加工处理。

7.1.1 多媒体的概念

在介绍多媒体技术之前，先了解一下媒体和多媒体等概念。

"媒体"（Medium）一词在信息领域中有两种含义：一是指用来存储信息的物理实体即载体，如磁带、磁盘、光盘和半导体存储器；二是指信息的表现形式，如数字、文字、声音、图形、图像和动画，在多媒体技术中所说的媒体是指后者。

"多媒体"（Multimedia）是指信息的多种表现形式的有机结合，即利用计算机技术把文字、声音、图形、图像等多种媒体信息综合为一体，并进行加工和处理，即录入、压缩、存储、编辑、输出等。广义上的多媒体概念中，不但包括了多种的信息形式，也包括了处理和应用这些信息的硬件和软件。

7.1.2 多媒体的特征

多媒体技术具有以下的特点：

1. 交互性

传统的媒体系统（例如广播、电视）中，人们只能被动地单向接收播放的节目，不能选择自己感兴趣的内容，而在多媒体系统中，人们可以通过使用键盘、鼠标、触摸屏等输入设备来控制媒体的播放，实现了从"你播放我接收"的单向传输到"我点播你播放"的交互式双向传输。

2. 多样性

多样性是指计算机处理的对象从数字、文字信息扩展到声音、图像、动画等多种形式，这样使得计算机处理信息的能力和范围扩大，同时，人与计算机的交互也有了更大的自由空间，使得信息表现形式多样化。

3. 集成性

集成性是指多种不同的媒体信息有机地组织在一起，共同表达一个完整的多媒体信息，使这些媒体成为密切联系的一体化系统。

4. 实时性

由于声音和图像都是与时间密切相关的，再加上互联网上信息处理的需求，要求多媒体支持实时处理。

7.1.3 多媒体相关技术

多媒体系统包括多媒体硬件系统和多媒体软件系统。

1. 多媒体硬件系统

多媒体硬件系统包括各种支持多媒体信息的采集、存储、处理、表现等所需要的各种硬件设备，如用于支持多媒体程序运行的带多媒体功能的 CPU、用于实现图像信息处理和显示的显卡、用于声音采集和播放的声卡、用于视频捕捉和显示的视频卡、用于各种多媒体信息存储的光盘驱动器等大容量存储设备，以及相关的各种外围设备，如传声器、扬声器、显示器、数码照相机、数码摄像机等。

2. 多媒体软件系统

多媒体软件系统包括支持各种多媒体设备工作的多媒体系统软件和应用软件。

（1）操作系统的多媒体功能

计算机系统中的软硬件资源是需要操作系统来管理的，所以要管理好具有多媒体软、硬件资源的计算机，就需要有多媒体功能的操作系统。

操作系统的多媒体功能主要体现在：具有同时处理多种媒体的功能，具有多任务的特点；能控制和管理与多种媒体有关的输入、输出设备；能管理存储大数据量的多媒体信息的海量存储器；能管理大的内存空间，并能通过虚拟内存技术，在物理内存不够的情况下，借助硬盘等外存空间，给多媒体程序和数据的运行和处理提供更大的内存空间支持。

（2）多媒体信息处理工具

多媒体信息处理主要是指把通过外围设备采集来的多媒体信息，包括文字、图像、声音、动画、影视等，用多媒体处理软件进行加工、编辑、合成、存储，最终形成多媒体作品的过程。

常用的多媒体信息处理工具软件主要有：

① 文字处理软件：如 Windows 中的记事本和写字板软件、Word、WPS 等。

② 图形图像处理软件：如 Windows 中的画图软件、Photoshop 等。

③ 声音处理软件：如 Windows 中的录音机软件、Creative 的录音大师、Ulead Audio Edit 等。

④ 动画处理软件：如 Flash、3ds Max 等。

⑤ 视频处理软件：如 Window Live、Adobe Premiere 等。

⑥ 多媒体集成软件：将各种媒体有机地集成起来成为一个统一的整体，如 Authorware、Flash、FrontPage、Dreamweaver 等。

（3）多媒体应用软件

多媒体应用软件是利用多媒体加工和集成工具制作的、运行于多媒体计算机上的、具有某些具体功能的软件产品，如辅助教学软件、电子百科全书、游戏软件等。

多媒体应用软件一般都具有超媒体结构，具有鲜明的交互性操作的特点，以方便用户按照自己的需要，沿着自己设置的路径，享用软件所提供的各种媒体信息。

3. 多媒体信息的冗余性

（1）多媒体信息的数据量

数字化的图形、图像、视频、音频等多媒体信息数据量很大。下面分别以文本、图形、图像、声音和视频等数字化信息为例，计算没有压缩的理论数据存储容量。

① 文本的数据量：

例 7-1　假设一个 A4 纸，每行可以印刷 42 个中文字符，一页可以印刷 45 行。如果将 A4 纸张中的文字存储到计算机中，每个中文字符采用 2 个字节存储（UCS-2 编码），则这个 A4 纸张中字符编码存储空间为：

$S_{字符}$ =（每行中文字符数 × 行数 × 16 bit）/（8 × 1024）=（42 × 45 × 16 bit）/（8 × 1 024）=3.7 KB

② 图像的数据量：

例 7-2　如果用扫描仪获取一张 11 英寸 × 8.5 英寸（相当于 A4 纸张大小）的彩色照片输入计算机，扫描仪分辨率设为 300 dpi（300 点 / 英寸），扫描为 24 位 RGB 色彩深度，经扫描仪数字化后，未经压缩的图像存储空间为：

$S_{图像}$ =［（宽度 × 分辨率）×（高度 × 分辨率）× 色彩深度］/（8 × 1 024 × 1 024）

　　　=（（11 英寸 × 300 dpi）×（8.5 英寸 × 300 dpi）× 24 bit）/（8 × 1 024 × 1 024）=24 MB

③ 音频的数据量：

例 7-3　人们能够听到的最高声音频率为 22 kHz，制作 CD 音乐时，采样频率为 44.1 kHz，量化精度为 32 位。存储一首 1 min 未经压缩的立体声数字化音乐需要的存储空间为：

$S_{音频}$ =（采样频率 × 量化位数 × 声道数 × 采样时间）/（8 × 1 024 × 1 024）

　　　=（44 100 Hz × 32 bit × 2 声道 × 60 s）/（8 × 1 024 × 1 024）=20.2 MB/min

④ 视频的数据量：

例 7-4　视频图像分辨率为 1280 像素 × 720 像素（高清视频），每秒显示 30 幅画面（帧频 30fps，30 帧 / 秒），色彩深度为 24 位，存储 1 min 未经压缩的视频图像，需要的存储空间为：

$S_{视频}$ =（水平分辨率 × 垂直分辨率 × 色彩深度 × 帧频 × 采样时间）/（8 × 1 024 × 1 024）

　　　=（1 280 像素 × 720 像素 × 24 bit × 30 fps × 60 s）/（8 × 1 024 × 1 024）=4700 MB/min

由以上分析可知，除文本信息的数据量较小外，其他多媒体信息的数据量都非常大，因此，多媒体信息的数据编码和压缩技术非常重要。

（2）多媒体信息的数据冗余

多媒体信息中存在着大量的数据冗余，通常有以下几种情况：

① 空间冗余：在很多图像数据中，像素之间在行、列方向上都有很大的相关性，相邻像素的值比较接近，或者完全相同，这种数据冗余称为空间冗余。例如，一个图像中有一部分色块中的颜色是相同的（如墙壁），或者是比较接近的（如蓝天）。

② 时间冗余：在视频图像序列中，相邻两幅画面的数据有许多共同的地方，这种数据的共同性称为时间冗余，可采用运动补偿算法来去掉冗余信息。

例如，运动视频一般为一组连续的画面，其中的相邻画面往往包含了相同的背景和移动的物体，只不过移动物体所在的空间位置略有不同，所以后一帧画面的数据与前一帧的数据有许多共同的地方，这种共同性是由于相邻帧记录了相邻时刻的同一场景画面。同理，语音数据中也存在着时间冗余。

③ 视觉冗余：人类的视觉系统由于受生理特性的限制，对于图像的注意是非均匀的，人对细微的颜色差异感觉不明显。

例如，人类视觉的一般分辨能力为 26 个亮度等级，而一般的图像的量化采用 256 亮度等级；人眼辨别能力与物体周围的背景亮度成反比，在高亮度区域，灰度值的量化可粗糙一些；人眼的视觉系统能把图像的边缘和非边缘区域分开处理；人眼的视觉系统是把视网膜上的图像分解成若干个空间有向的视频通道后再进行处理，压缩编码时把图像分解成符合这一规律的频率通道，可获得较大的压缩比。

人类的听觉对某些信号的反映不太敏感，使得压缩后再还原时即使有些细微的变化，人们也感觉不出来。

④ 结构冗余：在有些图像的纹理区域，图像的像素值存在着明显的分布模式。例如，在一幅表现服装的图片中，服装的纹理在某些区域中，有着明显的结构冗余。

⑤ 知识冗余：有许多图像的理解与某些先验知识有相当大的相关性，这里的知识是指某个感兴趣领域中的事实、概念和关系，这类规律性的结构可由知识和背景知识得到，称此类冗余为知识冗余。例如，人脸的图像有固定结构，如眼睛下方是鼻子，鼻子下方是嘴，嘴和鼻子均位于脸的中线上等；一段表现激烈运动的视频，画面总是有一些模糊；一张表现日出的图片光线总是逐渐变化的。

可以由已有知识对图像中的物体构造基本模型，创建具有各种特征的图像库，压缩编码时，只需要保存图像的一些特征参数。模型压缩编码主要利用了物体的一些特征。

4. 多媒体信息压缩技术

多媒体信息存在的各种数据冗余，可以通过数据压缩来消除原始数据中的冗余性，将它们转换成较短的数据序列，达到使数据存储空间减少的目的。在保证压缩后信息质量的前提下，压缩比（压缩比 = 压缩前数据的长度 / 压缩后数据的长度）越高越好。

数据压缩有两类基本方法：无损压缩和有损压缩。

（1）无损压缩

无损压缩的基本原理是相同的信息只需要保存一次。例如，一幅蓝天白云的图像压缩时，首先会确定图像中哪些区域是相同的，哪些是不同的。蓝天中数据重复的图像就可以被压缩，只有蓝天的起始点和终止点需要记录下来。但是，蓝色可能还会有不同的深浅，天空有时也可能被树木、山峰或其他对象掩盖，这些部分的数据就需要另外记录。从本质上看，无损压缩的方法可以删除一些重复数据，大大减少图像的存储容量。

无损压缩的优点是可以完全恢复原始数据，而不引起任何数据失真。

根据目前的技术水平，无损压缩算法一般可以将文件的数据压缩到原来的 1/2 ～ 1/4 左右，而且无损压缩并不能减少数据的内存空间占用量，因为当从磁盘上读取压缩文件时，软件又会将丢失的数据用适当的数据填充进来。

（2）有损压缩

经过有损压缩的对象进行数据重构时，重构后的数据与原始数据不完全一致，是一种不可逆的压缩方式。例如，图像、视频、音频数据的压缩就可以采用有损压缩，因为其中包含的数据往往多于人们的视觉系统和听觉系统所能接收的信息，丢掉一些数据而不至于对声音或者图像所表达的意思产生误解，但可以大大提高压缩比。图像、视频、音频数据的压缩比可高达 10:1 ～ 50:1，可以大大减少在内存和磁盘中占用的空间。因此，多媒体信息编码技术主要侧重于有损压缩编码的研究。

总的来说，有损压缩就是对声音、图像、视频等信息，通过有意丢弃一些对视听效果相对不太重要的细节数据进行信息压缩，这种压缩方法一般不会严重影响视听质量。

（3）常用压缩方法类型

多媒体技术常用的压缩编码方法如图 7-1 所示。LZW、LZ77 编码属于字典模型的压缩算法，而 RLE、哈夫曼编码和算术编码都属于统计模型压缩算法。前者与原始数据的排列次序有关，而与其出现频率无关，后者则正好相反。这两类压缩方法的算法思想各有所长，相互补充。许多压缩软件结合了这两类算法，例如，WinRAR 就采用了字典编码和哈夫曼编码算法。

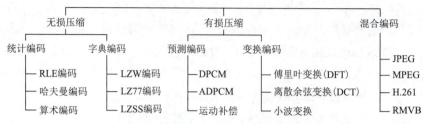

图 7-1　多媒体技术常用压缩编码方法

5．多媒体技术的应用

多媒体技术的应用领域十分广泛，已经进入的人们的日常生活和经济生活的各个领域，并且应用领域还在不断扩展，下面对一些主要领域进行简要介绍。

（1）商业领域

一些公司通过应用多媒体技术开拓市场、培训雇员，以降低生产成本，提高产品质量，增强市场竞争能力。

通过对多媒体信息的采集、监视、存储、传输，以及综合分析处理，可以做到信息处理综合化、智能化，从而提高工业生产和管理的自动化水平，实现管理的无人化。

（2）电子商务

电子商务是以开放的 Internet 为基础，在计算机系统支持下实现的商务活动，由于网络技术与多媒体技术相结合，使企业可以在虚拟的 Web 空间中展示自己的产品，顾客可以在这个虚拟的店铺中浏览各种商品的性能、品质，从而实现网上广告、网上购物、网上电子支付等活动。

（3）教育和培训

传统的由教师主讲的教学模式受到多媒体教学模式的极大冲击。因为后者能使教学内容更充实、教学方式更形象、教学效果更具有吸引力，从而提高学生的学习热情和学习效率。

以计算机、多媒体和计算机网络为基础建立的多媒体远程教育系统，使受教育者不受地理范围的限制，在家中或办公室就可以享受到一流学校优秀教师的现场教学。

（4）远程医疗

在医疗诊断中经常采用的实时动态视频扫描、声影处理等技术都是多媒体技术成功应用的例证。多媒体数据库技术从根本上解决了医疗影像的另一关键问题——影像存储管理问题。多媒体和网络技术的应用，使远程医疗从理想变成现实。利用电视会议与病人"面对面"地交谈，进行远程咨询和检查，从而进行远程会诊，甚至在远程专家指导下进行复杂的手术，并在医院与医院之间，甚至国与国之间建立医疗信息通道，实现信息共享。

（5）视听会议

在网上的每一个会场，都可以通过窗口建立共享的工作空间，通过这个空间，每一个与会者可以实现相互的远程会谈、共享远程的数据、图像、声音等信息，这种形式的会议可以节约大量的财力、物力，提高工作效率。

（6）文化娱乐

游戏、音乐、影视等用光盘存储的作品是多媒体技术中应用较广的领域。

显然，以上所有这些应用，都是多媒体技术与网络技术相互结合的产物。

7.2 多媒体处理技术

7.2.1 图形图像处理

1. 图像文件格式

对于图形图像，由于记录的内容不同，文件的格式也不相同。在计算机中，不同文件格式用不同文件扩展名标识。各种文件格式的设计都有一定的背景，有些是为了特定的显示适配器开发的，有些是为了某个特定目的开发的，每种文件格式都有各自的特点及适用范围。下面介绍几种常见的文件格式。

（1）PSD 文件

PSD（Photoshop Document）文件是图像处理软件 Photoshop 的专用格式，是唯一能支持全部图像色彩模式的格式。在 Photoshop 所支持的图像格式中，PSD 的存取速度比其他格式都快，功能也很强大，可以存储为 RGB 或 CMYK 模式，可以将图层、通道、遮罩等属性资料一并保存，以便下次打开文件时可以修改上一次的设计。但相对于其他格式的图像文件，以 PSD 格式保存的图像文件要占用更多的磁盘空间。

（2）BMP 文件

BMP（Bitmap）文件格式是一种标准的点阵图像文件格式，在 Windows 环境下运行的所有图像处理软件都支持这种格式。每个文件只能存放一幅图像，图像数据是否采用压缩方式存储取决于文件的大小与格式，即压缩处理成为图像文件的一个选项，用户可以根据需要进行选择。其中，BMP 图像文件默认采用非压缩格式，所以数据量比较大。

（3）GIF 文件

GIF（Graphics Interchange Format）译为图像交换格式，由 CompuServe 公司设计开发。其最初目的是为了方便网络用户传输图像数据而设计的。主要特点有：一个文件可以存放多幅图像，若选择适当的浏览器还可以播放 GIF 动画；另外，GIF 只支持 256 种颜色，文件压缩比较高，是网络上普遍使用的一种图像文件格式。

（4）JPEG 文件

JPEG（Joint Photographic Experts Group）图像格式的文件结构和编码方式比较复杂，其扩展名为 JPG。它采用有损压缩方式去除冗余的图像和彩色数据，能够获得极高压缩率的同时展现十分丰富、生动的图像，适于在 Internet 上传输图像。JPEG 文件格式具有以下特点：适用性广，大多数图像类型都可以进行 JPEG 编码；对于数字化照片和表达自然景物的图片，JPEG 编码方式具有非常好的处理效果；对于使用计算机绘制、具有明显边界的图形，JPEG 编码方式的处理效果不佳。

（5）TIFF 文件

TIFF（Tag Image File Format）文件缩写为 TIF，是由 Aldus 和 Microsoft 公司合作开发，目的是使扫描图像标准化。它是跨越 Macintosh 与 PC 平台最广泛的图像打印格式，适用于很多应用软件，如图像处理软件、图形设计软件、字处理软件和排版软件等。TIF 格式具有图形格式复杂、存储信息多的特点，常应用于印刷，TIFF 最大颜色深度为 32 bit，可以用 LZW 无损压缩方案来存储，大大减小了图像体积。TIF 格式分为压缩和非压缩两类，非压缩的 TIF 独立于软硬件环境。

（6）PNG 文件

PNG（Portable Network Graphics)是为了适应网络数据传输而设计的一种图像文件格式，一开始便结合了 GIF 和 JPG 两家之长，其目的是希望替代这两种图像文件格式，同时增加 GIF 文件格式所不具备的一些特性。其主要特点有：在绝大多数情况下，压缩比高于 GIF 文件（一般可以提高 5%～20%）；利用 Alpha 通道可以调节透明度；提供 48 位真彩色或者 16 位灰度图；一个 PNG 文件只能存放一幅图像。由于 PNG 是一种新颖的图像格式，所以目前并非所有程序都可以使用这一格式，但 Photoshop 可以处理 PNG 图像文件，也可以用 PNG 图像文件格式存储编辑后的图像。

（7）WMF 文件

WMF（Windows Metafile Format）文件是 Windows 中的一种常见图元文件格式，Microsoft Office 的剪贴画就是采用这一格式。它是微软公司在 Windows 平台下定义的一种图形文件格式。目前其他操作系统，如 UNIX、Linux 等，尚不支持这种格式。WMF 格式所占用的磁盘空间比其他任何格式的图形文件都小得多。

图像文件格式是如此之多，这里不再一一列举。随着多媒体技术的发展，会有越来越多的文件格式出现。

2. 图像处理软件 Photoshop CS6

1）Photoshop CS6 概述

Photoshop CS6 是一款由 Adobe 公司开发并不断推陈出新的功能强大的图像设计和处理软件，集图形创作、文字输出、效果合成、特技处理等诸多功能于一体，被形象地称为"图像处理超级魔术师"。

启动 Photoshop CS6 应用程序，出现图 7-2 所示操作界面。

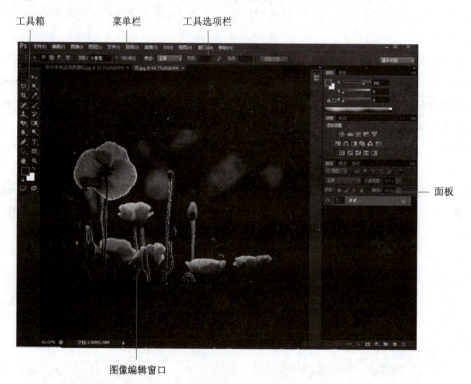

图 7-2　Photoshop CS6 操作界面

熟悉其操作界面、窗口、常用菜单及命令，是运用 Photoshop 处理图像的基础。主要区域介绍如下：

（1）菜单栏

菜单栏有主菜单、面板菜单等共 11 个菜单，每个菜单有各自相应的命令，Photoshop CS6 中的各种命令都可以在这里找到。

（2）工具箱

Photoshop CS6 工具箱包括了 Photoshop 的所有工具，能够执行数字图像的编辑、设计等操作。工具图标右下角有小三角按钮的，说明此工具有隐藏工具。鼠标按住小三角按钮不放，会弹出下拉列表显示隐藏的工具。单击工具箱的顶端可将工具箱调整为双栏显示。

（3）工具选项栏

工具选项栏专门用于设置工具箱中各种工具的参数，大多数工具的选项都显示在选项栏中，当某一工具被选取时,可以通过工具选项栏对该工具进行相应属性的设置。设置的参数不同,得到的图像效果也不同,如图 7-3～图 7-6 所示。

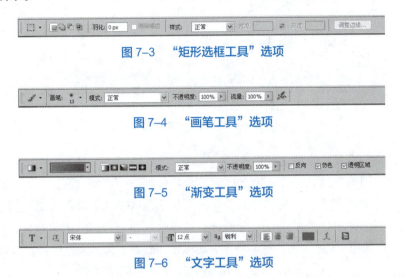

图 7-3 "矩形选框工具"选项

图 7-4 "画笔工具"选项

图 7-5 "渐变工具"选项

图 7-6 "文字工具"选项

(4)面板

Photoshop CS6 提供了各种不同类型的面板,利用各种面板能对当前编辑的对象、过程、状态、属性等的选项进行调整。例如,工具面板能够控制各种工具的参数设置,完成颜色选择、图像编辑等操作。面板的常用操作如下:

工具面板可以根据需要在"窗口"菜单中调用或关闭。

拖动面板标签,可以移动面板。如果拖移到的区域不是放置区域,该面板将在工作区中自由浮动。

双击面板选项卡,可将面板、面板组或面板堆叠、最小化或最大化。

移动一个面板到另一个面板的标签处并呈蓝色时,面板会成堆叠状态放置。

选择"窗口"→"工作区"→"基本功能(默认)"命令,可将面板恢复到默认状态。

(5)图像编辑窗口

图像编辑窗口是显示、编辑、处理图像的区域,每幅图像都有自己的图像窗口。在此可以打开多个窗口,同时进行操作。Photoshop CS6 文件是一种选项卡式"文档"窗口,就是多个文件都显示在选项卡中,这样在不同文件间切换将很方便,如图 7-7 所示。

图 7-7 "文档窗口"选项卡

也可根据需要在窗口菜单的排列方式中选择需要的文档显示方式。

(6)状态栏

状态栏用于显示当前打开图像的相关信息,提供当前操作的一些帮助信息。

2)基本编辑操作

(1)选择工具的使用

在处理图像过程中经常要将图中的某部分选取出来,并进行复制、拼接和剪裁等操作,在 Photoshop CS6 中常用的基本选取工具有矩形选框工具组、套索工具组及魔棒等。

① 矩形选框工具组。使用矩形选框工具组中的选择工具,可以创建矩形、椭圆和长度或高度为 1 像素的

行（列）的选区。配合使用【Shift】键可建立正方（圆）形选区（光标单击处为这个矩形选区的一个角点），配合使用【Alt】键可建立从中心扩展的选区（光标单击处为这个选区的中点）。

矩形选框工具的选项（见图7-8）：

图7-8 "选框工具"的选项

- 新选区：将选中一个新的、独立的选区。
- 添加到选区：当图像中已经存在一个选区时，会再叠加一个新的选区。
- 从选区减去：当图像中已经存在一个选区时，会从原选区中减去新创建的选区。
- 与选区交叉：当图像中已经存在一个选区时，和原选区相交叉部分形成选区。

② 套索工具组。如果所选取的图像边缘不规则，可以使用套索工具、多边形套索工具和磁性套索工具绘出需要选择的区域。

③ 魔棒。魔棒工具是一个非常神奇的选取工具，利用它可以一次性选择相近颜色区域。当使用魔棒工具单击图像中的某个点时，附近与其颜色相似的区域便自动进入选区。由于其操作方法简单有效，在选择背景色等情况下经常使用。

魔棒工具的选项（见图7-9）：

图7-9 "魔棒工具"的选项

- 容差：用来确定选定像素色彩的差异。范围介于0～255之间。数值较低时，选择值精确，选择范围较小；数值越高，选择宽容度越大，选择的范围也更广。
- 消除锯齿：创建较平滑边缘选区。
- 连续：选中"连续"复选框时，只形成相近颜色的连续闭合回路。否则，整个图像中相近颜色的所有像素一起被选择。
- 对所有图层取样：选择所有可见图层中相近的颜色，否则，魔棒工具将只从当前图层中选择相近颜色创建选区。

④ 选区调整。选区形成后，可根据需要对选区进行移动、扩大、缩小、羽化、反选、存储、取消等各种操作。

- 移动：在任何选区工具（新选区）状态下，将鼠标指针放在选区内拖动，则可以移动选区。
- 扩大、缩小：选择"选择"→"修改"命令下的各子命令可对已存在选区进行各种修改及羽化：羽化选区能够实现选区的边缘模糊效果。羽化半径越大，效果越明显，反之越小。
- 反选：选择"选择"→"反向"命令，使当前选中部分成为不选中，而当前没有选中的部分变为选中。
- 取消选择：当选区创建完后，Photoshop的所有操作都将在选区内进行，因此，当完成选区内编辑时应该及时取消已存在的选区。选择"选择"→"取消选择"命令或右击选区，在弹出的快捷菜单中选择"取消选择"命令，或按【Ctrl+D】组合键均可取消当前的选区。

（2）图像的编辑修改

图层是Photoshop中一个非常重要的工具，图层之间的关系可以理解为一张张相互叠加的透明纸，可根据需要在这张"纸"上添加、删除构成要素或对其中的某一层进行编辑而不影响其他图层。通过控制各个图层的透明度以及图层色彩混合模式能够制作出丰富多彩的图像特效。图层的应用可以通过"图层"菜单或图层面板来实现。下面通过实例介绍图像的基本编辑方法和图层面板中的常用操作。

例7-5 使用"剪裁"工具剪切照片，使用"添加图层样式"按钮添加图片的描边效果，最终效果如图7-22所示。操作步骤如下：

① 按【Ctrl+O】组合键，打开"素材"→"修复倾斜照片 |01、02"文件，效果如图7-10和图7-11所示。双击01素材的"背景"图层，打开"新建图层"对话框，如图7-12所示，单击"确定"按钮，将"背景"图层解锁，效果如图7-13所示。

图7-10 原始倾斜图片

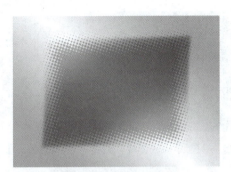
图7-11 装饰图片

图7-12 "新建图层"对话框　　　　　　图7-13 解锁"背景"图层

② 按【Ctrl+T】组合键，图像周围出现变换框，在变换框外拖动鼠标指针，旋转图像到适当的角度，如图7-14所示。按【Enter】键确定操作，选择"剪裁"工具，在图像窗口中适当的位置拖动一个剪裁区域，如图7-15所示。按【Enter】键确定操作，图像效果如图7-16所示。

图7-14 旋转景物

图7-15 选择剪裁区域

图7-16 剪裁后图片

③ 选择"移动"工具，拖动 01 素材到 02 素材的图像窗口中，在"图层"控制面板中生成新的图层并将其命名为"景物图片"，如图 7-17 所示。按【Ctrl+T】组合键，图像周围出现控制手柄，拖动控制手柄调整图像的大小，按【Enter】键确定操作，效果如图 7-18 所示。

图 7-17　"景物图片"图层

图 7-18　组合图层

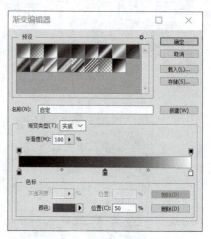

图 7-19　"渐变编辑器"对话框

④ 单击图层下方的"添加图层样式"按钮，在弹出的菜单中选择"描边"命令，打开"图层样式"对话框，在"填充类型"选项下拉列表中选择"渐变"选项，单击"渐变"选项右侧的"点按可编辑渐变"按钮，打开"渐变编辑器"对话框，在位置 0、50、100 几个位置点，双击色标位置分别设置几个位置点颜色的 RGB 值为 0（255、255、255）、50（192、0、0）、100（255、255、255），如图 7-19 所示，单击"确定"按钮，回到"图层样式"对话框，其他选项的设置如图 7-20 所示，单击"确定"按钮，效果如图 7-21 所示。

⑤ 按【Ctrl+O】组合键，打开"素材"→"修复倾斜照片"→"03"文件，选择"移动"工具，再拖动 03 图片到图像窗口中的适当位置，效果如图 7-22 所示，在"图层"控制面板中生成新的图层并将其命名为"装饰图形"。修复倾斜照片制作完成。

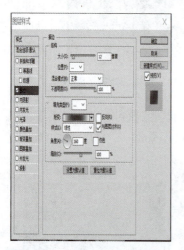

图 7-20　"图层样式"对话框

图 7-21　描边成功

图 7-22　修复成功

⑥ 将作品存储为"修复倾斜照片.jpg"。选择"文件"→"存储为"命令，在打开的"存储为"对话框中，选择格式为 JPEG（见图 7-23），并输入必要的信息（存储位置）后单击"保存"按钮。

第 7 章 多媒体技术与应用

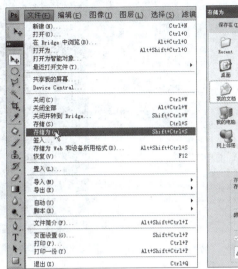

图 7-23　保存文件、选择文件格式

例 7-6　使用"剪裁"工具剪裁照片；使用魔法棒工具绘制人物轮廓；使用"曲线"命令调整背景的色调，最终制作证件照片。操作步骤如下：

① 按【Ctrl+O】组合键，打开"素材 | 制作证件照片 | 01"文件，效果如图 7-24 所示。

② 选择"剪裁"工具，在属性栏中将"宽度"选项设为 1 英寸，"高度"选项设为 1.5 英寸，设置分辨率为 300 像素 / 英寸，在窗口中绘制裁切框，如图 7-25 所示。按【Enter】键确定，效果如图 7-26 所示。

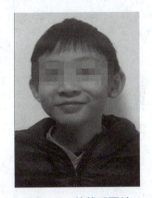

图 7-24　人物图片　　　　图 7-25　绘制剪裁区域　　　　图 7-26　剪裁后图片

③ 选择"魔棒"工具，在属性栏中将"容差"选项设为 2，在图像窗口中的白色区域单击生成选区，效果如图 7-27 所示。按【Ctrl+Shift+I】组合键，将选区反选，如图 7-28 所示。

④ 选择"选择"→"调整边缘"命令，在打开的对话框中进行设置，在"视图模式"中将试图设为黑底，在"边缘检测"中拖动"半径"进度调整边缘大小、在"调整边缘"中拖动"平滑"进度调整锯齿状边缘，拖动"羽化"进度柔化选区边缘，拖动"对比度"进度增加选区边缘的对比度，拖动"移动边缘"进度收缩或扩大选区边缘，如图 7-29 所示。按【Ctrl+J】组合键，复制选区中的内容，在"图层"控制面板中生成新的图层并将其命名为"抠出人物"。

⑤ 将前景色设为红色（其 R、G、B 值分别为 192、0、0），新建图层并将其命名为"背景"，将"背景"图层拖动到"抠出人物"图层的下方，按【Alt+Delete】组合键，用前景色填充"背景"图层，效果如图 7-30 所示。制作证件照片完成。

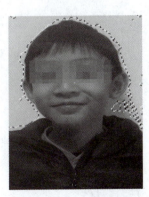

图 7-27　生成选区

· 193 ·

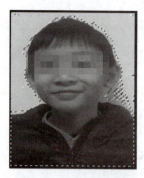 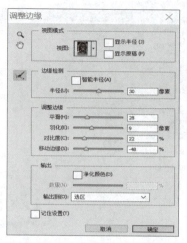 

图 7-28　选区反选　　　　图 7-29　"调整边缘"对话框　　　　图 7-30　红色背景证件照片

7.2.2　音频处理

1. 常用声音文件格式

（1）WAV 格式

WAV 格式是 Windows 数字音频的标准格式，也是广为流行的一种声音格式。几乎所有的音频编辑软件都支持 WAV 格式，其文件扩展名为 ".wav"。

由于 WAV 格式一般存放的是未经压缩处理的音频数据，所以其缺点是产生的文件太大，不适合用于长时间声音的记录，更不适合在网络上传播。

（2）MP3 文件

MP3 是 MPEG layer3 的缩写，它是目前很流行的音频文件的压缩（有损）标准。MP3 文件的扩展名为 ".MP3"。

相同长度的音乐文件，用 MP3 格式存储，一般只需要 WAV 文件的 1/10 存储量，但由于是有损压缩，所以其音质次于 CD 格式。

（3）MIDI 格式

MIDI 是乐器数字化接口的缩写，MIDI 文件的内容只是能使合成音乐芯片演奏乐曲的代码，其文件扩展名为 ".mid"。

MIDI 格式的优点是文件存储量很小，缺点是播放时需要声卡的支持，所以 MIDI 音乐重放时，其音色效果也随声卡的不同而不同。

（4）CD 格式

CD 格式是当今世界上音质最好的数码音频格式之一。标准 CD 格式采样频率为 44.1 kHz，量化位数为 16 位，双声道。CD 音轨近似无损，声音忠于原声，是音乐欣赏的首选音频格式。

CD 文件的扩展名为 ".cda"，实际上，该文件只是一个索引文件，并未包含声音信息，因而不管 CD 音乐长短如何，".cda" 文件的长度都固定为 44 B。因此，不能直接复制 ".cda" 文件到硬盘上进行播放，而是需要使用音频转换软件把 CD 格式的文件转换成 WAV 后才能播放。

（5）RealAudio 格式

RealAudio 主要适用于网络在线音乐欣赏，Real 文件的格式主要有 RA、RM 和 RMX 等，它们分别代表不同的音质。其特点是可自适应网络带宽，选择不同的音质格式，从而保证在听到流畅声音的前提下，获得较好的音质效果。

（6）WMA 文件

WMA（Windows Media Audio）格式是微软公司开发的，Windows 操作系统中默认的音频编码格式。WMA 的音质强于 MP3，更胜于 RA，在录制时，其音质可调，好时可与 CD 媲美，同时，其压缩率也高于 MP3，一般可达 1∶18 左右，支持音频流技术，可用于网络广播。WMA 格式的声音文件扩展名为".wma"。

WMA 的另一个优点是提供内置的版权保护技术，可以限制播放时间、播放次数、播放的机器等，这给音乐公司的防盗版提供了一个重要的技术支持。

2. GoldWave 的应用

GoldWave 是一个集声音编辑、播放、录制和转换的音频工具，用户界面直观，操作简便，可打开的音频文件相当多，包括 WAV、AVI、MOV、VOC、IFF、AIF、MP3、VOX 等音频文件格式。GoldWave 允许使用很多种声音效果，如倒转、回音、边缘和时间限制等，还可以帮助修复声音文件。

GoldWave 是标准的绿色软件，不需要安装且体积小巧，将压缩包的几个文件释放到硬盘下的任意目录里，直接单击 GoldWave.exe 就开始运行。打开 GoldWave 5.5，主界面如图 7-31 所示。

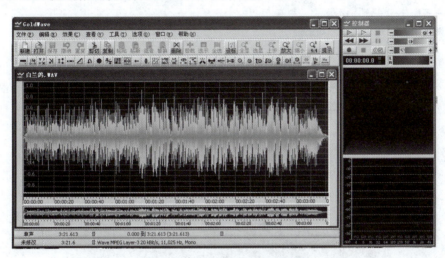

图 7-31　GoldWave 的主界面

整个主界面从上到下被分为三大部分，最上面是菜单命令和快捷工具栏，中间是波形显示，下面是文件属性。默认情况下控制器窗口会一起打开。

1）声音文件的采集

声音的采集，通俗地说就是录音。首先，明确要录入何种音源，多种音源包括：传声器、录音机、CD 播放机等。将这些设备与声卡连接好。

① 选择"文件"→"新建"命令，打开"新建声音"对话框，如图 7-32 所示。选择适当的声道数、采样速率、设置初始化长度。如果不知如何选择，可以分别使用 44 100 Hz、立体声。初始化长度就是要录多长的时间，设置好后，单击"确定"按钮。

② 单击控制器窗口中的红色录音按钮，开始录音。可看到一条垂直线从左向右移动，指示录音进程。

③ 要结束录音，单击"停止"按钮，窗口中将出现刚录制文件的波形图。要聆听录音效果，可以单击绿色播放按钮。

黄色和绿色的两个播放按钮，功能可以自行设置。单击工具栏中的 按钮，或选择"选项"→"控制器属性"命令，打开"控制属性"对话框（见图 7-33），可以设置播放选项和循环播放的次数。

④ 选择"文件"→"保存"命令，指定路径、文件名和格式，保存文件。

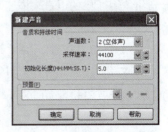

图 7-32　"新建声音"对话框图

⑤ 录制的声音文件肯定会有一些噪声存在，如录音时外界环境中的声音，传声器、声卡等硬件产生的噪声等，GoldWave 软件能将噪声大幅度减小。选择"效果"→"滤波器"→"降噪"命令，打开"降噪"对话框，如图 7-34 所示。用户可以根据实际需要设置参数。

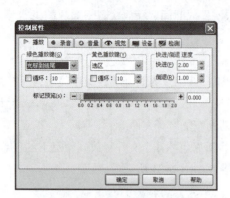

图 7-33 "控制属性"对话框

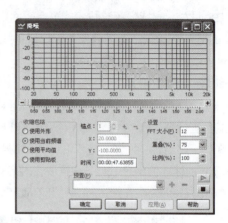

图 7-34 "降噪"对话框

2）后期编辑

不管是打开一个已有的音频文件，还是录制一个新的音频文件，通常都需要进行编辑和制作，这些制作统称为"后期制作"。音频文件的后期制作，其实是个很复杂的过程，很多部分需要一些专业的基础，这里只介绍一些简单、基本的操作。

（1）音频文件的选择

选择开始位置，右击指定结束位置，在弹出的快捷菜单中选择"设置结束标记"命令。如图 7-35 所示，选中了一段波形，可以看到被选中的波形以蓝底色显示，未选中的波形以黑底色显示。

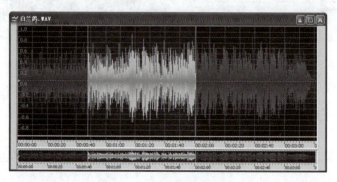

图 7-35 选中的音频文件

（2）删除和剪裁

这个操作用于去掉文件中不想要的部分，删除波形是直接把选中的一段波形删除，而不保留在剪贴板中。而剪裁波形和删除波形类似，不同之处是，删除波形段是把选中的波形删除，而裁剪波形段是把未选中的波形删除。用通俗的语言来描述，删除可以称为"删除选定"，剪裁则是"删除未选定"，剪裁后自动将剩余的波形放大显示。

（3）剪切、复制、粘贴、粘新和混音

与 Windows 操作一样，剪切和复制都是把波形段保留到剪贴板上，但复制是保留当前波形，复制到其他新位置，而剪切会将当前文件删除，相当于"移动一段波形到新位置"。

需要注意的是，粘贴在这里有四种不同的方式："粘贴""粘新""混音""替换"。

① 粘贴：将复制或剪切的部分波形，由选定插入点插入，等于加入一段波形，文件总长度改变。

② 粘新：将复制或剪切的部分波形，粘贴到一个新文件中，等于保存到一个新文件中，将打开一个新的文件窗口。

③ 混音：将复制或剪切的部分波形，与由插入点开始的相同长度波形混音。

④ 替换：用复制或剪切的部分波形，替换由插入点开始的相同长度的波形。

3）时间标尺和显示缩放

在波形显示区域的下方有一个指示音频文件时间长度的标尺，以秒为单位，提供了准确的时间量化参数，这对掌握音频处理时间、音频编辑长短有很大的帮助，可以根据这个时间长短来计划进行各种音频处理。

有的音频文件太长，一个屏幕不能显示完毕，可以改变显示的比例。选择"查看"→"放大"或"缩小"命令就可以完成，更方便的是用工具栏中的按钮或按【Shift+↑】组合键放大和按【Shift+↓】组合键缩小。如果想更详细地观测波形振幅的变化，可以加大纵向的显示比例，方法同横向一样。选择"查看"菜单下的"垂直放大"或"垂直缩小"命令，或按【Ctrl+↑】、【Ctrl+↓】组合键即可，这时会出现纵向滚动条，拖动滚动条就可以进行细致的观测。

4）回声效果

回声在很多影视剪辑、配音中广泛采用，操作步骤很简单。

① 把要制作成回声的部分设置为编辑区域。

② 选择"效果"→"回声"命令，或单击回声按钮，打开"回声"对话框，如图7-36所示。

③ 移动"回声"滑块，设置叠加波形的数量，通常取2~4，回声反复的次数越多，效果就越明显。设置延迟时间，延迟时间值越长，声音持续时间越长，而音量控制的是返回声音的音量大小，这个值不宜过大，否则回声效果就显得不真实。选中立体声和产生尾声两项之后，能够使声音听上去更润泽、更具空间感，所以建议一般都将它选中。

5）均衡器

均衡器能够合理改善音频文件的频率结构，调整低音、中音、高音各频段，达到理想的声音效果。

① 选择要编辑的区域。

② 选择"效果"→"滤波器"→"均衡器"命令，或单击均衡器按钮，打开"均衡器"对话框，如图7-37所示。

③ 直接拖动代表不同频段的滑块标识到一个指定的大小位置。每段声音素材的实际情况不同，要根据具体情况调整。

④ 调整完毕，单击"确定"按钮。

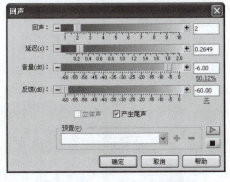

图7-36 "回声"对话框

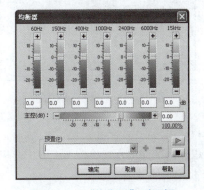

图7-37 "均衡器"对话框

6）声道编辑

如果是立体声的音乐，GoldWave会分别显示两个声道的波形，绿色部分代表左声道，红色部分代表右声道。

（1）声道分离

打开一个双声道的文件，提取它的右声道作为背景音乐。选择"编辑"→"声道"→"右声道"命令，这时看到右声道是明亮色音频，左声道是暗色的。然后选择"文件"→"另存为"命令，将文件存为wav格式，音质选为单声道文件。单击"保存"按钮，文件就被保存成单声道文件。

（2）语音和音乐的合成

首先将语音旁白录制好，并选好伴奏音乐文件。选择"文件"→"新建"命令，新建一个双声道立体声文件，选择左声道，把复制的伴奏音乐粘贴到左声道，用同样的方法将录制的声音复制、粘贴到右声道。最后将新建的这个声音保存为双声道文件就即可。

（3）制作声音左右飘移效果

声音在左右声道间反复出现，就产生了声音的飘移不定，步骤如下：

① 选定编辑区域。选择"效果"→"立体声"→"声像"命令，或单击声像按钮，打开"声像"对话框，图中上半部分是左声道，下半部分是右声道。

② 用鼠标拖动直线移动，使线段从左声道的最大值到右声道的最大值，再恢复到中间的平衡点（见图7-38），便达到了声音从左向右漂移的效果。

7）混响效果

如果自己录制的卡拉OK感觉声音干巴巴的不够理想，可以利用混响效果来润色，能够使声音听上去更润泽，更具空间感。

① 选择要编辑的区域。

② 选择"效果"→"混响"命令，或单击"混响"按钮，打开"混响"对话框，如图7-39所示。

③ 调整"混响时间"滑块，确定混响时间，混响时间越长，空旷效果越明显。调整"音量"滑块，改变返回声音的音量大小，这个值不宜过大，否则回声效果就显得不真实。调整"延迟深度"滑块，改变延迟时间。

④ 调整完毕，单击"确定"按钮。

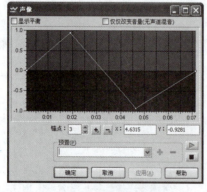

图7-38 "声像"对话框

图7-39 "混响"对话框

8）镶边效果

使用镶边效果能在原来音色的基础上给原声再加上一道独特的效果，使其听上去更有趣、更具变化性。

① 选择要编辑的区域。

② 选择"效果"→"镶边器"命令，或单击"镶边器"按钮，打开"镶边器"对话框，如图7-40所示。

③ 镶边的效果主要依靠"可变延迟"和"频率"两项参数决定，试着改变它们各自的不同取值就可以得到意想不到的奇特效果。如果想要加强作用后的效果比例，则将混合音量增大就可以了。

④ 调整完毕，单击"确定"按钮。

9）CD 抓轨

如果要编辑的文件在 CD 盘上，可以选择"工具"→"CD 读取器"命令，打开"CD 读取器"对话框，如图 7-41 所示。选择 CD 驱动器后，选中所需曲目，并单击"播放"按钮，确认无误后，单击"保存"按钮，在弹出的对话框中设置路径、类型和音质，就可以另存为需要的音频文件。

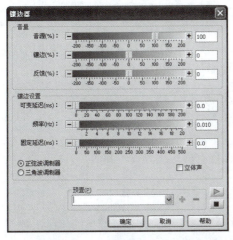
图 7-40 "镶边器"对话框

图 7-41 "CD 读取器"对话框

10）批量格式转换

GoldWave 中的批量格式转换也是一个十分有用的功能，它能同时打开多个所支持格式的文件并转换为其他各种音频格式，运行速度快，转化效果好。

① 选择"文件"→"批处理"命令，打开如图 7-42 所示的"批处理"对话框。

② 单击"添加文件"或"添加文件夹"按钮，添加要转换的多个文件或文件夹。

③ 选中"转换文件格式为"复选框，并选择转换后的格式和音质，然后单击"开始"按钮。

④ 在窗口中会看到整体进度情况，然后就可以在刚才设置的路径下找到这些新生成的音频格式文件。

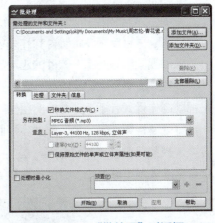
图 7-42 "批处理"对话框

7.2.3 视频处理

1. 常用视频文件格式

数字视频文件的格式一般取决于视频的压缩标准，一般分成影像格式和流格式两大类。目前，常用的视频文件具体格式主要有 AVI、MPEG、MOV、RM/RMVB、ASF 等。

（1）AVI 格式

AVI（Audio Video Interleaved）格式是一种支持音频/视频交叉存取机制的格式，即是使音频和视频交织在一起同步播放。

AVI 格式由微软公司开发，是 Windows 系统中通用的视频格式，AVI 视频文件可方便地通过 Windows Media Player 播放器进行播放。

AVI 格式的优点是兼容性好、调用方便、图像质量好，对计算机设备要求不高。AVI 格式的缺点是视频文件较大，它是的一种符合 RIFF 文件规范的数字音频与视频文件格式。

（2）MPEG 格式

MPEG（Moving Picture Experts Group）格式是国际通用的有损压缩标准，现已被所有计算机平台共同支持。MPEG 视频文件，可用诸如 Windows Media Player、暴风影音等很多视频播放器软件播放。

MPEG 标准包括 MPEG 视频、MPEG 音频和 MPEG 系统（音、视频同步）三部分。MPEG 格式的视频相对于 AVI 文件而言，有较高的影片质量和更高的压缩率。

（3）ASF 格式

ASF（Advanced Streaming Format）格式是高级流格式，由微软公司推出，使用 MPEG-4 版本的压缩算法。ASF 格式的压缩率和图像质量都很不错，是一个在 Internet 上实时传播多媒体信息的技术标准。

（4）MOV 格式

MOV（Movie Digital Video Technology）格式是苹果公司开发的一种音频、视频文件格式，使用 Quick Time Player 播放器播放。

MOV 格式具有较高的压缩比和较为完美的视频清晰度，采用有损压缩方式，画面效果较 AVI 格式稍好，目前已成为数字媒体软件技术领域事实上的工业标准。

（5）RM 格式和 RMVB 格式

RM（Real Media）格式是一种流式视频格式，RMVB 格式是由 RM 格式升级延伸出的新视频格式。RMVB 格式比 RM 格式有着更好的压缩算法，能实现较高压缩率和更好的运动图像的画面质量。这两种格式的视频文件可以使用 RealOne Player 2.0 播放器播放。

（6）WMV 格式

WMV（Windows Media Video）格式是微软公司开发的可以直接在网上实时观看视频节目的流式视频数据压缩格式，可直接用 Windows 操作系统自带的 Windows Media Player 软件播放。

2．"视频编辑专家"软件的应用

"视频编辑专家"软件是一款专业的视频编辑软件，有编辑转换、视频分割、字幕制作等一些实用功能，是视频制作爱好者不可多得的实用性软件。

打开"视频编辑专家"软件，界面如图 7-43 所示。主要分为编辑工具和其他工具，编辑工具中有编辑与转换、视频分割、字幕制作等一些实用功能。其他工具中有音频工具、刻录工具等实用工具，用户可以根据自身需求联网下载使用，界面如图 7-44 所示。

图 7-43　视频编辑专家主界面

"视频编辑专家"几乎支持 AVI、MPEG、MP4、WMV、3GP、H.264/MPEG-4 AVC、H.264/PSP AVC、MOV、ASF 等所有主流视频格式，可以让用户随心所欲地对视频进行个性化编辑，炮制自己的专属视频。

（1）视频合并

无论是相同还是不相同的音频视频格式文件，使用视频编辑专家都可以轻松地进行合并。

单击"编辑工具"界面中的"视频合并"按钮，打开视频合并界面，如图 7-45 所示。单击"添加"按钮，添加要合并的视频，还可以对要合并的视频大小和长短进行编辑，单击"裁剪"和"截取"按钮，然后单击"下一步"按钮选择输出目录和输出视频的格式参数后，单击"下一步"按钮进入视频合并进度界面，视频合并完成后会通知"视频合并成功"，合并成功的视频存放在设置的输出目录里，关闭"视频合并"界面即可回到主界面。

图 7-44 "视频编辑专家"中的"其他工具"界面

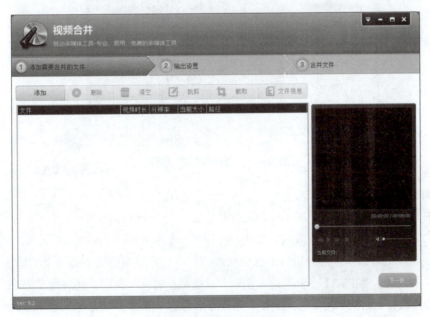

图 7-45 "视频合并"界面

（2）视频分割

视频编辑专家可以把任意视频随意剪切，视频片段或多或少、或大或小。

单击"编辑工具"界中的"视频分割"按钮，会自动切换到视频分割编辑界面，如图7-46所示。单击左上角的"添加文件"按钮，在打开的对话框中选择所需的视频文件，打开后在界面的底下有一个"输出目录"的选项，设置视频存放的位置。单击"下一步"进入到视频"分割设置"界面（见图7-47），选"手动分割"就可以随意分割。在播放条上有一个时间分割点图标，可以随意将此图标移到视频想要的开始点，再单击设置当前时间点为分割点按钮，这样就设置好第一个分割点，同样的方法可以设置好第二个、第三个分割点，想将视频分割成几部分就设置几个点。单击"下一步"按钮进入视频分割进度界面，视频分割完成后会通知"视频分割成功"，分割成功的所有视频存放在设置的输出目录里，关闭视频截取界面即可回到主界面。

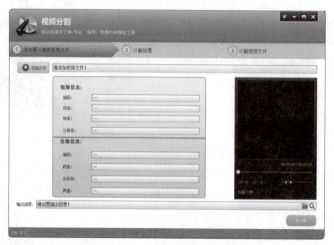

图7-46 "视频分割"界面

图7-47 "分割设置"界面

（3）视频截取

通过"视频编辑专家"软件可以把某个视频文件单独截取出一段加以保存。

单击"编辑工具"中的"视频文件截取"按钮。打开视频截取界面，如图7-48所示。单击左上角的"添加文件"按钮，在打开的对话框中选择所需的视频文件，打开后在界面的底下有一个"输出目录"选项，设置操作后视频存放的位置。单击"下一步"进入视频"设置截止时间"界面，通过拖动调整开始和结束的时间点。也可以直接修改开始时间和结束时间的值，修改好后单击"下一步"按钮，视频截取完成后会通知"视频截取成功"，截取成功的视频存放在设置的输出目录里，关闭视频截取界面即可回到主界面。

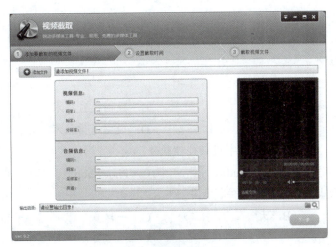

图 7-48 "视频截取"界面

（4）添加字幕

字幕的添加看似没有视频画面的效果，但对于视频内容的传播，有着更直接的表达作用。

单击"编辑工具"界面中的"字幕制作"按钮，出现字幕制作界面，如图 7-49 所示。单击"添加视频"按钮，选择一个需要加字幕的视频文件，视频添加完成后，单击"新增行"，设置开始时间和结束时间，并在下面的文本框中输入字幕内容。如果想更换默认字体，可单击右边的"设置字体"按钮，打开字体设置窗口；如果想改变本条字幕在视频画面中显示的位置，可选中视频下方"自定义位置"复选框，可以调节水平位置和垂直位置滑条，使本条字幕位置符合要求；一条字幕有时不够，需要再添加字幕，再单击"新增行"重复上面的动作，一切设置完成，单击"下一步"按钮，对设置好合成字幕后的视频进行命名并保存，最后单击"下一步"按钮，就开始合成。字幕合成完成后会通知"制作成功"，添加过字幕的视频存放在设置的输出目录里，关闭制作字幕界面即可回到主界面。

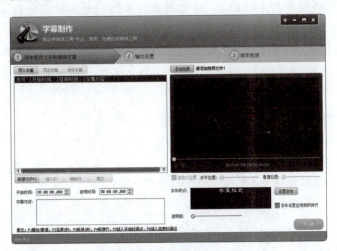

图 7-49 "字幕制作"界面

思考与练习

一、选择题

1. 多媒体计算机系统的两大组成部分是（　　）。

　　A. 多媒体功能卡和多媒体主机

B. 多媒体通信软件和多媒体开发工具

C. 多媒体输入设备和多媒体输出设备

D. 多媒体计算机硬件系统和多媒体计算机软件系统

2. 属于多媒体信息处理关键技术的是（　　）。

   A. 数据压缩和编码技术　　　　　　B. 数据校验技术

   C. 数据交换技术　　　　　　　　　D. 数据通信技术

3. 以下软件中，（　　）是专业化数字视频处理软件。

   A. Visual C++　　B. 3D Studio　　C. Photoshop　　D. Adobe Premiere

4. 矢量图形的文件大小一般比位图文件的大小（　　）。

   A. 小　　B. 大　　C. 一样多　　D. 不确定

5. JPEG 是一种（　　）。

   A. 可缩放的动态图像压缩方式　　　　B. 不可选择压缩比例的有损压缩方式

   C. 不可逆压缩编码方式　　　　　　　D. 不支持真彩色色彩压缩方式

6. Photoshop 中的标准文件格式为（　　）。

   A. GIF　　B. BMP　　C. JPG　　D. PSD

7. Photoshop 中不属于套索工具的是（　　）。

   A. 多边形套索工具　　　　　　　　B. 磁性套索工具

   C. 曲线套索工具　　　　　　　　　D. 魔术棒套索工具

8. 声音的采样是按一定的时间间隔采集时间点的声波幅度值，单位时间内的采样次数称为（　　）。

   A. 采样密度　　B. 采样分辨率　　C. 采样位数　　D. 采样频率

9. 在网页中最常用的两种图像格式是（　　）。

   A. GIF 和 BMP　　B. JPEG 和 PSD　　C. JPEG 和 GIF　　D. BMP 和 PSD

10. 立体声双声道采样频率为 44.1 kHz，量化位数为 8 位，一分钟这样的音乐所需要的存储量可按（　　）计算。

   A. $44.1 \times 1000 \times 16 \times 2 \times 60/16$ B　　　B. $44.1 \times 1000 \times 8 \times 2 \times 60/16$ B

   C. $44.1 \times 1000 \times 16 \times 2 \times 60/8$ B　　　D. $44.1 \times 1000 \times 8 \times 2 \times 60/8$ B

二、思考题

1. 什么是多媒体？什么是多媒体计算机？
2. 多媒体信息有哪些数据冗余现象？
3. 常用的多媒体信息处理工具软件有哪些？
4. 50 万字的文件，如果只保存文本数据，存储容量有多大？
5. 哪些文件格式更适合于网上传输？

第 8 章
软件技术基础

计算机软件在现代社会经济生活中占有极其重要的地位,在各个领域中发挥着越来越重要的作用。软件技术的侧重点在于开发和技术的实际应用,在庞大的就业市场具有广阔的就业前景。本章主要介绍程序设计语言及开发过程、算法与数据结构的基本思想、软件工程的基本概念,以及软件开发与测试的方法等内容。

> **学习目标:**
> 通过对本章内容的学习,学生应该能够做到:
> ① 了解:程序设计语言、程序设计一般过程、软件开发及测试方法。
> ② 理解:算法与数据结构的基本思想,线性表、栈、队列及二叉树的基本操作。
> ③ 应用:掌握常用查找、排序的方法。

8.1 程序设计概述

语言是进行思想交流和信息传达的工具。人类在长期的历史发展过程中,为了交流思想、表达感情和交换信息,逐步形成了自然语言。另外,人们为了某种需要,创造出种种不同的语言,这类语言通常称为人工语言。专门用于人与计算机之间交流信息的各种人工语言称为程序设计语言。

程序是为实现特定目标或解决特定问题而用计算机语言编写的命令序列集合。程序设计就是使用某种程序设计语言编写程序代码来驱动计算机完成特定功能的过程。

8.1.1 程序设计语言分类

根据程序设计语言发展的历程,可将程序设计语言分为四类。

1. 机器语言

机器语言是用二进制代码表示的计算机能直接识别和执行的一种机器指令的集合。它是计算机的设计者通过计算机的硬件结构赋予计算机的操作功能。机器语言具有灵活、直接执行和速度快等特点。编程人员需要熟记所用计算机的全部指令代码的含义,因此机器语言具有难记忆、难编程、易出错等缺点。

2. 汇编语言

为了解决机器语言的缺点,人们采用与代码指令实际含义相近的英文缩写词、字母和数字等符号来取代指令代码,于是产生了汇编语言。汇编语言指令是机器指令的符号化,与机器指令存在着直接的对应关系,所以汇编语言同样存在着难学难用、容易出错、维护困难等缺点。但是汇编语言也有自己的优点：可直接访问系统接口，汇编程序翻译成的机器语言程序的效率高。从软件工程角度来看，只有在高级语言不能满足设计要求，或不具备支持某种特定功能的技术性能（如特殊的输入输出）时，汇编语言才被使用。

3. 高级语言

高级语言是面向用户的、基本上独立于计算机种类和结构的语言。其最大的优点如下：

形式上接近于算术语言和自然语言，概念上接近于人们通常使用的概念。高级语言的一个命令可以代替几条、几十条甚至几百条汇编语言的指令，因此，高级语言易学易用，通用性强，应用广泛。例如，C、C++、Java、C# 等。

4. 4GL

4GL 即第四代语言(Fourth-Generation Language)，是按计算机科学理论指导设计出来的结构化语言，如 ADA、MODULA-2、SMALLTALK-80 等。4GL 的代表性软件系统有 PowerBuilder、Delphi 和 INFORMIX-4GL 等。

8.1.2 程序设计语言的选择

在设计程序时，选择合适的语言非常重要，合适的程序设计语言能够减少代码编写的工作量，产生易读性、易测试、易维护的代码。通常要考虑的因素有应用领域、软件开发的方法、软件执行的环境、算法和数据结构的复杂性，以及软件开发人员的知识等。

1. 应用领域

应用领域是选择程序设计语言的首要标准。比如科学工程计算，可供选用的语言有 FORTRAN 语言、C 语言等；数据库领域常采用 SQL、4GL 语言；实时处理领域常采用汇编语言、Ada 语言等；编写系统软件时可选用汇编语言、C 语言、Pascal 语言和 Ada 语言；人工智能领域采用 Prolog、Lisp 语言等。

2. 软件开发方法及环境

有时编程语言的选择依赖于开发的方法，如果要用快速原型模型来开发，要求能快速实现原型，因此宜采用 4GL。如果是面向对象方法，宜采用面向对象的语言编程。良好的编程环境不但能有效提高软件生产率，同时能减少错误，有效提高软件质量。

3. 算法和数据结构的复杂性

科学计算、实时处理和人工智能领域中的问题算法较复杂，而数据处理、数据库应用、系统软件领域的问题，数据结构比较复杂，因此选择语言时可考虑是否有完成复杂算法的能力，或者有构造复杂数据结构的能力。

4. 软件开发人员的知识

编写语言的选择与软件开发人员的知识水平及心理因素有关，开发人员应仔细地分析软件项目的类型，敢于学习新知识，掌握新技术。

8.1.3 程序设计的基本过程

当用户使用计算机来完成某项特定任务时，一种方式是使用已有的软件来完成，如文字处理软件；另一种方式是没有可用的软件，需要编程人员使用某种计算机程序设计语言来进行程序设计。程序设计的基本过程一般由分析问题、确定解决方案、设计算法、编写程序、调试运行程序、整理文档等阶段组成，如图 8-1 所示。

图 8-1　程序设计的基本过程

程序设计的基本步骤如下：
① 分析问题，找出运算和变化规律，建立数学模型，明确要实现的功能。
② 选择适合计算机解决问题的最佳方案。
③ 依据解决问题的方案确定数据结构和算法。
④ 选择合适的程序设计语言编写程序。
⑤ 调试运行程序，达到预期目标。
⑥ 对解决问题整个过程的有关资料进行整理，编写程序使用说明书。

8.2 算法

算法是对特定问题求解步骤的一种描述。或者说，算法是为求解某问题而设计的步骤序列。求解同样的问题，不同的人写出的算法可能是不同的（一题多解）。算法的执行效率与数据结构的优劣有很大的关系，本节将通过一个具体的例子讨论算法的定义和特点，以及如何描述算法。

8.2.1 算法的定义

算法的定义有很多，其内涵基本是一致的。下面给出算法的定义：算法是一组明确步骤的有序集合，它产生结果并在有限的时间内终止。其中：

① 有序集合：算法是一组定义明确且排列有序的指令集合。

② 明确步骤：算法的每一步都必须有清晰的定义。如果某一步是将两数相加，那么必须定义相加的两个数和加法运算，同一符号不能在某处用作加法符号，而在其他地方用作乘法符号。

③ 产生结果：算法必须产生结果，否则没有意义。结果可以是数据或其他结果（如打印）。

④ 在有限的时间内终止：算法必须经过有限步骤后计算终止（停机）。如果不能（例如，无限循环），就不是算法。

根据上述定义可知，算法完全独立于计算机系统。它接收一组输入数据，同时产生一组输出数据，如图 8-2 所示。

下面通过设计一种寻找最大值的算法的例子来对算法的定义进行分析。

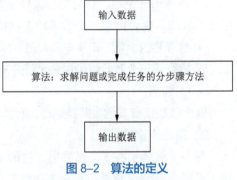

图 8-2 算法的定义

例 8-1 设计一个从一组正整数中找到最大整数的算法。该算法实现从一组任意的整数（5、1 300、1 400、2 000、10 000 等）中找出最大值。算法必须具有通用性并与整数的个数无关，称这个算法为"寻找最大值算法"。

1. 算法步骤设计分析

很明显，要完成从许多整数（例如，10 万个）中找到最大值的任务，人或计算机都不可能只用一步完成。算法必须逐个地测试每一个整数。

要解决这个问题，可以用一种直接的方法。先用一组少量的整数（例如 5 个），然后将这种解决方法扩大到任意多的整数。其实对 5 个整数所采取的解决方法的原理和约束条件与对 1 000 个或更多整数的解决方法是一样的。对这组数中的每一个数，算法都必须一个接一个地处理。算法遇到第一个数时，并不知道剩下的整数的值，等处理完第一个数，算法才开始处理第二个，依此进行。图 8-3 所解决这个问题的一种方法（还可以设计其他方法），即一种寻找最大值的算法。该算法接收一组 5 个整数作为输入，然后输出其中的最大值。

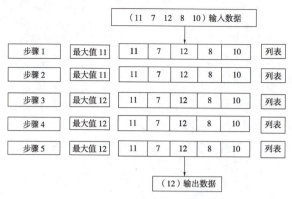

图 8-3 在 5 个数中寻找最大值

（1）输入

该算法输入一组 5 个整数的数据。

（2）算法步骤

在这个算法中，为找到最大值采取了下面五个步骤：

① 检查第一个数。算法首先检查第一个整数（11），因为还没有检查其他整数，所以当前的最大值就是第一个数。算法中定义一个名为 Largest 的变量，并把第一个数（11）赋给它。

② 检查第二个数。目前的最大值是 11，但新的数字可能会成为新的 Largest。在这一步中，算法把上一步得到的最大值 Largest（即 11）和第二个数（7）比较，发现目前的最大值大于第二个数，也就是说 Largest 还是最大值，不需要改变。

③ 检查第三个数。目前的最大值还是 11，但是新的数（12）大于 Largest，这就意味着目前 Largest 的值是无效的，应该由第三个数（12）代替。算法把 12 赋给 Largest，然后进入下一步。

④ 检查第四个数。该步中最大值并未有改变，因为当前 Largest 的值比第四个数（8）大。

⑤ 检查第五个数。该步中最大值并未有改变，因为当前 Largest 的值比第五个数（10）大。

（3）输出

因为已经没有其他数需要处理，所以算法输出的 Largest 值是 12。

2. 算法步骤的定义

图 8-3 展示了在 5 个整数中寻找最大值的一种分步骤解决方法，但并没有说明每一步究竟做了什么工作。可以改变测试数据了解更多的细节。第一步，把最大值 Largest 设为第一个数。第二步到第五步，依次把当前处理的数与最大值 Largest 进行比较，如果当前数大于最大值 Largest，则把它赋给 Largest，最后输出 Largest 的值。如图 8-4 所示，输出的 Largest 的值即为任意 5 个正整数中的最大值。

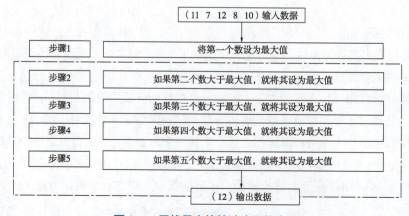

图 8-4 寻找最大值算法步骤的定义

3. 算法细化

为了使这个算法具有通用性，使算法对求任意5个正整数中的最大值都适用，有两个问题需要解决。首先，第一步中的动作与其他步骤中的不一样；其次，在第二步到第五步的算法功能一样，但算法描述语言却不同。只要简单地改进一下算法就可以解决上述两个问题。把第二步到第五步的算法步骤都写成"如果当前数比最大值大，将最大值设为当前数"。第一步不同于其他步是因为那时最大值Largest还没有初始化。如果开始就把最大值Largest赋成 –∞（负无穷），那么第一步就可写成与其他步一样。增加一个新的步骤，可称为第0步，也就是表明变量Largest的初始化要在处理任何其他数之前完成。

图8-5所示为改进后的算法步骤。

图8-5 寻找最大值算法的细化

4. 算法的泛化

假定要从 n 个自然数中寻找最大值，n 可能是10 000或更大，可以把这个算法泛化吗？回答是肯定的，可以按照图8-5那样重复 n 步。有一种更好的方法可以改进它，只要让计算机循环这个步骤 n 次，如图8-6所示。

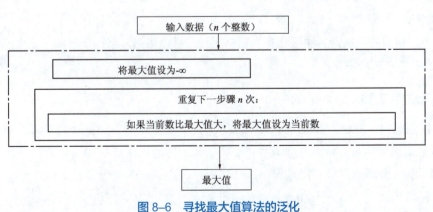

图8-6 寻找最大值算法的泛化

通过上述寻找最大值算法的分析与设计可以看出，算法具有下列重要特性：

① 有穷性：应在有限步骤内结束。
② 确定性：只要初始条件相同，就可得到相同的、确定的结果。
③ 有效性：算法中的每一步操作必须是可执行的。
④ 有零个或多个输入：一个算法可以有输入数据，也可以没有输入数据。

⑤ 至少有一个输出：算法的目的就是求问题的解，求解的结果必须向用户输出。

对于同一个问题，可能有多种不同的算法，也就是一题多解问题，这就要求在众多的算法中，选择较好的一种算法。在计算机中，一个"好"的算法，除正确性外，还应考虑以下几方面：

① 效率高：主要指运行速度快和占用的存储空间小。

② 可读性：有助于人对算法的理解，以便程序的调试和今后的维护。

③ 健壮性：当输入数据非法时，算法也能做出适当反应，进行必要的处理，不至于造成错误的结果或引起系统崩溃。

8.2.2 算法的三种结构

计算机科学的专家为结构化程序或算法定义了三种结构：顺序结构、选择结构和循环结构，如图8-7所示。而且已经证明其他结构是不必要的，使用这三种结构就可使程序或算法容易理解、调试或修改。

1. 顺序结构

算法（最终是程序）都是指令的序列，有些是简单指令，如例8-2中的算法步骤，都是顺序执行的简单指令。

2. 选择结构

算法中的有些计算过程只用顺序结构是不能解决的。有时候需要检测条件是否满足，如果测试的条件为真（即满足条件），则可以继续顺序往下执行指令；如果测试结果为假（即条件不满足），则程序将从另外一个顺序结构的指令继续执行。这就是选择结构。

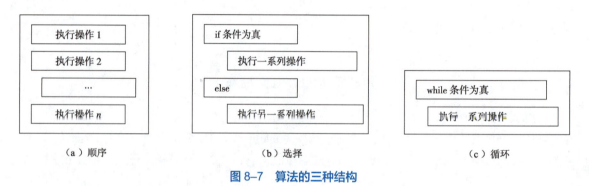

图8-7　算法的三种结构

3. 循环结构

在有些问题中，相同的一系列顺序指令需要重复执行，可以用循环结构来解决。例8-2从指定的数据集中寻找最大值的算法就是循环结构。

8.2.3 描述算法的工具

前面已经使用图来描述算法。最近几十年中，还出现了其他几种表示算法的工具。目前，计算机程序设计中常用的算法描述工具有自然语言、流程图、N-S图、伪代码、统一建模语言（UML）等。这里通过描述计算 $N!$ 的算法来介绍自然语言、流程图、伪代码三种工具。

1. 自然语言

自然语言是人类在日常生活中进行交流的语言，也可用于描述问题求解的算法。但用自然语言描述算法，存在着文字冗长、有二义性、表达不确切等不足之处。

例8-2　求 Sum=1+2+…+100 的和，其算法可用自然语言描述。

这里需要一个存放累加和的变量 Sum，初始化时即开始累加前，Sum 赋值为 0；一个计数器变量 1 用来计数，初始化时赋值为1，每循环一次加1。当计数器大于100时，退出循环，输出 Sum 的值即为1+2+…+100的和。其算法可用自然语言描述，如图8-8所示。

2. 流程图

流程图是描述算法过程的一种图形方法，具有直观、形象、易于理解等特点，应用广泛。美国国家标准化协会（ANSI）规定了流程图描述法的基本图形符号，如表 8–1 所示。

```
步骤 1：初始化变量 Sum，Sum=0
步骤 2：初始化计数器变量 I，I=1
步骤 3：当计数器变量 I 的值小于等于 100 时，重复执行步骤 3（Sum=Sum+I，I=I+1），否则执行步骤 4
步骤 4：输出 Sum，即 1+2+…+100 的和
```

图 8–8 求和算法的自然语言描述

表 8–1 流程图中常用图形符号列表

图形符号	名　称	含　　义
⬭	起止框	表示一个算法的开始与结束
▱	数据框	框中指出输入或输出的数据内容
▭	处理框	框中指出所进行的处理
◇	判断框	框中指出判断条件，框外可连接两条流程线，分别指明条件为真（True）时或条件为假（False）时的处理流向
→	流程线	表示程序的处理流向

例 8-3   图 8–9 所示为计算 1+2+…+100 算法的流程图。

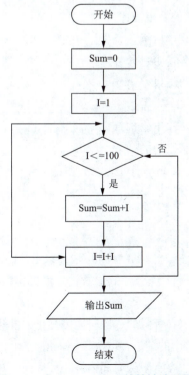

图 8–9 求 1+2+…+100 的算法流程图

3. 伪代码

伪代码是算法的一种类似英语的表示法，是部分英语和部分结构化代码的组合。英文代码部分支持宽松的语法格式，很容易被读懂。代码部分包含三种基本算法结构：顺序、选择和循环。图 8-10 所示为三种结构的伪代码表示形式。

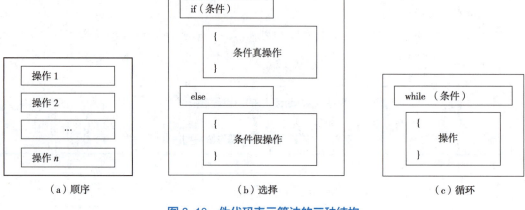

图 8-10 伪代码表示算法的三种结构

例 8-4 设计一个从 1 000 个整数中找到最大值的算法。

这里需要一个计数器 count 用来计数，初始化时给这个计数器 count 赋值为 1，每循环一次就给它加 1。当计数器大于 1 000 时，退出循环。

图 8-11 所示为找出 1 000 个整数中的最大整数算法的伪代码表示。其中，"算法"是用来给算法本身命名，"目的"是算法要完成什么的简短描述，"前提"列出了算法的所有前提条件，"后续"条件指出算法产生的影响（例如，算法会指明打印数据清单），"返回值"指出算法返回的结果。语句部分是赋值（"←"表示赋值，即将"←"右边表达式的值赋值给左边的变量）、输入、输出、选择和循环语句。嵌套语句是缩进的，嵌套语句的列表是以"{"开始，以"}"结束。整个语句部分是算法自身的一个嵌套语句列表，由于这个原因，语句部分开始处有一个"{"，结尾处有一个"}"。

```
算法：FindLargest2（list）
目的：找出 1 000 个整数中的最大数，并返回
前提：给定一组超过 1 000 个整数
后续：无
返回：最大整数
{
    largest ← -∞
    count ← 1
    while (count ≤ 1000)
    {
        current ← next integer
        if (current > largest) largest ← current
        count ← count + 1
    }
    return largest
}
```

图 8-11 找出 1 000 个整数中的最大整数算法的伪代码表示

8.2.4 算法的分类

算法涉及的范围很广，包括：基本算法、数据结构的算法、数论与代数算法、计算几何的算法、图论的算法、动态规划，以及数值分析、加密算法、排序算法、检索算法、随机化算法、并行算法。

算法可以分为三类：

① 有限的，确定性算法。这类算法在有限的一段时间内终止，可能要花很长时间来执行指定的任务，但仍将在一定的时间内终止。这类算法得出的结果常取决于输入值。

② 有限的，非确定算法。这类算法在有限的时间内终止。然而，对于一个（或一些）给定的数值，算法的结果并不是唯一的或确定的。

③ 无限的算法。这类算法是指那些由于没有定义终止条件，或定义的条件无法由输入的数据满足而不终止运行的算法。通常，无限算法的产生是由于未能确定终止条件，本书不涉及这类算法。

8.3 数据结构

本节将介绍数据结构的基本概念以及线性表、树结构等最常用的数据结构，并阐明数据结构内在的逻辑关系，讨论它们在计算机中的存储表示，介绍对它们进行各种运算的算法。这些内容既是学习其他软件知识的基础，又能给提高软件开发和程序设计水平带来极大的帮助。

8.3.1 数据结构的基本概念及术语

数据结构（Data Structure）是指数据以及数据之间的关系。数据结构包括三方面：数据的逻辑结构、数据的存储结构以及对数据的运算（操作）。

1. 数据与数据结构

数据是描述客观事物的数、字符以及所有能输入到计算机中并被计算机程序加工处理的符号的集合。如整数、实数、字符、文字、逻辑值、图形、图像、声音等都是数据。数据是信息的载体，是对客观事物的描述。

数据元素是数据的基本单位，即数据集合中的个体。有时一个数据元素由若干个数据项组成，在这种情况下，称数据元素为记录。

数据项是具有独立意义的最小数据单位，而由记录所组成的线性表为文件。例如，一个班的学生登记表（表8-2）构成一个文件，表中每个学生的情况就是一个数据元素（记录），而其中的每一项（如姓名、性别等）为数据项。

表 8–2　学生登记表

姓　名	性　别	学　号	政 治 面 貌
CHANG	男	808201	团员
LI	女	808202	团员
WANG	男	808203	党员
ZHAO	男	808204	团员
…	…	…	…

数据对象是具有相同特性的数据元素的集合，是数据的子集。例如，整数的数据对象是集合 $\{0, \pm 1, \pm 2, \cdots\}$，大写字母符号的数据对象是集合 $\{A, B, \cdots, Z\}$。

被计算机加工的数据元素不是孤立的，它们彼此间存在着某些关系，通常将数据元素间的这种关系称为结构。数据结构是带有结构特性的数据元素的集合。

2. 数据的逻辑结构

只抽象地反映数据元素的结构，而不管其存储方式的数据结构称为数据的逻辑结构。根据数据元素之间的关系的不同特性，通常有下列四类基本结构：

① 集合：结构中的数据元素之间除了"同属于一个集合"的关系外，无其他关系。
② 线性结构：结构中的数据元素之间存在一个对一个的关系。
③ 树状结构：结构中的数据元素之间存在一个对多个的关系；
④ 图状或网状结构：结构中的数据元素之间存在多个对多个的关系。图 8-12 所示为四种基本数据结构图。

| 集合 | 线性 | 树 | 图 |

图 8-12　四种基本数据结构

通常，把树状结构和图状结构称为非线性结构。

3. 数据的存储结构

数据元素之间的关系在计算机中有两种不同的表示方法：顺序映象和非顺序映象，并由此得到两种不同的存储结构：顺序存储结构和链式存储结构。顺序映像的特点是借助元素在存储器中的相对位置来表示数据元素之间的逻辑关系；非顺序映像的特点是借助指示元素存储地址的指针（Pointer）表示数据元素之间的逻辑关系。

（1）顺序存储结构

这种存储方式主要用于线性的数据结构。它把逻辑上相邻的数据元素存储在物理上相邻的存储单元里。顺序存储结构只存储结点的值，不存储结点之间的关系，结点之间的关系由存储单元的邻接关系来体现。

例如，表 8-2 给出了学生登记表的逻辑结构。逻辑上每个学生的信息后面紧跟着另一个学生的信息。用顺序存储方式可以这样实现该逻辑结构，分配一片连续的存储空间给这个结构。例如，从地址 200 开始的一片空间，将第一个学生的信息放在从地址 200 开始的存储单元里，将第二个学生的信息放在紧跟其后的存储单元里……假设每个学生的信息占用 10 个存储单元，则学生登记表的顺序存储表示如表 8-3 所示。

表 8-3　学生登记表的顺序存储表示

地　　址	姓　　名	性　　别	学　　号	政 治 面 貌
200	CHANG	男	808201	团员
210	LI	女	808202	团员
220	WANG	男	808203	党员
230	ZHAO	男	808204	团员
…	…	…	…	…

顺序存储结构的主要特点如下：

① 结点中只有自身信息域，没有连接信息域，因此存储密度大，存储空间利用率高。

② 可以通过计算直接确定数据结构中第 i 个结点的存储地址 L_i，计算公式为：$L_0+(i-1)m$。其中 L_0 为第一个结点的存储地址，m 为每个结点所占用的存储单元个数。

③ 插入、删除运算不便，会引起大量结点的移动。

（2）链式存储结构

链式存储结构不仅存储结点的值，还存储结点之间的关系。它利用结点附加的指针域，存储其后继结点的地址。

链式存储结构中的结点由两部分组成：一部分存储结点本身的值，称为数据域；另一部分存储该结点的后继结点的存储单元地址，称为指针域。指针域可以包含一个或多个指针，这由结点之间关系的复杂程度决定。有时，为了运算方便，指针域也用于指向前驱结点的存储单元地址。

例如，假设线性结构的结点集合 D={82, 73, 91, 85, 69}，以结点值降序为关系 R={<91, 85>, <85, 82>, <82, 73>, <73, 69>}，其链式存储结构如图 8-13 所示。

图 8-13 线性结构的链式存储结构

链式存储结构的主要特点如下：

① 结点中除自身信息之外，还有表示连接信息的指针域，因此比顺序存储结构的存储密度小，存储空间利用率低。

② 逻辑上相邻的结点物理上不必邻接，可用于线性表、树、图等多种逻辑结构的存储表示。

③ 插入、删除操作灵活方便，不必移动结点，只要改变结点中的指针值即可。

4. 数据的运算

处理数据需要在数据上进行各种运算。数据的运算是定义在数据的逻辑结构上的，但运算的具体实现要在存储结构上进行。数据的各种逻辑结构有相应的各种运算，每种逻辑结构都有一个运算的集合。下面列举几种常用的运算：

① 检索：在数据结构里查找满足一定条件的结点。

② 插入：往数据结构里增加新的结点。

③ 删除：把指定的结点从数据结构里去掉。

④ 更新：改变指定结点的一个或多个域的值。

⑤ 排序：保持线性结构结点序列里的结点数不变，把结点按某种指定的顺序重新排列。例如，按结点中某个域的值由小到大对结点进行排列。

数据的运算是数据结构的一个重要方面。讨论任何一种数据结构时都离不开对该结构上的数据运算及其实现算法的讨论。

8.3.2 线性表

线性表是最简单、最常用的一种数据结构。线性表的逻辑结构是 n 个数据元素的有限序列（a_1, a_2, …, a_n）。

用顺序存储结构存储的线性表称作顺序表。用链式存储结构存储的线性表称作链表。

对线性表的插入、删除运算可以发生的位置加以限制，便是两种特殊的线性表——栈和队列。

1. 顺序表和一维数组

各种高级语言中的一维数组是用顺序方式存储的线性表，因此常用一维数组来称呼顺序表。

前面已经介绍了顺序表的存储方式和第 i 个结点的地址计算公式等，下面主要讨论顺序表的插入和删除运算。

往顺序表中插入一个新结点时，由于需要保持运算结果仍然是顺序存储，即结点之间的关系仍然由存储单元的邻接关系来体现，所以可能要移动一系列结点。一般情况下，在第 i（$1 \leq i \leq n$）个元素之前插入一个元素时，需要将第 n 至第 i（共 $n-i+1$）个元素依次向后移动一个位置，空出位置 i，将待插入元素插入到第 i 号位置。

例如，在表 8-2 所示的顺序表中学生 CHANG 之后插入一个新学生 GUO 的信息，需将 CHANG 之后每个学生的信息都向后移一个结点位置，以空出紧跟在 CHANG 之后的存储单元来存放 GUO 的信息。插入后如表 8-4 所示。若顺序表中结点个数为 n，在往每个位置插入概率相等的情况下，插入一个结点平均需要移动的结点个数为 $n/2$，算法的时间复杂度是 $O(n)$。

表 8-4 插入后的顺序表

地　　址	姓　　名	性　　别	学　　号	政 治 面 貌
200	CHANG	男	808201	团员
210	GUO	女	808300	团员
220	LI	女	808202	团员
230	WANG	男	808203	党员
240	ZHAO	男	808204	团员
…	…	…	…	…

类似地，从顺序表中删除一个结点可能需要移动一系列结点。一般情况下，删除第 i（$1 \leq i \leq n$）个元素时，需要将从第 $i+1$ 至第 n（共 $n-i$）个元素依次向前移动一个位置。在等概率的情况下，删除一个结点平均需要移动结点个数为 $(n-1)/2$，算法的时间复杂度也是 $O(n)$。

2. 链表

（1）线性链表（单链表）

所谓线性链表就是链式存储的线性表，其结点中只含有一个指针域，用来指出其后继结点的存储位置。线性链表的最后一个结点无后继结点，它的指针域为空（记为 NIL 或 ∧）。另外，还要设置表头指针 head，指向线性链表的第一个结点。图 8-14 所示为一个线性链表。

链表的一个重要特征是插入、删除运算灵活方便，不需要移动结点，只改变结点中指针域的值即可。

图 8-14 所示为在单链表中指针 P 所指结点后插入一个新结点的指针变化情况，虚线所示为变化后的指针。

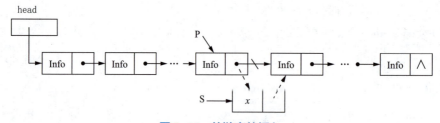

图 8-14　单链表的插入

为插入数据元素 x，首先要生成一个数据域为 x 的结点 S，然后插入单链表中，根据插入操作的逻辑定义，还需要修改结点 P 的指针值，令其指向结点 S，而结点 S 中的指针值指向 P 的后继结点，从而实现三个元素之间逻辑关系的变化。单链表插入算法的时间复杂度为 $O(n)$，其主要执行时间是搜索插入位置。

图 8-15 所示为从单链表中删除指针 P 所指结点的下一个结点的指针变化情况，虚线所示由变化后的指针。

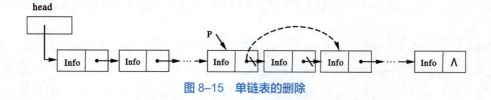

图 8-15　单链表的删除

单链表删除算法的时间复杂度为 $O(n)$，其主要执行时间是搜索删除位置。

> **注意：**
> 做删除运算时改变的是被删结点的前一个结点中指针域的值。因此，若要查找且删除某一结点，应在查找被删结点的同时记下其前一个结点的位置。

在线性链表中，往第一个结点前插入新结点和删除第一个结点会引起表头指针 head 值的变化。通常可以在线性链表的第一个结点前附设一个结点,称为头结点。头结点的数据域可以不存储任何信息,也可以存储诸如线性表的长度等附加信息。头结点的指针域存储指向第一个结点的指针,如图 8-16 所示。这样,往第一个结点前插入新结点和删除第一个结点时就不影响表头指针 head 的值,而只改变头结点指针域的值,就可以和其他位置的插入、删除同样处理。

（2）循环链表

所谓循环链表是指链表的最后一个结点的指针值指向第一个结点,整个链表形成一个环,如图 8-17 所示。

显然对于循环链表而言,只要给定表中任何一个结点的地址,通过它就可以访问表中所有的其他结点。因此,对于循环链表,不需要指出指向第一个结点的指针 head,也不需要明确指出哪个结点是第一个,哪个结点是最后一个。但为了控制执行操作（如搜索）的终止,可以指定循环链表中任一结点,从该结点开始,依次对每个结点执行某类操作。当回到这个结点时,就停止执行这种操作。

图 8-16　带头结点的线性链表　　　　　　　　图 8-17　循环链表

8.3.3　栈

栈是一种特殊的线性表,是限定仅在表尾（表的一端）进行插入和删除运算的线性表。表尾称为栈顶（Top）,表头称为栈底（Bottom）,表中无元素时称为空栈。栈中有元素 $a_1, a_2, \cdots, a_n$（见图 8-18）,称 a_1 是栈底元素。新元素进栈要置于 a_n 之上,删除或退栈必须先对 a_n 进行,形成后进先出（LIFO）的操作原则。

栈的物理存储可以用顺序存储结构,也可用链式存储结构。

图 8-19 所示为顺序存储结构中栈元素插入和删除的变化情况。

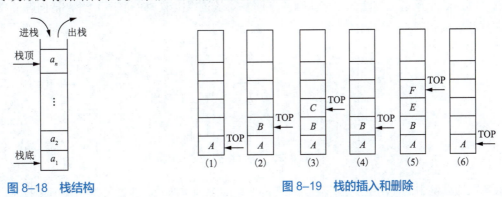

图 8-18　栈结构　　　　　　图 8-19　栈的插入和删除

栈的运算除去插入和删除外,还有取栈顶元素、检查栈是否为空、清除（置空栈）等。

1. 进栈

进栈运算是指在栈的栈顶位置插入一个新元素 x,其算法步骤如下:

① 判断栈是否已满,若栈满,则进行溢出处理,返回函数值 1。

② 若栈未满,将栈顶指针加 1（TOP 加 1）。

③ 将新元素 x 送入栈顶指针所指的位置,返回函数值 0。

2. 出栈

出栈运算是指退出栈顶元素,赋给某一指定的变量,其算法步骤如下:

① 判断栈是否为空,若栈空,则进行下溢处理,返回函数值 1。

② 栈若不空，将栈顶元素赋给变量（栈顶元素若不需保留，可省略此步）。

③ 将栈顶指针退 1（TOP 减 1），返回函数值 0。

栈是使用最为广泛的数据结构之一。表达式求值、递归过程实现都是栈应用的典型例子。

8.3.4 队列

队列是一种特殊的线性表，是限定所有的插入都在表的一端进行，所有的删除都在表的另一端进行的线性表。进行删除的一端称为队列的头，进行插入的一端称为队列的尾，如图 8-20 所示。在队列中，新元素总是加入队尾，每次删除的总是队头元素，即当前"最老的"元素，形成了先进先出（FIFO）的操作原则。

队列的物理存储可以用顺序存储结构，也可以用链式存储结构。图 8-21 所示为一个顺序方式存储的队列插入和删除的变化情况。

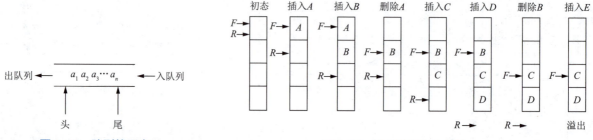

图 8-20　队列的示意　　　　　图 8-21　队列的插入和删除

队列的运算除去插入和删除外，还有取队头元素、检查队列是否为空、清除（置空队列）等。

从图 8-21 可以看出，在顺序方式存储的队列中实现插入、删除运算时，若采取每插一个元素则队尾指示变量 R 的值加 1，每删除一个元素则队头指示变量 F 的值加 1 的方法，则经过若干插入、删除运算后，尽管当前队列中的元素个数小于存储空间的容量，但可能无法再进行插入了，因为 R 已指向存储空间的末端。通常解决这个问题的方法是：把队列的存储空间从逻辑上看成一个环，当 R 指向存储空间的末端后，就把它重新置成指向存储空间的始端，如图 8-22 所示。

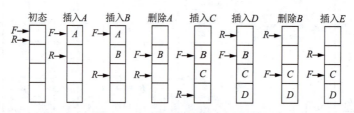

图 8-22　环状队列的插入和删除

队列在计算机中的应用也十分广泛，硬件设备中的各种排队器、缓冲区的循环使用技术、操作系统中的作业队列等都是队列应用的例子。

8.3.5 树与二叉树

树状结构是一类重要的非线性结构，树和二叉树是最常用的树状结构。

1. 树和二叉树的定义

树（Tree）是一个或多个结点组成的有限集合 T，有一个特定的结点称为根（Root），其余的结点分为 m（$m \geq 0$）个不相交的集合 $T_1, T_2, \cdots, T_m$，每个集合又是一棵树，称作这个根的子树（Subtree）。

例如，图 8-23（a）是只有一个根结点的树，图 8-23（b）是有 12 个结点的树，其中 A 是根，余下的 11 个结点分成三个互不相交的子集：$T_1=\{B, E, F, J\}$，$T_2=\{C\}$，$T_3=\{D, G, H, I, K, M\}$。T_1、T_2、T_3 都是树，

而且是根结点 A 的子树。对于树 T_1，根结点是 B，其余的结点分成两个互不相交的子集：$T_{11}=\{E\}$，$T_{12}=\{F, J\}$。T_{11}、T_{12} 也是树，而且是根结点 B 的子树。而在 T_{12} 中，F 是根，$\{J\}$ 是 F 的子树。

树状结构常用的术语如下：

① 结点的度（degree）：一个结点的子树的个数。图 8-23（b）中，结点 A、D 的度为 3，结点 B、G 的度为 2，F 的度为 1，其余结点的度均为 0。

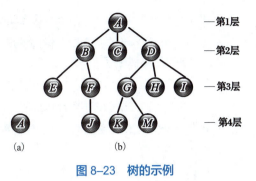

图 8-23 树的示例

② 树的度：树中各结点的度的最大值。图 8-22（b）中，树的度为 3，且称这棵树为 3 度树。

③ 树叶（leaf）：度为 0 的结点。

④ 分支结点：度不为 0 的结点。

⑤ 双亲（Parent）、子女（Child）：结点的各子树的根称作该结点的子女；相应地该结点称作其子女的双亲。图 8-23（b）中 A 是 B、C、D 的双亲，B、C、D 是 A 的子女。对于 B 来说，它又是 E、F 的双亲，而 E、F 是 B 的子女。显然，对于一棵树来说，其根结点没有双亲，所有的叶子没有子女。

⑥ 兄弟（Sibling）：具有相同双亲的结点互为兄弟。

⑦ 结点的层数（Level）：根结点的层数为 1，其他任何结点的层数等于其双亲结点层数加 1。

⑧ 树的深度（Depth）：树中各结点的层的最大值。图 8-23（a）中树的深度为 1，图 8-23（b）中树的深度为 4。

⑨ 森林（forest）：0 棵或多棵不相交的树的集合（通常是有序集）。删去一棵树的根结点便得到一个森林；反过来，给一个森林加上一个结点，使原森林的各棵树成为所加结点的子树，便得到一棵树。

二叉树（Binary Tree）是树状结构的另一个重要类型。

二叉树是 n（n ≥ 0）个结点的有限集合，这个有限集合或者为空集（n=0），或者由一个根结点及两棵不相交的、分别称作这个根的左子树和右子树的二叉树组成。这是二叉树的递归定义。图 8-24 所示为二叉树的五种基本形态。

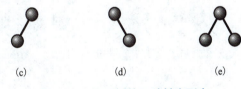

图 8-24 二叉树的 5 种基本形态

图 8-24（a）为空二叉树；图 8-24（b）为仅有一个根结点的二叉树；图 8-24（c）为右子树为空的二叉树；图 8-24（d）为左子树为空的二叉树；图 8-24（e）为左、右子树均非空的二叉树。

> ❗ 注意：
> 二叉树不是树的特殊情形，尽管树和二叉树的概念间有很多关系，但它们是两个概念。树与二叉树间最主要的差别是：二叉树为有序树，即二叉树的结点的子树要区分为左子树和右子树，即使在结点只有一棵子树的情况下也要明确指出该子树是右子树还是左子树。图 8-24（c）、（d）是两棵不同的二叉树，但如果作为树，它们就是相同的。

二叉树具有如下重要性质：

① 在二叉树的 i 层上，最多有 2^{i-1} 个结点（i ≥ 1）。

② 深度为 k 的二叉树最多有 2^k-1 个结点（k ≥ 1）。

一棵深度为 k 且具有 2^k-1 个结点的二叉树称为满二叉树（Full Binary Tree）。深度为 k，有 n 个结点的二叉树，当且仅当其每一个结点都与深度为 k 的满二叉树中编号从 1～n 的结点一一对应时，称为完全二叉树。

③ 对任何一棵二叉树 T，如果其终端结点数为 n_0，度为 2 的结点数为 n_2，则 $n_0 = n_2 + 1$。

④ 具有 n 个结点的完全二叉树的深度为 $\lfloor \log_2 n \rfloor + 1$。

2. 树的二叉树表示

在树（森林）与二叉树间有一个自然的一一对应的关系，每一棵树都能唯一地转换到它所对应的二叉树。

有一种方式可把树和森林转化成对应的二叉树：凡是兄弟就用线连起来，然后去掉双亲到子女的连线，只留下到第一个子女的连线不去掉。对图 8-25（a）所示的树用上述方法处理后稍加倾斜，就得到对应的二叉树，如图 8-25（b）所示。

树所对应的二叉树里，一个结点的左子女是它在原来的树里的第一个子女，右子女是它在原来的树里的下一个兄弟。

树的二叉树表示对于树的存储和运算有很大意义，可以把对于树的许多处理转换到对应的二叉树中去做。

3. 二叉树的存储

二叉树的存储通常采用链接方式。每个结点除存储结点自身的信息外再设置两个指针域 llink 和 rlink，分别指向结点的左子女和右子女，当结点的某个指针为空时，则相应的指针值为空（NIL）。结点的形式为：

一棵二叉树里所有这样形式的结点，再加上一个指向树根的指针 t，构成此二叉树的存储表示，把这种存储表示法称作 llink-rlink 表示法。图 8-26（b）就是图 8-26（a）所示的二叉树的 llink-rlink 法表示。

树的存储可以这样进行：先将树转换为对应的二叉树，然后用 llink-rlink 法存储。

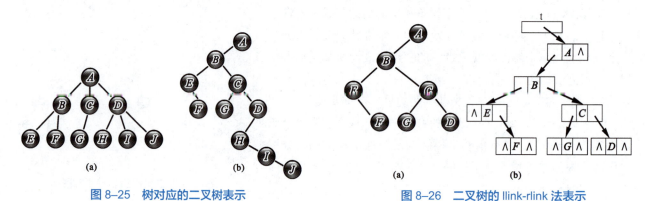

图 8-25　树对应的二叉树表示　　　　　　　　图 8-26　二叉树的 llink-rlink 法表示

4. 二叉树的遍历

遍历（或称周游）是树状结构的一种重要运算。遍历一个树状结构就是按一定的次序系统地访问该结构中的所有结点，使每个结点恰好被访问一次。可以按多种不同的次序遍历树状结构。下面介绍三种重要的二叉树遍历次序。

考虑到二叉树的基本组成部分是根（N）、左子树（L）、右子树（R），因此可有 NLR、LNR、LRN、NRL、RNL、RLN 六种遍历次序。通常使用前三种，即限定先左后右。这三种遍历次序的递归定义分别是：

① 前序遍历法（NLR 次序）：访问根，按前序遍历左子树，按前序遍历右子树。

② 后序遍历法（LRN 次序）：按后序遍历左子树，按后序遍历右子树，访问根。

③ 中序遍历法（LNR 次序）：按中序遍历左子树，访问根，按中序遍历右子树。

对于图 8-27 所示的二叉树，它的结点的前序遍历序列是：ABDEGCFHI。

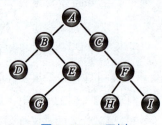

图 8-27　二叉树

它的结点的后序遍历序列是：DGEBHIFCA。它的结点的中序遍历序列是：DBGEACHFI。

二叉树的这三种遍历次序是很重要的，它们与树状结构上的大多数运算有联系。

8.3.6 查找

查找是数据结构中的基本运算,使用频率较高,因此这方面做的研究工作也较多,有各种不同的查找算法。

查找就是在数据结构中找出满足某种条件的结点。给的条件可以是关键码字段的值,也可以是非关键码字段的值。只考虑基于关键码值的查找。

若从数据结构中找到了满足条件的结点,则称查找成功,否则查找失败。

衡量一个查找算法的主要标准是查找过程中对关键码进行的平均比较次数,或称平均检索长度,以 n 的函数形式表示,n 是数据结构中的结点个数。

1. 顺序查找

顺序查找是线性表的最简单的查找方法。

顺序查找的方法:用待查关键码值与线性表中各结点的关键码值逐个比较,若找出相等的关键码值则查找成功,若找遍所有结点都不相等,则查找失败。

顺序查找优点:对线性表的结点逻辑次序无要求(不必按关键码值排序),对线性表的存储结构无要求(顺序存储,链接存储皆可)。

顺序查找缺点:平均检索长度大。

假设表中各结点被查找的概率相同,即 $p=1/n$,则顺序查找成功的平均查找长度为 $(n+1)/2$。

2. 二分法查找

二分法查找是一种效率较高的线性表查找方法。要进行二分法查找,线性表结点必须是按关键码值排好顺序的,且线性表以顺序方式存储。

二分法查找的方法:首先用要查找的关键码值与线性表中间位置结点的关键码值相比较。这个中间结点把线性表分成了两个子表,比较相等则查找完成,不相等则根据比较结果确定下一步的查找应在哪一个子表中进行,如此进行下去,直到找到满足条件的结点,或确定表中没有这样的结点为止。

例 8-5 设被检索的线性表关键码序列为 016、087、154、170、275、426、503、509、512、612、653、677、703、765、897、908。现在要检索关键码为 612 的结点,下面用"[ ]"括住本次检索的子表,用"↑"指向该子表的中间结点,即本次参加比较的关键码,检索的过程如图 8-28(a)所示,经过三次比较找到了该结点。若再要检索关键码为 400 的结点,经过四次比较后发现子表为空,于是确定表中没有关键码为 400 的结点。检索过程如图 8-28(b)所示。

```
[061 087 154 170 275 426 503 509 512 612 653 677 703 765 897 908]
                                ↑
061 087 154 170 275 426 503 509 [512 612 653 677 703 765 897 908]
                                              ↑
061 087 154 170 275 426 503 509 [512 612 653] 677 703 765 897 908
                                      ↑
                         (a) 检索 612

[061 087 154 170 275 426 503 509 512 612 653 677 703 765 897 908]
                                ↑
[061 087 154 170 275 426 503] 509 512 612 653 677 703 765 897 908
              ↑
061 087 154 170 [275 426 503] 509 512 612 653 677 703 765 897 908
                      ↑
061 087 154 170 [275] 426 503 509 512 612 653 677 703 765 897 908
                  ↑
061 087 154 170 275 [426 503 509 512 612 653 677 703 765 897 908
                 失败
                         (b) 检索 400
```

图 8-28 二分法检索

二分法查找的优点：平均检索长度小，为 $\log_2 n$。粗略地可以这样看：每经过一次关键码比较，则将查找范围缩小一半，因此经过 $\log_2 n$ 次比较就可完成查找过程。

二分法查找的缺点：排序线性表花费时间，顺序方式存储插入、删除不便。

8.3.7 排序

排序是数据处理中经常使用的一种重要运算。假设含 n 个记录的文件 $\{R_1, R_2, \cdots, R_n\}$，其相应的关键字为 $\{K_1, K_2, \cdots, K_n\}$，需要确定一种排列 $p(1), p(2), \cdots, p(n)$ 使其相应的关键字满足如下的递增（或递减）关系：

$$K_{p(1)} \leq K_{p(2)} \leq \cdots \leq K_{p(n)}$$

即使上述文件成为一个按其关键字线性有序的文件 $\{R_{p(1)}, R_{p(2)}, \cdots, R_{p(n)}\}$，这种运算就称为排序。

由于文件大小不同使排序过程中涉及的存储器不同，可将排序分为内部排序和外部排序两类。

整个排序过程都在内存进行的排序称为内部排序，这是排序的基础。

内部排序的方法很多，下面介绍几种最常用的排序方法。对于每种排序方法，应着重掌握其基本思想，即基于什么思想或采用什么方法。

1. 直接插入排序

直接插入排序是最简单直观的排序方法。其基本方法是：每步将一个待排序记录按其关键码值的大小插入前面已排序文件中的适当位置，直到全部插入为止。

例 8-6 设待排序的记录共七个，关键码分别为 8、3、2、5、9、1、6。从 $i=2$ 开始经过六步插入完成全部排序工作。图 8-29 所示为这一处理过程。

n 个记录的文件进行直接插入排序，所需要的执行时间是 $O(n^2)$。

2. 选择排序

选择排序的基本思想：每一趟在 $n-i+1$（$i=1, 2, \cdots, n-1$）个记录中选取关键码最小的记录作为有序序列中的第 i 个记录。其中最简单且为大家最熟悉的是简单选择排序。

简单选择排序的基本方法：通过 $n-i$ 次关键码间的比较，从 $n-i+1$ 个记录中选取关键码最小的记录，并和第 i（$1 \leq i \leq n$）个记录交换。

例 8-7 把例 8-6 中的记录用直接选择法排序，其过程如图 8-30 所示。

对 n 个记录的文件进行直接选择排序，所需要的执行时间是 $O(n^2)$。

```
初始排序码序列： 8 3 2 5 9 1 6
i=2:            3 8 2 5 9 1 6
i=3:            2 3 8 5 9 1 6
i=4:            2 3 5 8 9 1 6
i=5:            2 3 5 8 9 1 6
i=6:            1 2 3 5 8 9 6
i=7:            1 2 3 5 6 8 9
```

图 8-29 直接插入排序

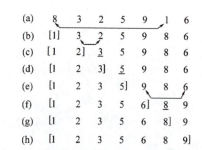

图 8-30 直接选择排序

3. 冒泡排序

冒泡排序是基于交换思想的一种简单的排序方法。其基本方法是：将待排序的记录顺次两两比较，若为逆序，则进行交换。将序列照此方法从头至尾处理一遍称作一趟冒泡，一趟冒泡的效果是将关键码值最大的记录交换到最后的位置，即该记录的排序最终位置。若某一趟冒泡过程中没有任何交换发生，则排序过程结束。对 n 个记录的文件进行排序最多需要 $n-1$ 趟冒泡。

例 8-8 设待排序文件的关键码为：

$$38\ 19\ 65\ 13\ 97\ 49\ 41\ 95\ 1\ 73$$

执行冒泡排序的过程如图 8-31 所示。

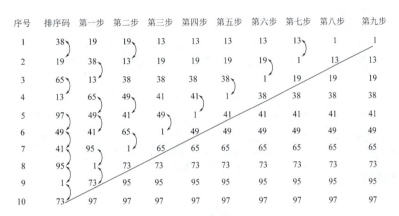

图 8-31　冒泡排序

对 n 个记录的文件进行冒泡排序，所需要的执行时间是 $O(n^2)$。

4. 快速排序

快速排序又称分区交换排序，是对冒泡排序的一种改进。

快速排序的基本方法：在待排序序列中任取一个记录，以它为基准用交换的方法将所有记录分成两部分，关键码值比它小的在一部分，关键码值比它大的在另一部分。再分别对两部分实施上述过程，一直重复到排序完成。

例 8-9 设文件中待排序的关键码为：

$$72,\ 73,\ 71,\ 23,\ 94,\ 16,\ 05,\ 68$$

并假定每次在文件中取第一个记录作为将所有记录分成两部分的基准。快速排序的过程如下：

首先取 $K_1=72$ 为标准，把比 72 大的关键码移到后面，将比 72 小的关键码移到前面。为了节省空间，移动的方法可以采用从两端往中间夹入的方式，即先取出 K_1，这样空出前端第一个关键码的位置，用 K_1 与 K_n 相比较，若 $K_n > K_1$，则将 K_n 留在原处不动，继续用 K_1 与 K_{n-1} 相比……若 $K_n \leq K_1$，则将 K_n 移到原来 K_1 的位置，从而空出 K_n 的位置，这时用 K_1 的值回过头来再与 K_2、K_3……相比，找出一个大于 K_1 的关键码，将它移动到后面刚刚空出的位置，如此往复比较，一步一步地往中间夹入，便将大于 K_1 的关键码都移动到后部，而把小于等于 K_1 的关键码都移动到前部，最后在空出的位置上填入 K_1，便完成了一趟排序的过程，如图 8-32（a）所示。对分开的两部分继续分别执行上述过程，最终可以达到全部排序，如图 8-32（b）所示。

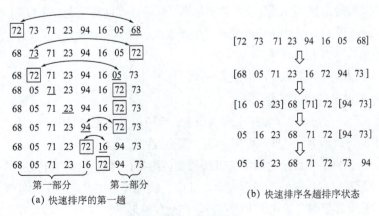

图 8-32　快速排序

对 n 个记录的文件进行快速排序，在最坏的情况下执行时间为 $O(n^2)$，与冒泡排序相当。然而快速排序的平均执行时间为 $O(n\log_2 n)$，显然优于冒泡排序和前面介绍的直接插入排序、直接选择排序。需要指出的是：快速排序需要 $O(\log_2 n)$ 的附加存储开销，这是因为快速排序算法的实现过程中需用到大小为 $O(\log_2 n)$ 的栈空间。

综合比较本节讨论的各种内部排序方法，大致有如表 8-5 所示结果。

表 8-5 各种内部排序方法对比

排序方法	平均时间	最坏情况	辅助存储
直接插入排序	$O(n^2)$	$O(n^2)$	$O(1)$
简单选择排序	$O(n^2)$	$O(n^2)$	$O(1)$
冒泡排序	$O(n^2)$	$O(n^2)$	$O(1)$
快速排序	$O(n\log_2 n)$	$O(n^2)$	$O(n\log_2 n)$

8.4 软件工程

软件工程以计算机科学与技术学科为基础，强调软件开发的工程性，使学生在掌握计算机科学与技术方面知识和技能的基础上熟练掌握从事软件需求分析、软件设计、软件测试、软件维护和软件项目管理等工作所必需的基础知识、基本方法和基本技能，突出对学生专业知识和专业技能的培养，培养能够从事软件开发、测试、维护和软件项目管理的高级专门人才学科。

8.4.1 软件工程基础

1. 软件特点

软件在开发、生产、维护和使用等方面与计算机硬件相比存在明显的差异。与传统的工业产品相比，软件具有如下特点：

① 无形的，没有物理形态，只能通过运行状况来了解功能、特性和质量。

② 软件渗透了大量的脑力劳动，人的逻辑思维、智能活动和技术水平是软件产品的关键。

③ 软件不会像硬件一样老化磨损，但存在缺陷维护和技术更新。

④ 软件的开发和运行必须依赖于特定的计算机系统环境，对于硬件有依赖性，为了减少依赖，开发中提出了软件的可移植性。

⑤ 软件具有可复用性，软件开发出来很容易被复制，从而形成多个副本。

2. 软件危机与软件工程

20 世纪 60 年代末，大容量、高速度计算机的出现，使计算机的应用范围迅速扩大，软件开发急剧增长。高级语言开始出现；操作系统的发展引起了计算机应用方式的变化；大量数据处理导致第一代数据库管理系统的诞生。软件系统的规模越来越大，复杂程度越来越高，软件可靠性问题也越来越突出。原来的个人设计、个人使用的方式不再能满足要求，迫切需要改变软件生产方式，提高软件生产率，软件危机开始爆发。

概括地说，软件危机包含两方面问题：

① 如何开发软件，以满足不断增长，日趋复杂的需求。

② 如何维护数量不断膨胀的软件产品。

为了解决"软件危机"，人们提出了软件工程的概念，希望用工程化的原则和方法进行软件开发和管理。逐步形成了计算机技术的一门新学科，即软件工程学，简称软件工程。

软件工程就是用工程、科学和数学的原则与方法研制、维护计算机软件的有关技术及管理方法。软件工程学的主要内容是软件开发技术和软件工程管理学。其中，软件开发技术包含了软件开发方法、软件工具和软件工程环境，软件工程管理学包含了软件工程经济学和软件管理学。

从软件开发的角度，软件工程包括三个要素：方法、工具和过程。方法为软件开发提供了"如何做"的技术。它包括了多方面的任务，如项目计划与估算、软件系统需求分析、数据结构、系统总体结构的设计、算法过程的设计、编码、测试以及维护等。工具为软件工程方法提供了自动的或半自动的软件支撑环境。目前，已经推出了许多软件工具，这些软件工具集成起来，建立起称为计算机辅助软件工程（CASE）的软件开发支撑系统。CASE将各种软件工具、开发机器和一个存放开发过程信息的工程数据库组合起来形成一个软件工程环境。过程则是将软件工程的方法和工具综合起来以达到合理、及时地进行计算机软件开发的目的。过程定义了方法使用的顺序、要求交付的文档资料、为保证质量和协调变化所需要的管理，以及软件开发各个阶段完成的任务。

3. 软件生命周期

软件生命周期（Systems Development Life Cycle，SDLC）是软件的产生直到报废或停止使用的生命周期。周期内有问题定义、可行性分析、总体描述、系统设计、编码、调试和测试、验收与运行、维护升级到废弃等阶段，这些阶段可以重复出现，也可以重复执行。软件的生命周期还可以概括为定义、开发和运行维护三个阶段，如图8-33所示。

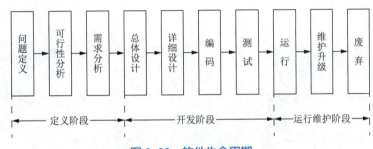

图8-33 软件生命周期

① 定义阶段：要求系统分析员与用户进行交流，弄清"用户需要计算机解决什么问题"然后提出关于"系统目标与范围的说明"，提交用户审查和确认。

② 开发阶段：此阶段主要根据需求分析的结果，对整个软件系统进行设计，如系统框架设计、数据库设计等。软件设计一般分为总体设计和详细设计，好的软件设计将为软件程序编写打下良好的基础。软件设计的核心在于把握好那些决定"服务质量"的因素，如软件的性能、可扩展性、安全性，怎样划分模块的组成，怎样组织和封装软件的组件，以及其他一些虽然不作为软件主要应用的方面但会对其支持方面有所影响的方方面面。

③ 运行维护阶段：软件维护是软件生命周期中持续时间最长的阶段。在软件开发完成并投入使用后，由于多方面的原因，软件不能继续适应用户的要求。要延续软件的使用寿命，就必须对软件进行维护和升级，以延续软件的使用寿命。

4. 软件工程的目标和原则

（1）软件工程的目标

软件工程的目标是在给定成本、进度的前提下，开发出具有有效性、可靠性、可理解性、可维护性、可重用性、可适应性、可移植性、可追踪性和可互操作性且满足用户需求的产品。追求这些目标有助于提高软件产品的质量和开发效益，降低维护难度。

（2）软件工程的原则

为了达到软件工程的目标，在软件开发过程中，必须遵循以下基本原则：

① 抽象：采用分层次抽象，自顶向下、逐层细化的方法进行功能分解和过程分解，可以由抽象到具体、由复杂到简单，逐步得到问题的解。

②信息隐蔽：遵循信息封装，使用与实现分离的原则，将模块设计成"黑箱"，可以将实现的细节隐藏在模块内部，用户只能通过模块接口访问模块中封装的数据。

③模块化：按模块划分系统的体系结构，使得各模块间有良好的接口。这样有助于信息隐蔽和抽象，也有助于表示复杂的系统。

④局部化：按抽象数据类型思想及问题域中的概念来建立模块，确保模块之间低耦合，模块内部高内聚。这有助于控制解的复杂性。

⑤确定性：软件开发过程中所有概念的表达应是确定的、无歧义性的、规范的。这有助于人们之间的沟通，保证整个开发工作协调一致。

⑥一致性：强调软件开发过程的标准化、统一化，包括文档格式的一致，工作流程的一致，内、外部接口的一致，系统规格说明与系统行为的一致等。

⑦完备性：软件系统不丢失任何重要成分，可以完全实现系统所要求的功能。

⑧可验证性：开发大型的软件系统需要对系统自顶向下、逐层分解。系统分解应遵循系统易于检查、测试、评审的原则，以确保系统的正确性。

8.4.2 软件开发方法

软件工程中的开发方法主要有面向过程的方法、面向对象的方法和面向数据的方法三种。

1. 面向过程的方法

面向过程的方法包括面向过程需求分析、面向过程设计、面向过程编程、面向过程测试、面向过程维护、面向过程管理。

面向过程方法的特点：程序的执行过程不由用户控制，完全由程序控制。

2. 面向对象的方法

面向对象方法（Object-Oriented Method）是一种把面向对象的思想应用于软件开发过程中，指导开发活动的系统方法，简称 OO（Object-Oriented）方法，是建立在"对象"概念基础上的方法学。面向对象的方法在电子商务中被广泛采用，如网站前台界面的制作、信息的发布和处理、个人网页的制作、用户在网上浏览和录入信息等应用软件都是利用面向对象的方法设计与实现的。

面向对象方法的特点：将对象属性和方法封装起来，形成信息系统的基本执行单位，再利用对象的继承特征，由基本执行单位派生出其他执行单位，从而产生许多新对象。众多的离散对象通过事件或消息连接起来，就形成了现实生活中的软件系统。

3. 面向数据的方法

面向数据的方法，也称为面向元数据的方法。元数据是关于数据的数据、组织数据的数据。例如，数据库概念设计中的实体名和属性名、数据库物理设计中的表名和字段名就是元数据。而具体的一个特定的实例，就不是元数据，它们叫作对象或记录，是被元数据组织的数据。面向数据的方法开始于20世纪80年代，成熟于90年代。

面向数据的方法特点概括为以下几点：

①数据位于企业信息系统的中心。

②只要企业的业务方向和内容不变，企业的元数据就是稳定的，由元数据构成的数据模型也是稳定的。对元数据的处理方法是可变的。

③企业信息系统的核心是数据模型。

④信息系统的实现（编码）方法主要是面向对象，其次才是面向数据和面向过程。

⑤用户自始至终参与信息系统的分析、设计、实现与维护。

8.4.3 软件测试

软件就是在规定的条件下对一个产品或程序进行操作,以发现程序错误,衡量软件质量,并对其是否能满足设计要求进行评估的过程。通俗地讲,软件测试是保障软件质量全过程的集合。

1. 软件测试目的

软件测试是为了发现错误而执行程序的过程,测试要以查找错误为中心,而不是为了演示软件的正确功能。一个好的测试用例在于能发现至今尚未发现的错误,一个成功的测试是发现了至今尚未发现的错误的测试。

2. 软件测试方法

按软件测试的性质,软件测试的方法可分为静态测试和动态测试,动态测试又可分为黑盒测试和白盒测试等。

(1)静态测试法

静态测试方式指软件代码的静态分析测验,此类过程中应用数据较少,主要过程为通过软件的静态性测试(即人工推断或计算机辅助测试)测试程序中运算方式、算法的正确性,进而完成测试过程。

(2)动态测试法

计算机动态测试的主要目的为检测软件运行中出现的问题,较静态测试方式相比,其被称为动态的原因即为其测试方式主要依赖程序的运用,主要为检测软件中动态行为是否缺失、软件运行效果是否良好。

① 黑盒测试法:黑盒测试,顾名思义即为将软件测试环境模拟为不可见的"黑盒"。通过数据输入观察数据输出,检查软件内部功能是否正常。测试展开时,数据输入软件中,等待数据输出。数据输出时若与预计数据一致,则证明该软件通过测试,若数据与预计数据有出入,即便出入较小亦证明软件程序内部出现问题,需要尽快解决。

② 白盒测试法:白盒测试相对于黑盒测试而言具有一定的透明性,原理为根据软件内部应用、源代码等对产品内部工作过程进行调试。测试过程中常将其与软件内部结构协同展开分析,最大优点即为其能够有效解决软件内部应用程序出现的问题,测试过程中常将其与黑盒测试方式结合,当测试软件功能较多时,白盒测试法亦可对此类情况展开有效调试

3. 常用的测试工具

① 开源测试管理工具:Bugfree、Bugzilla、TestLink、mantis zentaopms。
② 开源功能自动化测试工具:Watir、Selenium、MaxQ、WebInject。
③ 开源性能自动化测试工具:Jmeter、OpenSTA、DBMonster、TPTEST、Web Application Load Simulator。
④ 国内免费软件测试工具有:AutoRunner 和 TestCenter。

8.4.4 软件维护

软件维护(Software Maintenance)是一个软件工程名词,是指在软件产品发布后,因修正错误、提升性能或其他属性而进行的软件修改。软件维护活动类型有四种:改正性维护(纠错性维护)、适应性维护、完善性维护和预防性维护。

1. 传统的软件维护

(1)改正性维护

改正性维护是指改正在系统开发阶段已发生而系统测试阶段尚未发现的错误。这方面的维护工作量要占整个维护工作量的 17%~21%。

(2)适应性维护

适应性维护是指使用软件适应信息技术变化和管理需求变化而进行的修改。这方面的维护工作量占整个维护工作量的 18%~25%。

（3）完善性维护

完善性维护是为扩充功能和改善性能而进行的修改，主要是指对已有的软件系统增加一些在系统分析和设计阶段中没有规定的功能与性能特征。这些功能对完善系统功能是非常必要的。

（4）预防性维护

为了改进应用软件的可靠性和可维护性，适应未来软硬件环境的变化，应主动增加预防性的新功能，以使应用系统适应各类变化而不被淘汰。

2. 目前的软件维护

目前软件企业一般将自己的软件产品维护活动分为面向缺陷维护（程序级维护）和面向功能维护（设计级维护）两类。

面向缺陷维护的条件是该软件产品能够正常运转，可以满足用户的功能、性能、接口需求，只是维护前在个别地方存在缺陷，使用户感到不方便，但不影响大局，因此维护前可以降级使用，经过维护后仍然是合格产品。

面向功能维护的条件是该软件产品在功能、性能、接口上存在某些不足，不能满足用户的某些需求，因此需要增加某些功能、接口，改善某些性能。这样的产品若不加维护，就不能正常运转，也不能降级使用。

由此可见，面向缺陷维护是较小规模的维护，面向功能维护是较大规模的维护。

思考与练习

一、选择题

1. 下列叙述中正确的是（　　）。
   A. 在栈中，栈中元素随栈底指针与栈顶指针的变化而动态变化
   B. 在栈中，栈顶指针不变，栈中元素随栈底指针的变化而动态变化
   C. 在栈中，栈底指针不变，栈中元素随栈顶指针的变化而动态变化
   D. 上述三种说法都不对

2. 下列关于栈叙述正确的是（　　）。
   A. 栈顶元素最先能被删除　　　　　　　B. 栈顶元素最后才能被删除
   C. 栈顶元素永远不能被删除　　　　　　D. 上述三种说法都不对

3. 下列叙述中正确的是（　　）。
   A. 循环队列是队列的一种链式存储结构　　B. 循环队列是队列的一种顺序存储结构
   C. 循环队列是非线性结构　　　　　　　　D. 循环队列是一种逻辑结构

4. 一棵二叉树共有 25 个结点，其中 5 个是叶子结点，则度为 1 的结点数为（　　）。
   A. 16　　　　　B. 10　　　　　C. 6　　　　　D. 4

5. 下面不属于软件工程的三个要素是（　　）。
   A. 工具　　　　B. 过程　　　　C. 方法　　　　D. 环境

6. 软件测试基本方法中，下列（　　）不用测试实例。
   A. 白盒测试法　　B. 动态测试法　　C. 黑盒测试法　　D. 静态测试法

二、思考题

1. 试比较顺序存储结构和链式存储结构的优缺点。在什么情况下用顺序表比链表好？
2. 简述软件工程研究的内容。
3. 简述软件工程的目标、过程和原则。

第 3 篇

网络与信息技术拓展

第 9 章 计算机网络

计算机网络是计算机技术与通信技术紧密结合的产物,是目前计算机应用技术中最活跃的分支,计算机网络的广泛应用对当前信息化社会的发展有着举足轻重的地位和深远的影响。

本章在介绍计算机网络和 Internet 基本知识的基础上,进一步介绍了互联网的主要功能(文件传输、远程登录、WWW 服务、Email 电子邮件),并且通过光纤接入互联网组网实例的详细讲解,帮助读者理解局域网的拓扑结构,掌握接入互联网的方法。

> **学习目标:**
>
> 通过对本章内容的学习,学生应该能够做到:
> ① 了解:计算机网络的概念、发展、分类及功能与应用,网络的组成,网络体系结构与协议,因特网提供的主要信息服务。
> ② 理解:计算机网络的定义,网络协议和网络体系结构的概念,TCP/IP 模型与 OSI 参考模型的关系,局域网特点及分类,万维网、电子邮件、文件传输协议。
> ③ 掌握:信息浏览、电子邮件的收发、文件的上传与下载、信息搜索等操作的应用。

9.1 计算机网络概述

9.1.1 计算机网络的定义

计算机网络是利用通信设备和传输介质,将分布在不同地理位置上的具有独立功能的计算机相互连接,在网络协议控制下进行信息交流,实现资源共享和协同工作,如图 9-1 所示。

1. 网络的基本组成

(1)硬件——网络设备

组成计算机网络的通信设备主要有交换机、路由器、服务器、防火墙、调制解调器(Modem)、光电转换器、中继器、光端机等设备。传输介质有双绞线、光纤、微波等。

(2)软件——网络协议

计算机之间的通信必须遵守事先约定好的一些规则和方法,这些规则明确规定了计算机通信时的数据格式(数据包结构)、如何找到对方计算机(地址)、怎样将信号传送到对方计算机(路由)、计算机之间如何进行对话(点到点或广播)等,这些复杂的问题都由网络协议进行规定。网络协议是为数据通信而建立的规则、标准或约定，它是计算机网络的核心部分，网络设备和网络软件都必须遵循网络协议，才能进行计算机之间的通信。

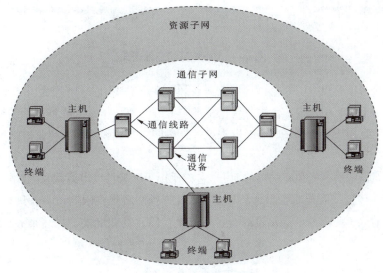

图 9-1　计算机网络

2. 网络的硬件

1）传输介质

（1）双绞线

双绞线（TP）由多根绝缘铜导线相互缠绕成为线对（见图 9-2），双绞线绞合的目的是为了减少对相邻导线之间的电磁干扰。由于双绞线价格便宜，而且性能也不错，因此广泛用于计算机局域网和电话系统。

双绞线可以传输模拟信号，也可以传输数字信号，特别适用于短距离的局域网信号传输。双绞线的传输速率取决于所用导线的类别、质量、传输距离、数据编码方法和传输技术等。双绞线的最大传输距离一般为 100 m，传输速率为 10 Mbit/s ～ 10 Gbit/s。

（2）同轴电缆

同轴电缆由铜质芯线、绝缘层、网状编织屏蔽层以及保护塑料外层组成（见图 9-3），同轴电缆具有很好的抗干扰特性。

图 9-2　双绞线电缆　　　　　　　图 9-3　同轴电缆

早期局域网曾经采用同轴电缆组网，目前计算机网络已经不使用这种传输介质了。同轴电缆目前广泛用于有线电视网络。

（3）光纤

光纤是光导纤维的简称（见图 9-4），其外观呈圆柱形，由纤芯、包层、涂层、表皮等部分组成，多条光纤制作在一起时称为光缆。

光纤通信通过特定角度射入的激光来工作，光纤的包层像一面镜子，使光脉冲信号在纤芯内反射前进。发送端的光源可以采用发光二极管或半导体激光器，它们在电脉冲的作用下能产生出光脉冲信号。光纤中有光脉冲时相当于"1"，没有光脉冲时相当于"0"。

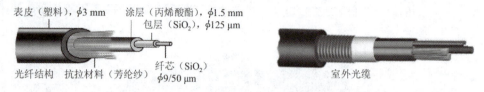

图 9-4 光纤结构和室外光缆

光纤通信的优点是通信容量大（单根光纤理论容量可达 20 Tbit/s 以上，目前达到了 6.4 Tbit/s），保密性好（不易窃听），抗电磁辐射干扰，防雷击，传输距离长（不中继可达 200 km）。光纤通信的缺点是光纤连接困难，成本较高。光纤通信广泛用于电信网络、有线电视、计算机网络、视频监控等行业。

（4）微波

微波通信适用于架设电缆或光缆有困难的地方，它广泛用于无线移动电话网和无线局域网，如图 9-5 所示。微波在空间主要是直线传播，而地球表面是个曲面，因此传播距离受到限制，一般只有 50 km 左右。微波通信的优点是：通信容量大、见效快、灵活性好等；缺点是受障碍物和气候干扰，保密性差，使用维护成本较高等。

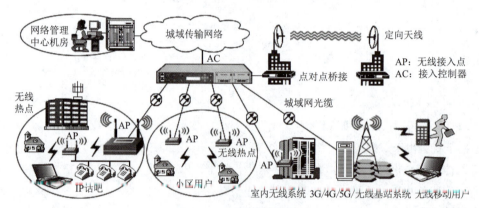

图 9-5 无线网络的应用

2）网络设备

（1）网卡

网卡（NIC，也称网络适配器）用于将计算机与网络的互联。目前的计算机主板都集成了标准的以太网卡，不需要另外安装网卡。但是在服务器主机、防火墙等网络设备内，网卡还有其独特的作用。计算机网络接口和网卡如图 9-6 所示。

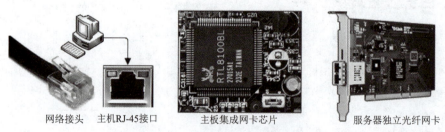

图 9-6 计算机网络接口和网卡

（2）交换机

交换机是一种网络互联设备，它不但可以对数据的传输进行同步、放大和整形处理，还提供数据的完整性和正确性保证。交换机如图 9-7 所示。

（3）路由器

路由器（也称为网关）是网络层的数据转发设备，通过转发数据包实现网络互联。虽然路由器支持多种网络协议，但是绝大多数路由器运行 TCP/IP 协议。

路由器的第一个主要功能是对不同网络之间的协议进行转换，具体实现方法是数据包格式转换，也就是网关的功能。路由器的第二大功能是网络结点之间的路由选择，通过选择最佳路径，将数据包传输到目的主机。路由器可以连接相同的网络或不同的网络。既可以连接两个局域网，也可以连接局域网与广域网，或者是广域网之间的互联。图 9-8 所示为路由器产品及在网络中的应用。

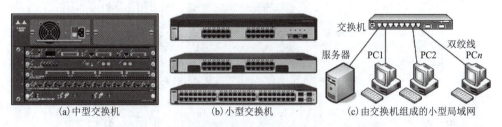

图 9-7　交换机产品及由交换机组成的小型局域网

图 9-8　路由器产品及在网络中的应用

（4）防火墙

防火墙是一种网络安全防护设备，它的主要功能是防止网络的外部入侵与攻击。防火墙可以用软件或硬件实现，用软件实现时升级灵活，但是运行效率低，客户端计算机一般采用软件实现；硬件防火墙运行效率高，可靠性好，一般用于网络中心机房。

硬件防火墙（见图 9-9）是一台专用计算机，它包括 CPU、内存、硬盘等部件。防火墙中安装有网络操作系统和专业防火墙程序。

图 9-9　硬件防火墙产品

（5）服务器主机

服务器主机是运行网络服务软件，在网络环境中为客户端提供各种服务的计算机系统。服务器主机大部分为 PC 服务器，从 PC 发展而来，它们在计算机体系结构、设备兼容性、制造工艺等方面，没有太大差别，两者在软件上完全兼容。但是在设计目标上，PC 服务器与 PC 不同，它更加注重对数据的高性能处理能力（如采用多 CPU、大容量内存等）；对 I/O 设备的吞吐量有更高的要求；要求设备有很好的可靠性（如支持连续运行，热插拔等）。PC 服务器一般运行 Windows Server、Linux 等操作系统。数据中心的网络设备连接和 PC 服务器主机如图 9-10 所示。

3. 拓扑结构

（1）网络拓扑结构的类型

在计算机网络中，如果把计算机、服务器、交换机、路由器等网络设备抽象为"点"，把网络中的传输介质抽象为"线"，这样就可以将一个复杂的计算机网络系统抽象成为由点和线组成的几何图形，这种图形称为网络拓扑结构，如图 9-11 所示。

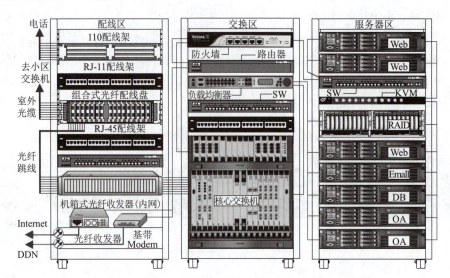

图 9-10 数据中心的网络设备连接和 PC 服务器主机

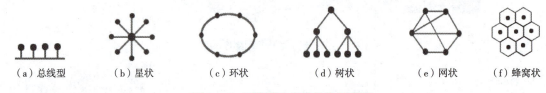

图 9-11 网络基本拓扑结构示意图

网络的基本拓扑结构有总线型结构、星状结构、环状结构、树状结构、网状结构和蜂窝状结构。大部分网络是这些基本结构的组合形式。当前主流的拓扑结构是星状拓扑结构。

（2）星状拓扑结构

星状结构是目前局域网中应用最为普遍的一种结构。星状拓扑结构的每个结点都有一条单独的链路与中心结点相连，所有数据都要通过中心结点进行交换，因此中心结点是星状网络的核心。

星状结构网络采用广播通信技术，局域网的中心结点设备通常采用交换机。在交换机中，每个端口都挂接在内部背板总线上，如图 9-12 所示。。

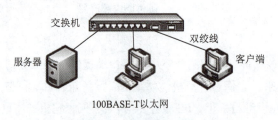

图 9-12 星状结构网络

星状网络结构简单，见图 9-11（b），建设和维护费用少。一般采用双绞线作为传输介质，中心结点一般采用交换机，这样集中了网络信号流量，提高了链路利用率。多个星状结构结合到一起就是树状网络拓扑结构。

4．网络构建实例

大学校园网大部分采用以太网方式，一般采用千兆以太网为主干、百兆交换到桌面的网络结构。校园网建筑群之间的主干线路一般采用光缆连接，通过光缆连通教学区、办公区、宿舍区等楼宇。校园网与广域网采用双链路连接方案，一条1 000 Mbit/s的以太链路连接到ISP（中国电信城域网），另外一条1 000 Mbit/s的专线接入到教育网。广域网通过防火墙接入核心交换机。核心交换机选用10 Gbit/s以太网三层交换机，各个楼宇的部门级交换机选用千兆三层交换机。网络采用分布式路由交换体系。如图9-13所示为大学校园网的网络拓扑结构。

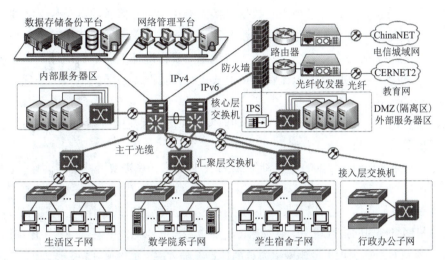

图9-13　大学校园网的网络拓扑结构

9.1.2　网络协议和体系结构

1. 网络通信协议

（1）通信过程中存在的问题和解决方法

人类的通信是一个充满了智能化的过程。如图9-14所示，以一个企业的技术讨论会为例，说明通信的计算思维方法。技术人员在开会时必须进行很多智能化的通信，这些通信不一定是以语言方式进行的。首先，参加会议的人员都必须知道在哪里开会（目标地址）；如何到会议室（路由）；会议什么时候开始（通信确认）；会议主讲者通过声音（传输介质为声波）和视频（传输介质为光波）表达自己的意见（传送信息）；主讲者必须关注与会人员的反应，其他人员也必须关注主讲者的发言（同步）；有时主讲者会受到会议室外的干扰（噪声），会议室内其他人员说话的干扰（信道干扰）；如果与会者同时说话，就会造成谁也听不清对方在说什么（信号冲突）；主讲人必须保持一定的恒定语速（通信速率）等。

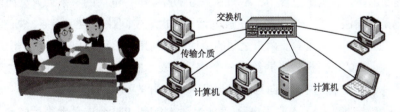

图9-14　会议讨论（左）和计算机通信（右）的比较

计算机之间的数据传输是一个复杂的通信过程。计算机的通信过程与以上人们开会的情况类似，需要解决的问题很多。例如，本机与哪台计算机通信（本机地址与目标地址）？通过哪条路径将信息传送到对方（路由）？对方开机了吗（通信确认）？信号传输采用什么传输介质（双绞线或光纤）？通信双方如何在时钟上保持一致（同步）；信号接收端怎样判断和消除信号传输过程中的干扰（检错与纠错）？通信双方发生信号冲突时如何处理（通信协议）？如何提高数据传输效率（复用技术）？这些问题都需要认真研究解决。

人类通信与计算机通信的共同点在于都需要遵循一定的通信规则。不同点在于人类在通信时，可以随时灵活地改变通信规则，并且智能地对通信方式和内容进行判断；而计算机在通信时不能随意改变通信规则，计算机以高速处理与高速传输来弥补机器智能的不足。

（2）网络通信协议的基本组成

对数据发送方的计算机而言，为了把用户数据转换为能在网络上传送的电信号，需要对用户数据分步骤地进行加工处理，其中每一个相对完整独立的步骤，可以看作是一个"处理层"。用户数据通过多个处理层的加工处理后，就会成为一个个包含有对方主机地址（目标地址）、本机地址、用户数据、校验信息等在内的数据包，这些数据包在网络上以比特流的方式进行传输。每一层次中加工处理这些数据的规范就是网络协议。

在计算机网络中，用于规定信息的格式，以及如何发送和接收信息的一系列规则或约定称为网络协议。网络协议的三个组成要素是语法、语义和时序。

语法规定了进行网络通信时，数据的传输和存储格式，以及通信中需要哪些控制信息，它解决"怎么讲"的问题。

语义规定了控制信息的具体内容，以及发送主机或接收主机所要完成的工作，它主要解决"讲什么"的问题。

时序规定计算机网络操作的执行顺序，以及通信过程中的速度匹配，主要解决"顺序和速度"问题。

例9-1 以两个人打电话为例来说明网络协议的计算思维方法，如图9-15所示。

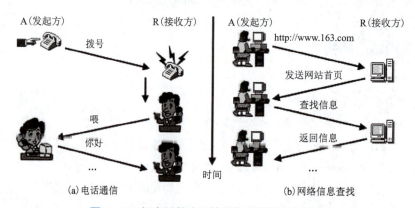

图9-15 打电话的人工协议与网络协议的对比

假设用户A要打电话给用户B，首先A拨B的电话号码，B电话振铃，B拿起电话，然后A、B开始通话，通话完毕后，双方挂断电话。在这个过程中，A和B双方都遵守了打电话的一系列人为协议。

其中，电话号码是"语法"的一个例子，一般电话号码由8位阿拉伯数字组成，如果是长途电话，还需要加拨区号，国际长途还有国家代码等。两人之间的谈话选择使用什么语言也是一种语法约定。

A拨通B的电话后，B的电话振铃，振铃是一个信号，表示有电话打进来，B选择接电话；这一系列的动作包括了控制信号、响应动作、通信方向等，这也是一种"语义"。

"时序"的概念更容易理解，因为A拨了电话，B的电话才会响，B听到电话铃声后才会考虑要不要接电话，这一系列事件的时序关系十分明确。

网络信息查找与电话通信类似。

2. 网络体系结构

为了减少网络协议的复杂性，专家们把网络通信问题划分为许多小问题，然后为每一个问题设计一个通信协议。这样使得每一个协议的设计、分析、编码和测试都比较容易。协议层次结构就是按照信息的传输过程，将网络的整体功能划分为多个不同的功能层，每一层都向它的上一层提供一定的服务。网络的体系结构就是一个协议的集合。

（1）OSI/RM 网络体系结构

网络协议的层次化结构模型和通信协议的集合称为网络体系结构。网络体系结构是网络互联的基本模型。常见的计算机网络体系结构有 OSI/RM（开放系统互连参考模型）、TCP/IP（传输控制协议/网际协议）等。ISO（国际标准化组织）提出的 OSI/RM 将网络体系结构划分为 7 个层次，分别为物理层、数据链路层、网络层、传输层、会话层、表示层和应用层，如图 9-16 所示。OSI/RM 模型还规定了每层的功能，以及不同层之间如何进行通信协调。由于各方面的原因，OSI/RM 网络体系结构并没有在计算机网络中得到实际应用，它往往作为一个理论模型进行网络分析。

（2）TCP/IP 网络体系结构

TCP/IP 是由 IETF（因特网工程任务组）推出的网络互联协议族，它性能卓越，并且在因特网中得到了广泛应用。如图 9-17 所示，TCP/IP 网络协议定义了四个层次，分别是网络接口层、网际层、传输层和应用层。TCP/IP 协议与 OSI/RM 在网络层次上并不完全对应，但是在概念和功能上基本相同。

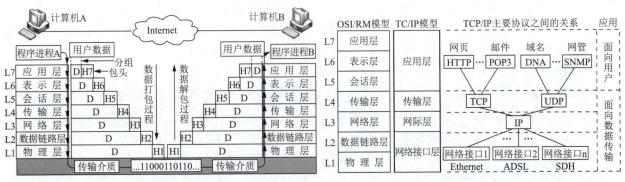

图 9-16　OSI/RM 协议层次模型与信号传输过程　　　图 9-17　TCP/IP 协议层次结构模型和主要协议

① 网络接口层：处于 TCP/IP 模型的最底层，主要功能是为网络提供物理连接，将数据包按比特（bit）从一台主机（计算机或网络设备）通过传输介质（双绞线或光纤）送往另一台主机，实现主机之间的比特流传送。

② 网络层：主要功能是为网络内任意两台主机之间的数据交换提供服务，并进行路由选择和流量控制。网络层传输的信息以报文分组为单位，分组是将较长的报文按固定长度分成若干段，每个段按规定格式加上相关信息，如路由控制信息和差错控制信息等。网络层接收到主机的报文后，把它们转换为分组，然后根据路由协议（如 OSPF）确定送到指定目标主机的路由；当分组到达目标主机后，再还原成报文。

③ 传输层：主要功能是提供端到端的数据包传输服务，由 TCP（传输控制协议）和 UDP（用户数据报协议）两个协议组成。TCP 协议提供可靠传输服务，但传输性能较低；UDP 提供不可靠传输服务，但传输性能较高。

④ 应用层：其功能是负责两个应用程序进程之间的通信，即为网络用户之间的通信提供专用的应用程序，如网页浏览、即时通信、电子邮件、文件传输、数据库查询等。由于 TCP/IP 协议提供的网络服务繁多，因此这层的网络协议也非常多。

9.1.3　计算机网络功能

1. 信息交流

计算机网络的基本功能在于实现信息交流、资源共享和协同工作。信息交流的形式有很多种，如电话是一种远程信息交流方式，但是只有音频，没有视频；电视是一种具有音频和视频的远程信息传播方式，但是交互性不好。在计算机网络中，信息交流可以交互方式进行，主要有网页、邮件、论坛、即时通信、IP 电话、视频点播等形式。计算机网络的资源共享和信息交流特性，为电子商务、信息管理、远程协作等提供了一个很好的平台。

2. 资源共享

算机网络的资源指硬件资源、软件资源和信息资源。硬件资源有交换设备、路由设备、存储设备、网络服务器等设备。例如，网络硬盘可以为用户免费提供数据存储空间。软件资源有网站服务器、文件传输服务器、邮件服务器等，它们为用户提供网络后台服务。信息资源有网页、论坛、数据库、音频和视频文件等，它们为用户提供新闻浏览、电子商务等功能。资源共享可使网络用户对资源互通有无，大大提高网络资源的利用率。

3. 协同工作

利用网络技术可以将许多计算机连接成具有高性能的计算机系统，使其具有解决复杂问题的能力。这种协同工作、并行处理的方式，要比单独购置高性能大型计算机便宜得多。当某台计算机负载过重时，网络可将任务转交给空闲的计算机来完成，这样能均衡各计算机的负载，提高处理问题的能力。

9.1.4 计算机网络分类

计算机网络的分类方法有很多种，最常用的分类方法是 IEEE（电气电子工程师学会）根据计算机网络地理范围的大小，将网络分为局域网（LAN）、城域网（MAN）和广域网（WAN）。

1. 局域网

局域网通常在一幢建筑物内或相邻几幢建筑物之间，是结构复杂程度最低的计算机网络，也是目前应用最广泛的一类网络。尽管局域网是结构最简单的网络，但并不一定是小型网络。由于光通信技术的发展，局域网覆盖范围越来越大，往往将直径达数千米的一个连续的园区网（如大学校园网、智能小区网）也归纳到局域网的范围。

2. 城域网

城域网的覆盖区域为数百平方千米的一座城市内，城域网往往由许多大型局域网组成。城域网主要为个人用户、企业局域网用户提供网络接入，并将用户信号转发到因特网中。城域网信号传输距离比局域网长，信号更加容易受到环境的干扰。因此网络结构较为复杂，往往采用点对点、环状、树状和网状相结合的混合结构。由于数据、语音、视频等信号，可能都采用同一城域网，因此城域网组网成本较高。

图 9-18 所示为城域网和局域网应用案例示意图。

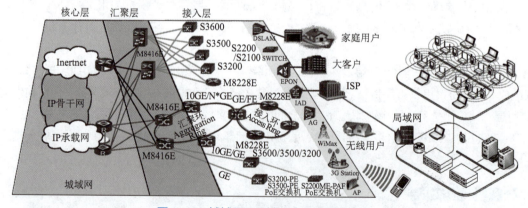

图 9-18 城域网和局域网应用案例示意图

3. 广域网

广域网覆盖范围通常在数千平方千米以上，一般为多个城域网的互联，甚至是全世界各个国家之间网络的互联（见图 9-19），因此广域网能实现大范围的资源共享。广域网一般采用光纤进行信号传输，网络主干线路数据传输速率非常高，网络结构较为复杂，往往是一种网状网或其他拓扑结构的混合模式。广域网由于需要跨越不同城市、地区、国家，因此网络工程最为复杂。

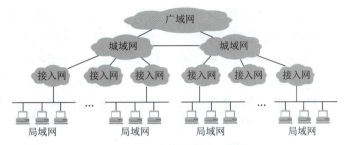

图 9-19　广域网应用示意图

9.2 认识 Internet

Internet 是世界上最大的计算机网络,把全球的终端都连接在一起,如图 9-20 所示。

9.2.1 Internet 应用

因特网的应用非常广泛,目前主要应用有通信(如即时通信、电子邮件、微信等)、社交(如微博、博客、论坛等)、电子商务(如网络营销、产品贸易、电子支付等)、网络服务(如信息查询、广告宣传、网络存储、软件升级等)、资源共享(如门户网站、论坛资源、软件下载等)、娱乐媒体(如视频、音乐、游戏、小说、图片等)、协同工作(如云计算、视频会议、在家办公等)等。

图 9-20　全球互联网连接地图

这些应用实际上都是网络上终端之间的通信和资源共享,如果网络上的设备之间要进行数据交换,它们都需要一个地址来表示各自的位置。

1. 网络地址

在计算机网络中,将信息正确地传送到对方的计算机并不是一件容易的事情,一项非常重要的工作是数据包寻址。如果数据传输仅在两台计算机之间进行,而且传输短距离非常短、传输内容基本固定,计算机的寻址工作也就比较简单。但是,互联网中计算机数量巨大(数亿台),传输距离变化很大(几米到数万千米),网络结构复杂(网状结构、环状结构、星状结构等),提供的服务繁多(网页、即时通信、邮件、在线视频等),使用方法灵活(多业务、突发性、实时性等),这给网络中信息的寻址带来了挑战性的工作。网络地址是解决网络寻址的基本方法之一。

(1)IP 地址

因特网上的每台主机,都分配有一个全球唯一的 IP 地址,IP 地址是通信时每台主机的名字(Hostname),它是一个 32 位的标识符,一般采用"点分十进制"的方法表示。

IETF(因特网工程任务组)早期将 IP 地址分为 A、B、C、D、E 五类,其中 A、B、C 是主类地址,D 类为组播地址,E 类地址保留给将来使用。IP 地址的分类如表 9-1 所示。

表 9-1　IPv4 地址的网络数和主机数

类型	IP 地址格式	IP 地址结构				段 1 取值范围	网络个数	每个网络最多主机数
		段 1	段 2	段 3	段 4			
A	网络号.主机.主机.主机	N.	H.	H.	H	1～126	126	1677 万
B	网络号.网络号.主机.主机	N.	N.	H.	H	128～191	1.6 万	6.5 万
C	网络号.网络号.网络号.主机	N.	N.	N.	H	192～223	209 万	254

说明：表中 N 由 NIC（网络信息中心）指定，H 由网络所有者的网络工程师指定。

9-2　某大学中的一台计算机分配到的地址为 222.240.210.100，地址的第一个字节在 192~223 范围内，因此它是一个 C 类地址，按照 IP 地址分类的规定，它的网络地址为 222.240.210，它的主机地址为 100。

在 IPv4 中，全部 32 位 IP 地址有 2^{32} = 42 亿个，这几乎可以为地球上三分之二的人提供地址。但由于分配不合理，目前可用的 IPv4 地址已经基本分配完了。为了解决 IP 地址不足的问题，IETF 先后提出了多种技术解决方案。

（2）IPv6 网络地址

目前使用的 TCP/IP 协议为 IPv4（TCP/IP 协议第 4 版），由于因特网的迅速发展，IPv4 暴露了一些问题，为了解决因特网中存在的问题，IETF 推出了 IPv6（TCP/IP 协议第 6 版）。我国电信网络运营商已于 2005 年开始向 IPv6 过渡，中国教育科研网（CERNET2）的大部分网络结点也采用了 IPv6 协议。

IPv6 有以下特点：IPv6 的每个地址为 128 位，地址空间为 2^{128}，是 IPv4 的 2^{96} 倍；IPv6 采用了一种全新的分组格式，它简化了报头结构，减少了路由表长度，但是也导致了与 IPv4 不兼容；IPv6 还简化了协议，提高了网络服务质量（QoS）；IPv6 的其他改进有安全性、优先级、支持移动通信等。

IPv6 采用"冒分十六进制"的方式表示 IP 地址。它是将地址中每 16 位分为一组，写成四位十六进制数，两组间用冒号分隔（如 ×:×:×:×:×:×:×:×），地址中的前导 0 可不写。例如，69DC：8864：FFFF：FFFF：0：1280：8C0A：FFFF。

由于 IPv6 与 IPv4 协议互不兼容，因此从 IPv4 到 IPv6 是一个逐渐过渡的过程，而不是彻底改变的过程。要实现全球 IPv6 的网络互联，仍然需要很长一段时间。

2. 域名系统

（1）域名系统

数字式的 IP 地址（如 210.43.206.103）难于记忆，如果使用易于记忆的符号地址（如 www.csust.cn）来表示，就可以大大减轻用户的负担。这就需要一个数字地址与符号地址相互转换的机制，这就是因特网域名系统（DNS）。

域名系统是一个分布在因特网上的主机信息数据库系统，它采用客户端/服务器工作模式。域名系统的基本任务是将域名翻译成 IP 协议能够理解的 IP 地址格式，这个工作过程称为域名解析。域名解析工作由域名服务器来完成，域名服务器分布在不同的地方，它们之间通过特定的方式进行联络，这样可以保证用户可以通过本地域名服务器查找到因特网上所有的域名信息。

因特网域名系统规定，域名格式为：结点名 . 三级域名 . 二级域名 . 顶级域名。

（2）顶级域名

所有顶级域名由 INIC（国际因特网信息中心）控制。顶级域名目前分为两类：行业性和地域性顶级域名，如表 9-2 所示。

表 9-2　常见顶级域名

早期顶级域名	机构性质	新增顶级域名	机构性质	域 名	国家或地区
com	商业组织	firm	公司企业	au	澳大利亚
edu	教育机构	shop	销售企业	ca	加拿大
net	网络中心	web	因特网网站	cn	中国
gov	政府组织	arts	文化艺术	de	德国
mil	军事组织	rec	消遣娱乐	jp	日本
org	非赢利性组织	info	信息服务	fr	法国
int	国际组织	nom	个人	uk	英国

美国没有国别顶级域名，通常见到的是采用行业领域的顶级域名。

如图 9-21 所示，因特网域名系统逐层、逐级由大到小进行划分，DNS 结构形状如同一棵倒挂的树，树根在最上面，而且没有名字。域名级数通常不多于 5 级，这样既提高了域名解析的效率，同时也保证了主机域名的唯一性。

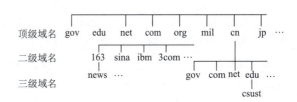

图 9-21 DNS 的层次结构示意图

9.2.2 Internet 提供的关键服务

随着 Internet 的迅速发展，其提供的服务种类非常多，以下是几个基本的服务。

1. 电子邮件

电子邮件（E-mail）是因特网上最早提供的服务之一，只要知道了双方的电子邮件地址，通信双方就可以利用因特网收发电子邮件，用户的电子邮箱不受用户所在地理位置的限制，主要优点就是快速、方便、经济。

2. 文件传输

文件传输（File Transfer Protocol，FTP）是指在因特网上进行各种类型文件的传输，也是因特网最早提供的服务之一。简单地说，就是让用户连接到一个远程的称为 FTP 服务器的计算机上，查看远程计算机上有哪些文件，然后将需要的文件从远程计算机上复制到本地计算机上，这一过程称为下载，也可以将本地计算机中的文件送到远程计算机上，这一过程称为上传。

FTP 服务分为普通 FTP 服务和匿名 FTP 服务，普通 FTP 服务对注册用户提供文件传输服务，而匿名 FTP 服务向任何因特网用户提供特定的文件传输服务。

3. 远程登录

远程登录（Telnet）是因特网上一台主机的用户使用另一台主机的登录账号（用户名和密码）与该主机相连，作为它的一个远程终端使用该主机的资源。

4. WWW

WWW（World Wide Web）是因特网上的多媒体信息查询工具，通过交互式浏览来查询信息，它使用超文本和超链接技术，可以按任意的次序从一个文件跳转到另一个文件，从而浏览和查阅所需的信息，这是因特网中发展最快和使用最广的服务。

因特网提供的基本服务还包括电子公告牌（BBS）、新闻组（Usenet）、文件查询（Archie）、菜单检索（Gopher）、聊天室、网络电话、网上购物、电子商务等。其中，WWW 服务和电子邮件服务会在后面小节进行详细介绍。

下面对其中两个比较关键的服务进行详细解释。

1. 网页服务

WWW（World Wide Web，万维网）的信息资源分布在全球数亿个网站上，网站的服务内容由 ICP（因特网内容提供商）进行发布和管理，用户通过浏览器软件（如 IE），就可浏览到网站上的信息。网站主要采用网页的形式进行信息描述和组织，是多个网页的集合。一个典型的网页如图 9-21 所示。

（1）超文本

网页是一种超文本（Hypertext）文件，超文本有两大特点：一是超文本的内容，可以包括文字、图片、视频、超链接等（见图 9-22）；二是超文本采用超链接的方法，将不同位置（如不同网站）的内容组织在一起，构成一个庞大的网状文本系统。超文本普遍以电子文档的方式表示，网页都采用超文本形式。

（2）超链接

超链接是指向其他网页的一个"指针"，允许用户从当前阅读位置直接切换到网页超链接所指向的位置。超链接属于网页的一部分，它是一种允许与其他网页或站点之间进行连接的元素。各个网页链接在一起后，才能构成一个网站。超链接是指从一个网页指向一个目标的连接关系，这个目标可以是另一个网页，也可以是相同网页上的不同位置，还可以是一个图片、一个电子邮件地址、一个文件，甚至是一个应用程序。当浏览者单击已经链接的文字或图片后，链接目标将显示在浏览器上，并且根据目标的类型来打开或运行。网页的超链接访问过程如图 9-23 所示。

图 9-22　超文本网页　　　　　　　图 9-23　网页的超链接访问过程

浏览器通常会用一些特殊的方式来显示超链接，如不同的文字色彩、大小或样式。而且，光标移动到超链接上时，也会转变为"手形"标记指示出来。超链接在大部分浏览器里显示为加上下画线的蓝色字体，当这个链接被选取时，文字转为紫色。当用户点击超链接时，浏览器将调用超链接的网页。如果超链接目标并不是一个 HTML 文件（如下载一个 RAR 压缩文件），浏览器将自动启动外部程序打开这个文件。

（3）网页的描述和传输

网页文件采用 HTML（Hyper text Markup Language，超文本标记语言）进行描述；网页采用 HTTP（超文本传输协议）在因特网中传输。

例 9-3　利用 HTML 建立一个简单的测试网页。

打开 Windows 自带的"记事本"程序，编辑图 9-24 中的代码，编辑完成后，选择"文件"→"另存为"命令，文件命名为 tset.html，保存类型为"所有文件"，单击"保存"按钮，一个简单的网页就编辑好了。

双击 test.html 文件，就可以在 IE 浏览器中显示"这是我的测试网页"信息。

HTTP 是网站服务器与客户端之间的文件传输协议，HTTP 协议以客户端与服务器之间相互发送消息的方式进行工作，客户端通过应用程序（如 IE）向服务器发出服务请求，并访问网站服务器中的数据资源，服务器通过公用网关接口程序返回数据给客户端。

（4）统一资源定位符

全球有数亿个网站，一个网站有成千上万个网页，为了使这些网页调用不发生错误，就必须对每一个信息资源（如网页、下载文件等）都规定一个全球唯一的网络地址，该网络地址称为 URL（统一资源定位符）。URL 的完整格式为：

protocol://hostname[:port]/path/[;parameters][?query][#fragment]　（[ ] 内为可选项）

协议类型://主机名[:端口号]/路径/[;参数][?查询][#信息片段]

例9-4 http://www.baidu.com/

访问百度网页搜索引擎网站。

URL最大的缺点是当信息资源的存放路径发生变化时，必须对URL做出相应的改变。因此，专家们正在研究新的信息资源表示方法，如URI（通用资源标识）、URN（统一资源名）和URC（统一资源引用符）等。

（5）用户访问Web网站的工作过程

当用户在浏览器中输入域名，到浏览器显示出页面，这个工作过程如图9-25所示。

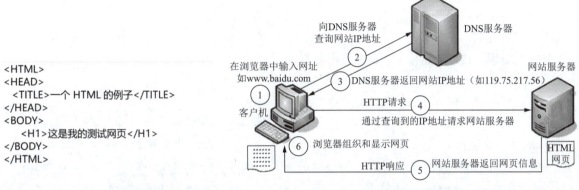

图9-24　HTML文件基本结构实例　　　图9-25　用户与网站之间的访问过程

① 用户采用的浏览器通常为IE、FireFox等，或者是客户端程序（如QQ）。

② 连接到因特网中的计算机都有一个IP地址，如210.43.10.26，由于连接到因特网中的计算机IP地址都是唯一的，因此可以通过IP地址寻找和定位一台计算机。

网站所在的服务器通常有一个固定的IP地址，而浏览者每次上网的IP地址通常都不一样，浏览者的IP地址由ISP（因特网服务提供商）动态分配。

③ 域名服务器（DNS）是一组（或多组）公共的免费地址查询解析服务器（相当于免费问路），它存储了因特网上各种网站的域名与IP地址的对应列表。

④ 浏览器得到域名服务器指向的IP地址后，浏览器会把用户输入的域名转化为HTTP服务请求。例如，用户输入www.baidu.com时，浏览器会自动转化为http://www.baidu.com/，浏览器通过这种方式向网站服务器发出请求。

由于用户输入的是域名，因此网站服务器接收到请求后，会查找域名下的默认网页（通常为index.html、default.html、default.php等）。

⑤ 网站返回的请求通常是一些文件，包括文字信息、图片、Flash等，每个网页文件都有一个唯一的网址，如https://www.shengda.edu.cn/xxgk/xxjj.htm。

⑥ 浏览器将这些信息组织成用户可以查看的网页形式。

2. 邮件服务

电子邮件（E-mail）是一种利用计算机网络交换电子信件的通信手段，它是因特网上最受欢迎的一种服务。电子邮件服务可以将用户邮件发送到收信人的邮箱中，收信人可随时进行读取。电子邮件不仅能传送文字信息，还可以传送图像、声音等多媒体信息。

电子邮件系统采用客户端/服务器工作模式，邮件服务器包括接收邮件服务器和发送邮件服务器。发送邮件服务器一般采用SMTP（简单邮件传输协议）通信协议，当用户发出一份电子邮件时，发送方邮件服务器按照电子邮件地址，将邮件送到收信人的接收邮件服务器中。接收方邮件服务器为每个用户的电子邮箱开辟了一个专用的硬盘空间，用于存放对方发来的邮件。当收件人将自己的计算机连接到接收邮件服务器（一般为登录邮件服务器的网页），并发出接收操作后（用户登录后，邮件服务器会自动发送邮件目录），接收方通过 POP3（邮局协议版本 3）或 IMAP（交互式邮件存取协议）读取电子信箱内的邮件。当用户采用网页方式进行电子邮件收发时，用户必须登录到邮箱后才能收发 邮件；如果用户采用邮件收发程序（如微软公司的 Outlook Express），则邮件收发程序会自动登录邮箱，将邮件下载到本地计算机中。图 9-26 所示为电子邮件的收发过程。

（1）申请免费电子邮箱

电子邮箱有收费邮箱和免费邮箱之分，下面以 126 免费邮箱为例说明如何申请免费邮箱。

① 在计算机上启动 IE，在地址栏中输入 www.126.com 并按【Enter】键登录该网页，单击"注册网易邮箱"按钮。

② 填写注册信息，在申请免费邮箱时，一般不允许使用中文用户名。然后是密码，为了避免输入错误，要求重复一次密码。接下来是输入手机号码（可不输入），一般申请免费邮箱没有此项。最后单击"完成"按钮，就完成了申请免费邮箱的过程。免费邮箱地址是××××@126.com。

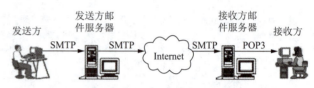

图 9-26　电子邮件的收发过程

（2）收发电子邮件

① 发电子邮件。在网络联通的情况下，登录网站进入自己的免费电子邮箱，如图 9-27 所示。单击"写信"按钮进入写邮件窗口，如图 9-28 所示。然后，在"收件人"文本框中输入对方的电子邮箱地址，在"主题"文本框中输入信笺的标题，在"内容"文本框中输入信笺的内容，单击"立即发送"按钮即可。

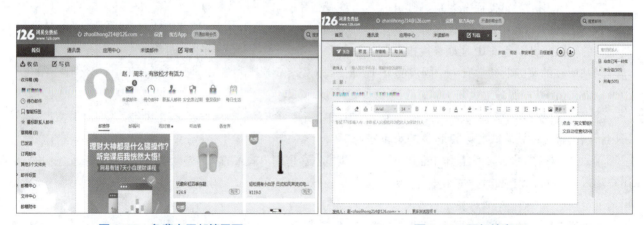

图 9-27　免费电子邮箱界面　　　　　　　　　图 9-28　写邮件窗口

② 收电子邮件。在网络连接的情况下，登录网站进入自己的免费电子邮箱，然后单击"收件箱"按钮进入收邮件窗口，在屏幕中将会看到电子邮箱中是否收到新的邮件，如图 9-29 所示。

图 9-29　收件箱邮件

9.2.3　组建与使用有线 / 无线局域网

Internet 的接入方式是指将主机连接到 Internet 上的各种不同的方法，通常有通过电话线的方式和通过光纤的方式，其中重点介绍一下光纤接入方式。

1. 光纤接入

光纤接入方式是为居住在已经或便于进行综合布线的住宅、小区和写字楼的较集中的用户，以及有独享光纤需求的企事业单位或集团用户高速上网需求提供的，传输带宽 2 ～ 155 Mbit/s 不等。可根据用户群体对不同速率的需求，实现高速上网或企业局域网间的高速互联。同时，由于光纤接入方式的上传和下传都有很高的带宽，尤其适合开展远程教学、远程医疗、视频会议等对外信息发布量较大的网上应用。

其中家庭的光纤接入连接示意如图 9-30 所示。

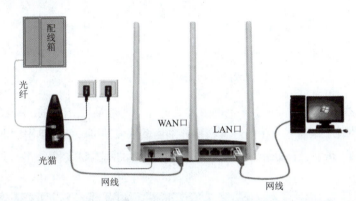

图 9-30　光纤接入方式

这种家庭的有线 / 无线混合局域网其中关键的硬件就是图 9-30 中的无线宽带路由器，有线连接就是把安装有线网卡的计算机通过网线连接到路由器的 LAN 口上，对于使用无线连接的计算机，就是计算机需要安装无线网卡，然后通过无线宽带路由器的天线信号接入。

2. 配置宽带路由器

要使局域网中的计算机能共享上网，还需要对无线宽带路由器进行设置，以将上网账号和密码"绑定"在宽带路由器中。此外，由于无线网络是一个开放式的网络，附近的计算机只要安装了无线网卡，就可以连接到该网络，享有相关资源。因此，为了保证无线网络的安全，有必要通过设置无线宽带路由器对网络进行加密，本节以华为路由 A2 为例进行说明。

① 在使用有线方式连接的任意一台计算机中打开浏览器，在地址栏中输入宽带路由器后台管理地址，如 192.168.1.1（具体数值请参照产品使用手册），按【Enter】键。在打开的登录对话框中输入用户名 admin，密码 admin，然后单击"确定"按钮，进入如图 9-31 所示界面。

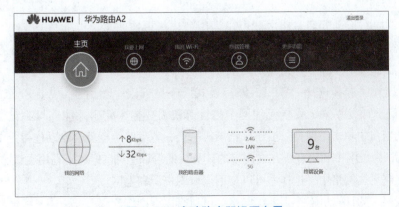

图 9-31　启动路由器设置向导

② 单击"我要上网"按钮，进入如图 9-32 所示界面。

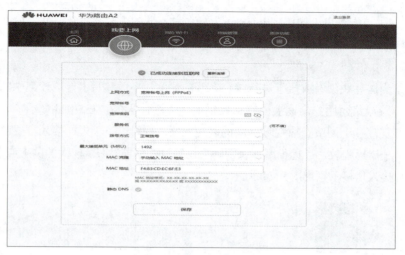

图 9-32 选择上网方式

③ 根据实际情况选择上网方式，其中，上网方式要选择"宽带账号上网（PPPOE）"，宽带账号和宽带密码要用网络服务商提供的上网账号及密码，其余参数采用默认值即可，然后单击"保存"按钮。

④ 单击"我的 Wi-Fi"按钮，在打开的窗口中设置无线网络的基本参数和安全选项，如图 9-33 所示。

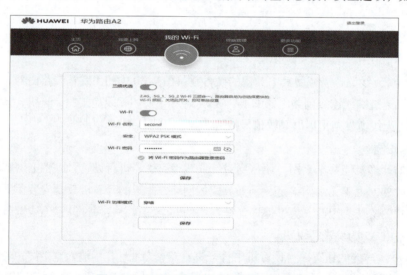

图 9-33 设置网络的基本参数和安全选项

一般需要设置的选项如下：

- "三项优选"向右拖动开启，路由器可以为用户选择更快的 Wi-Fi 频段。
- Wi-Fi 向右拖动开启，这样才能让安装有无线网卡的计算机使用无网线方式连接到无线网络。
- 在"Wi-Fi 名称"文本框中为无线网络取一个名称。
- 在"安全"设置区选择选择"WPA2-PSK 模式"下拉列表，然后在"Wi-Fi 密码"文本框中输入无线网络密码。如此一来，安装无线网卡的计算机需要输入密码才能连接到该无线网络。

最后，在打开的窗口中单击"保存"按钮。稍微等一会，宽度路由器就会自动连接上 Internet。

经过以上设置后，局域网中利用有线方式连接的计算机便可以上网。但对于利用无线方式连接的计算机，则还需要将它们连接到无线网络中，这样才可以使用局域网资源和上网。

要将安装有无线网卡的计算机连接到无线网络，可执行以下操作步骤：

① 双击任务栏右侧的无线网卡工作状态图标，打开"无线网络连接"对话框，其中列出了计算机周围可用的无线网络名称，单击要连接的无线网络名称，再单击"连接"按钮，如图 9-34 所示。

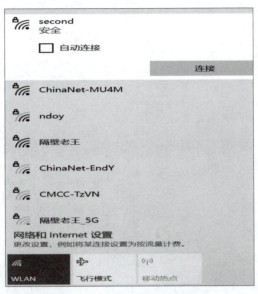

图 9-34　选择要连接的网络

② 在打开的"连接到网络"对话框"的安全密钥"文本框中输入密钥后，单击"确定"按钮，如图 9-35 所示。

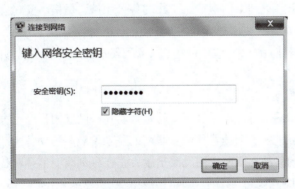

图 9-35　输入安全密钥

③ 稍后，在所选无线网络的右侧出现提示"已连接上"。此时计算机就可以正常上网和使用局域网中的资源。

9.3　移动互联网及应用

移动互联网是 PC 互联网发展的必然产物，将移动通信和互联网二者结合起来成为一体。它是互联网的技术、平台、商业模式和应用与移动通信技术结合并实践的活动的总称。

9.3.1　移动互联网概述

移动互联网是指移动通信终端与互联网相结合成为一体的网络，用户可使用手机、PDA 或其他无线终端设备，通过速率较高的移动网络，在移动状态下 (如在地铁、公交车等) 随时、随地访问 Internet 以获取信息，使用商务、娱乐等各种网络服务。

通过移动互联网，人们可以使用手机、平板计算机等移动终端设备浏览新闻，还可以使用各种移动互联网应用（见图 9-36），例如在线搜索、在线聊天、移动网游、手机电视、在线阅读、网络社区、收听及下载音乐等。其中移动环境下的网页浏览、文件下载、位置服务、在线游戏、视频浏览和下载等是其主流应用。

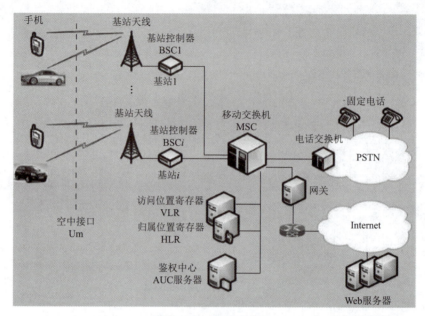

图 9-36　移动互联网

目前，移动互联网正逐渐渗透到人们生活、工作的各个领域，微信、支付宝、位置服务等丰富多彩的移动互联网应用迅猛发展，正在深刻改变信息时代的社会生活，近几年，更是实现了3G经4G到5G的跨越式发展。全球覆盖的网络信号，使得身处大洋和沙漠中的用户，仍可随时随地保持与世界的联系。

9.3.2　移动互联网应用

当人们随时随地接入移动网络时，运用最多的就是移动互联网应用程序。大量创新的应用，逐渐渗透到人们生活、工作的各个领域，进一步推动着移动互联网的蓬勃发展。移动音乐、手机游戏、视频应用、手机支付、位置服务等丰富多彩的移动互联网应用发展迅猛，正在深刻改变信息时代的社会生活，移动互联网正迎来新的发展浪潮。以下是几种主要的移动互联网应用。

① 电子阅读：电子阅读是指利用移动智能终端阅读小说、电子书、报纸、期刊等的应用。电子阅读区别于传统的纸质阅读，真正实现无纸化浏览。特别是热门的电子报纸、电子期刊、电子图书馆等功能已深人们的现实生活中，同过去阅读方式有了显著不同。由于电子阅读无纸化，可以方便用户随时随地浏览，移动阅读已成为继移动音乐之后最具潜力的增值业务。

② 手机游戏：手机游戏可分为在线移动游戏和非网络在线移动游戏，是目前移动互联网最热门的应用之一。随着人们对移动互联网接受程度的提高，手机游戏吸引了一大批年轻的用户。随着移动终端性能的改善，更多的游戏形式将被支持，客户体验也会越来越好。

③ 移动视听：移动视听是指利用移动终端在线观看视频、收听音乐及广播等应用。

④ 移动搜索：指以移动设备为终端，对传统互联网进行的搜索，从而高速、准确地获取信息资源。移动搜索是移动互联网的未来发展趋势。随着移动互联网内容的充实，人们查找信息的难度会不断加大，内容搜索需求也会随之增加。相比传统互联网的搜索，移动搜索对技术的要求更高。移动搜索引擎需要整合现有的搜索理念实现多样化的搜索服务。智能搜索、语义关联、语音识别等多种技术都要融合到移动搜索技术中。

⑤ 移动社区：移动社区是指以移动终端为载体的社交网络服务，也就是终端、网络加社交的意思。

⑥ 移动商务：移动商务是指通过移动通信网络进行数据传输，并且利用移动信息终端参与各种商业经营活动的一种新型电子商务模式，它是新技术条件与新市场环境下的电子商务形态，也是电子商务的一条分支。移动商务是移动互联网的转折点，因为它突破了仅仅用于娱乐的限制开始向企业用户渗透。随着移动互联网的发展成熟，企业用户也会越来越多地利用移动互联网开展商务活动。

⑦ 移动支付：也称手机支付，是指允许用户使用其移动终端（通常是手机）对所消费的商品或服务进行账务支付的一种服务方式。移动支付主要分为近场支付和远程支付两种。整个移动支付价值链包括移动运营商、支付服务商（如银行、银联等）、应用提供商（公交、校园、公共事业等）、设备提供商（终端厂商、卡供应商、芯片提供商等）、系统集成商、商家和终端用户。

思考与练习

一、选择题

1. 计算机网络能够提供的共享资源有（ ）。
   A. 软件资源和数据资源　　　　　　　　B. 硬件资源和软件资源
   C. 数据资源　　　　　　　　　　　　　D. 硬件资源、软件资源和数据资源
2. 为进行网络中的数据交换而建立的规则、标准或约定叫作（ ）。
   A. 网络协议　　　　　　　　　　　　　B. 网络系统
   C. 网络拓扑结构　　　　　　　　　　　D. 网络体系结构
3. OSI 参考模型将整个网络的通信功能划分为七个层次，其中最高层称为（ ）。
   A. 应用层　　　　B. 物理层　　　　C. 表示层　　　　D. 网络层
4. 在 OSI 七层结构模型中，数据链路层属于（ ）。
   A. 第七层　　　　B. 第四层　　　　C. 第二层　　　　D. 第六层
5. Internet 上使用的最基本的两个协议是（ ）。
   A. TCP 和 Telnet　　B. IP 和 Telnet　　C. TCP 和 SMTP　　D. TCP 和 IP
6. TCP/IP 协议集的 IP 协议位于（ ）。
   A. 网际层　　　　B. 网络接口层　　　C. 传输层　　　　D. 应用层
7. 在 Internet 上，为每个网络和上网的主机都分配一个唯一的地址，这个地址称为（ ）。
   A. WWW 地址　　　B. DNS 地址　　　　C. TCP 地址　　　D. IP 地址
8. 目前常用的 IP 地址的二进制位数为（ ）位。
   A. 8　　　　　　　B. 16　　　　　　　C. 32　　　　　　D. 64
9. 用于完成 IP 地址与域名地址映射的服务器是（ ）。
   A. IRC 服务器　　　　　　　　　　　　B. WWW 服务器
   C. FTP 服务器　　　　　　　　　　　　D. DNS 服务器
10. 一个学校组建的有专用服务器的计算机网络，按分布距离分类应属于（ ）。
    A. 城域网　　　　B. 对等网　　　　C. 局域网　　　　D. 广域网

二、思考题

1. 简要说明计算机网络的定义。
2. 简要说明计算机网络的功能。
3. 简要说明 TCP/IP 网络协议的层次。
4. 网络的基本拓扑结构有哪些？
5. 最常见的网络服务有哪些？

第 10 章
计算机新技术

随着计算机、互联网等基础设施建设日趋完善,以云计算、物联网、大数据、人工智能、VR 等技术为代表的新一代信息技术蓬勃发展,得到越来越多的应用,对各国经济发展、社会进步、人民生活带来重大而深远的影响。

本章主要从基本概念、体系结构、原理实现、实际应用等几个方面对云计算、物联网、大数据、人工智能展开详细阐述。

> **学习目标:**
>
> 通过对本章内容的学习,学生应该能够做到:
> ① 了解:计算机新技术的相关基本概念。
> ② 理解:计算机新技术的实现原理。
> ③ 掌握:计算机新技术的关键技术。

10.1 云计算

10.1.1 云计算概述

云计算是分布式计算的一种,指的是通过网络"云"将巨大的数据计算处理程序分解成无数个小程序,然后,通过多部服务器组成的系统进行处理和分析这些小程序得到结果并返回给用户。早期的云计算,是简单的分布式计算,解决任务分发,并进行计算结果的合并。因而,云计算又称为网格计算。通过这项技术,可以在很短的时间内(几秒)完成对数以万计的数据的处理,从而达到强大的网络服务。

"云"实质上就是一个网络,有狭义与广义之分。狭义的云计算将所有提供资源的网络称为"云","云"中的资源在用户看来是可以无限扩展,并可随时获取、按需使用、随时扩展、按使用付费的。广义的云计算将所有的服务称为"云",这种服务可以是和软件、互联网相关的,也可以是任意其他的服务。

"云"是一些可以自我维护和管理的虚拟计算资源,通常为一些大型服务器集群,包括计算服务器、存储服务器、宽带资源等。云计算将所有的计算资源集中起来,将资源以虚拟化的方式为用户提供方便快捷的服务。云计算是一种基于因特网的超级计算模式,在远程数据中心,几万台服务器和网络设备连接成一片,各种计算资源共同组成了若干个庞大的数据中心。云计算的系统结构和云管理如图 10-1 所示。

在云计算模式中,用户通过终端接入网络,向"云"提出需求;"云"接受请求后组织资源,通过网络为用户提供服务。用户终端的功能可以大大简化,复杂的计算与处理过程都将转移到用户终端背后的"云"

去完成。在任何时间和任何地点，用户只要能够连接至互联网，就可以访问云，用户的应用程序并不需要运行在用户的计算机、手机等终端设备上，而是运行在互联网的大规模服务器集群中；用户处理的数据也无须存储在本地，而是保存在互联网上的数据中心。提供云计算服务的企业负责这些数据中心和服务器正常运转的管理和维护，并保证为用户提供足够强的计算能力和足够大的存储空间。云计算的含义即将计算能力放在互联网上，它意味着计算能力也可以作为一种商品通过互联网进行流通。

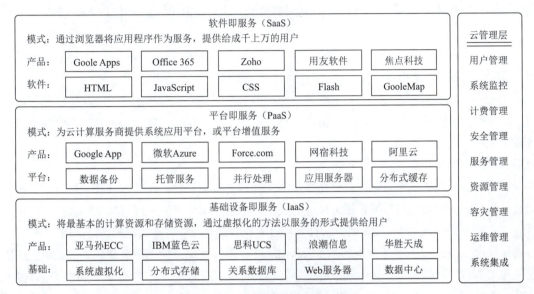

图 10-1　云计算系统结构和云管理

总之，云计算不是一种全新的网络技术，而是一种全新的网络应用概念。云计算的核心概念就是以互联网为中心，在网站上提供快速且安全的云计算服务与数据存储，让每一个使用互联网的人都可以使用网络上的庞大计算资源与数据中心。

10.1.2　云计算主要技术

云计算是一种以数据和处理能力为中心的密集型计算模式，在云计算系统中运用了许多技术，其中以虚拟化技术、分布式数据存储技术、编程模型、大规模数据管理技术、信息安全、云计算平台管理技术最为关键。

1. 虚拟化技术

虚拟化是云计算最重要的核心技术之一，它为云计算服务提供基础架构层面的支撑，是 ICT 服务快速走向云计算的最主要驱动力。可以说，没有虚拟化技术也就没有云计算服务的落地与成功。随着云计算应用的持续升温，业内对虚拟化技术的重视也提到了一个新的高度。

从技术上讲，虚拟化是一种在软件中仿真计算机硬件，以虚拟资源为用户提供服务的计算形式，旨在合理调配计算机资源，使其更高效地提供服务。它把应用系统各硬件间的物理划分打破，从而实现架构的动态化，实现物理资源的集中管理和使用。虚拟化的最大好处是增强系统的弹性和灵活性，降低成本、改进服务、提高资源利用效率。

虚拟化的最大好处是增强系统的弹性和灵活性，降低成本、改进服务、提高资源利用效率。从表现形式上看，虚拟化又分两种应用模式：一是将一台性能强大的服务器虚拟成多个独立的小服务器，服务不同的用户；二是将多个服务器虚拟成一个强大的服务器，完成特定的功能。这两种模式的核心都是统一管理，动态分配资源，提高资源利用率。在云计算中，这两种模式都有比较多的应用。

2. 分布式数据存储技术

云计算的另一大优势就是能够快速、高效地处理海量数据。为了保证数据的高可靠性，云计算通常会采用分布式存储技术，将数据存储在不同的物理设备中，能实现动态负载均衡、故障节点自动接管，具有高可靠性、高可用性、高可扩展性。因为在多结点的并发执行环境中，各个结点的状态需要同步，并且在单个结点出现故障时，系统需要有效的机制保证其他结点不受影响。这种模式不仅摆脱了硬件设备的限制，同时扩展性更好，能够快速响应用户需求的变化。云计算利用多台存储服务器分担存储负荷，利用位置服务器定位存储信息，它不但提高了系统的可靠性、可用性和存取效率，还易于扩展。

在当前的云计算领域，Google的GFS和Hadoop开发的开源系统HDFS是比较流行的两种云计算分布式存储系统。

GFS（Google File System）技术：谷歌的非开源的GFS云计算平台满足大量用户的需求，并行地为大量用户提供服务。使得云计算的数据存储技术具有高吞吐率和高传输速率的特点。

HDFS（Hadoop Distributed File System）技术：大部分ICT厂商，包括Yahoo、Intel的"云"计划采用的都是HDFS的数据存储技术。未来的发展将集中在超大规模的数据存储、数据加密和安全性保证以及继续提高I/O速率等方面。

3．编程模型

从本质上讲，云计算是一个多用户、多任务、支持并发处理的系统。高效、简捷、快速是其核心理念，它旨在通过网络把强大的服务器计算资源方便地分发到终端用户手中，同时保证低成本和良好的用户体验。在这个过程中，编程模式的选择至关重要。云计算项目中分布式并行编程模式将被广泛采用。

分布式并行编程模式创立的初衷是更高效地利用软件、硬件资源，让用户更快速、更简单地使用应用或服务。在分布式并行编程模式中，后台复杂的任务处理和资源调度对于用户来说是透明的，这样能够大大提升用户体验。MapReduce是当前云计算主流并行编程模式之一。MapReduce模式将任务自动分成多个子任务，通过Map和Reduce两步实现任务在大规模计算结点中的高度与分配。

MapReduce是Google开发的Java、Python、C++编程模型，它是一种简化的分布式编程模型和高效的任务调度模型，主要用于大规模数据集（大于1 TB）的并行运算。严格的编程模型使云计算环境下的编程十分简单。MapReduce模式的思想是将要执行的问题分解成Map（映射）和Reduce（化简）的方式，先通过Map程序将数据切割成不相关的区块，分配（调度）给大量计算机处理，达到分布式运算的效果，再通过Reduce程序将结果汇整输出。

4．大规模数据管理技术

云计算需要对分布的、海量的数据进行处理、分析，因此，数据管理技术必须能够高效地管理大量的数据。云计算系统中的数据管理技术主要是Google的BT（BigTable）数据管理技术和Hadoop团队开发的开源数据管理模块HBase。

Google的BT数据管理技术和Hadoop团队开发的开源数据管理模块HBase是业界比较典型的大规模数据管理技术。

BT数据管理技术：BT是非关系的数据库，是一个分布式的、持久化存储的多维度排序Map.BigTable，建立在GFS、Scheduler、Lock Service和MapReduce之上，与传统的关系数据库不同，它把所有数据都作为对象来处理，形成一个巨大的表格，用来分布存储大规模结构化数据。Bigtable的设计目的是可靠地处理PB级别的数据，并且能够部署到上千台计算机上。

开源数据管理模块HBase：HBase是Apache的Hadoop项目的子项目，定位于分布式、面向列的开源数据库。HBase不同于一般的关系数据库，它是一个适合于非结构化数据存储的数据库。另一个不同的是HBase基于列的而不是基于行的模式。作为高可靠性分布式存储系统，HBase在性能和可伸缩方面都有比较好的表现。利用HBase技术可在廉价PC Server上搭建起大规模结构化存储集群。

5．信息安全

有数据表明，安全已经成为阻碍云计算发展的最主要原因之一。事实上，云计算安全也不是新问题，传统互联网存在同样的问题。只是云计算出现以后，安全问题变得更加突出。在云计算体系中，安全涉及很多层面，包括网络安全、服务器安全、软件安全、系统安全等。因此，有分析师认为，云安全产业的发展，将把传统安全技术提到一个新的阶段。

现在，不管是软件安全厂商还是硬件安全厂商都在积极研发云计算安全产品和方案。包括传统杀毒软件厂商、软硬防火墙厂商、IDS/IPS厂商在内的各个层面的安全供应商都已加入到云安全领域。相信在不久的将来，云安全问题将得到很好的解决.

6. 云计算平台管理技术

云计算资源规模庞大、服务器数量众多并分布在不同的地点，同时运行着数百种应用，如何有效地管理这些服务器，保证整个系统提供不间断的服务是巨大的挑战。云计算系统的平台管理技术，需要具有高效调配大量服务器资源、更好的协同工作的能力。其中，方便地部署和开通新业务、快速发现并且恢复系统故障、通过自动化、智能化手段实现大规模系统可靠的运营是云计算平台管理技术的关键。

对于提供者而言，云计算可以有三种部署模式：公共云、私有云和混合云。三种模式对平台管理的要求大不相同。对于用户而言，由于企业对于ICT资源共享的控制、对系统效率的要求以及ICT成本投入预算不尽相同，企业所需要的云计算系统规模及可管理性能也大不相同。因此，云计算平台管理方案要更多地考虑到定制化需求，能够满足不同场景的应用需求。

云计算系统的平台管理技术能够使大量的服务器协同工作，方便地进行业务部署和开通，快速发现和恢复系统故障，通过自动化、智能化的手段实现大规模系统的可靠运营。

10.1.3 云计算典型应用

较为简单的云计算技术已经普遍服务于现如今的互联网服务中，最为常见的就是网络搜索引擎和网络邮箱。人们最为熟悉的搜索引擎有谷歌和百度等，在任何时刻，只要用过移动终端就可以在搜索引擎上搜索任何想要的资源，通过云端共享数据资源。其实，云计算技术已经融入现今的社会生活。

1. 存储云

存储云，又称云存储，是在云计算技术上发展起来的一个新的存储技术。云存储是一个以数据存储和管理为核心的云计算系统。用户可以将本地的资源上传至云端，可以在任何地方连入互联网来获取云上的资源。人们所熟知的谷歌、微软等大型网络公司均有云存储的服务，在国内，百度云和微云则是市场占有量最大的存储云。存储云向用户提供了存储容器服务、备份服务、归档服务和记录管理服务等，大大方便了用户对资源的管理。

2. 医疗云

医疗云，是指在云计算、移动技术、多媒体、4G通信、大数据以及物联网等新技术基础上，结合医疗技术，使用"云计算"来创建医疗健康服务云平台,实现了医疗资源的共享和医疗范围的扩大。因为云计算技术的运用，医疗云提高了医疗机构的效率，方便了居民就医。像现在医院的预约挂号、电子病历、医保等都是云计算与医疗领域结合的产物，医疗云还具有数据安全、信息共享、动态扩展、布局全国的优势。

3. 金融云

金融云是指利用云计算的模型，将信息、金融和服务等功能分散到庞大分支机构构成的互联网"云"中，旨在为银行、保险和基金等金融机构提供互联网处理和运行服务，同时共享互联网资源，从而解决现有问题并且达到高效、低成本的目标。在2013年11月27日，阿里云整合阿里巴巴旗下资源并推出阿里金融云服务。其实，这就是现在基本普及了的快捷支付，因为金融与云计算的结合，现在只需要在手机上简单操作，就可以完成银行存款、购买保险和基金买卖。目前，阿里巴巴、苏宁金融、腾讯等等企业均推出了自己的金融云服务。

4. 教育云

教育云实质上是指教育信息化的一种发展。教育云可以将所需要的任何教育硬件资源虚拟化，然后将其传入互联网中,以向教育机构和学生、老师提供一个方便快捷的平台。现在流行的慕课就是教育云的一种应用。慕课(MOOC)指的是大规模开放的在线课程,现阶段慕课的三大优秀平台为 Coursera、edX 及 Udacity,在国内,中国大学 MOOC 也是非常好的平台。在 2013 年 10 月 10 日,清华大学推出来 MOOC 平台——学堂在线,许多大学现已使用学堂在线开设了一些课程的 MOOC。

10.2 物联网技术

10.2.1 物联网概述

1. 物联网概念

互联网是计算机网络之间以一组通用的协议所串连成的覆盖全世界的全球性网络。在这个网络中有交换机、路由器等网络设备,有各种不同的连接链路、种类繁多的服务器和数不尽的计算机、终端。使用互联网可以将信息瞬间发送到千里之外的人手中,它是信息社会的基础。

物联网技术是把电子、通信、计算机三大领域的技术融合起来,在互联网的基础上实现物物相连,是在互联网基础上延伸和扩展的网络,是通过互联网进行物与物连接的总称。物联网技术的重要基础和核心仍旧是互联网,通过各种有线和无线网络与互联网融合,将物体的信息实时准确地传递出去。因此,网络社会和物联网都是互联网发展的产物,它们的不断发展和演进都需要互联网应用技术的不断发展。

物联网通过各种感知设备,如射频识别(RFID)装置、全球定位系统、红外感应器、激光扫描器等,按约定的协议,实时采集任何需要监控、连接、互动物体或过程的信息,如声、光、热、电、力学、化学、生物、位置等各种需要的信息,再通过互联网传输进行信息交换和通信,以实现智能化识别、定位、跟踪、远程监控和管理。

随着传感器、芯片和网络技术的发展与普及,物联网将原本相互孤立的人和物体通过网络连接在了一起,形成一个物物相连的互联网。比如,物联网智慧停车体系利用传感器将每个车位信息(车位地点,是否已停)通过物联网传递给用户,用户就会知道这个停车场哪里还有空余的停车位;智能插座应用中,用户通过手机即可下达断电或接电的指令,智能插座就能根据指令执行对应操作。

21 世纪以来,进入了物联网时代。物联网将用户端延伸和扩展到了任何物品与物品之间,进行信息交换和通信,大大改变了人们的生产和生活,影响着既有的社会运行体系。物联网的发展带来了新的社会发展方向。

物联网如图 10-2 所示。

2. 物联网的基本特征

物与物、人与物之间的信息交互是物联网的核心。物联网的基本特征可概括为整体感知、可靠传输和智能处理。

① 整体感知:可以利用射频识别、二维码、智能传感器等感知设备感知获取物体的各类信息。

② 可靠传输:通过对互联网、无线网络的融合,将物体的信息实时、准确地传送,以便信息交流、分享。

图 10-2 物联网

③ 智能处理:使用各种智能技术,对感知和传送到的数据、信息进行分析处理,实现监测与控制的智能化。

10.2.2 物联网的体系结构

物联网作为一个系统网络,与其他网络一样,有其内部特有的架构。物联网系统有三个层次:一是感知层,即利用 RFID、传感器、二维码等随时随地获取物体的信息;二是网络层,通过各种电信网络与互联网的融合,将物体的信息实时准确地传递出去;三是应用层,把感知层得到的信息进行处理,实现智能化识别、定位、跟踪、监控和管理等实际应用。物联网架构如图10-3所示。

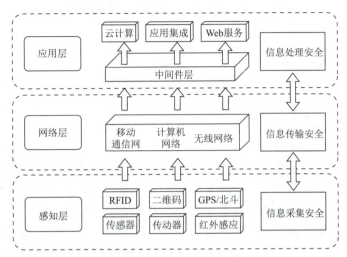

图 10-3　物联网架构图

1. 感知层

感知层位于物联网三层结构中的最底层,是物联网应用和发展的基础。感知层通过基础芯片、传感器、传动器以及RFID、二维码、GPS等感知装置,采集被测量物理世界中发生的物理事件和数据信息,将采集信息按一定规律编码为电信号或者其他所需的信息形式,进而实现采集信息的短距离传输、自组织组网,以及多个传感器对数据的协同信息处理过程,以满足信息的传输、处理、存储、显示、记录和控制等要求。简单地理解,就是物通过传感器获取到了信息,为后续的传输和应用等过程提供了基础。

感知层的作用相当于人的眼耳鼻喉和皮肤等神经末梢,它是物联网识别物体、采集信息的来源,其主要功能是感知信息、识别物体、采集信息,并且将信息传递出去。比如,采用温湿度传感器感知一个房间的温湿度等。

2. 网络层

网络层建立在现有通信网络和互联网基础之上,通过各种接入设备与移动通信网和互联网相连。其主要任务是通过现有的互联网、广电网络、通信网络等实现信息的传输、初步处理、分类、聚合等,用于沟通感知层和应用层。相当于人的神经中枢和大脑,负责传递和处理感知层获取的信息。比如,温湿度传感器读取到信息后,可以通过网络把数据发送到后台。

物联网的网络与互联网的网络并无太大差异,都是通过网络实现互联来进行信息的传输。但是,物联网的网络对比人们平常使用的互联网在实际的应用场景中有着不一样的需求。例如,在物联网中,传送的数据量巨大,且对数据传输的实时性有一定的要求,甚至不一样的物联网应用场景也会有较大差异的需求。为了适应各式各样的物联网应用场景,需要对物联网的网络在现有网络的基础上进行扩展和优化,利用无线通信、移动通信等新技术来实现更加广泛高效的互联功能。

3. 应用层

应用层位于物联网三层结构中的最顶层,是连接物联网网络架构和产业链条的关键环节,向下连接感知层,向上向应用服务提供商提供应用开发能力和统一接口,提供各种服务能力,如数据路由、数据处理与挖掘、应用开发、设备维护服务等。其功能为"处理",即通过云计算平台进行信息处理。应用层与最低端的感知层一起,是物联网的显著特征和核心所在,应用层可以对感知层采集数据进行计算、处理和知识挖掘,从而实现对物理世界的实时控制、精确管理和科学决策。

物联网的根本目标是与行业需求结合，实现物联网智能应用。人们在感知层使用了各种技术收集到了多种数据，在网络层不断研究适用的网络技术让这些数据得以传输。如何利用这些数据解决行业问题需要在应用层来实现，如利用物联网技术完成城市交通情况的分析与预测，环境状态的监控、分析与预警，健康状况监测与医疗方案建议等。

10.2.3 物联网关键技术

物联网具有数据海量化、连接设备种类多样化、应用终端智能化等特点，其发展依赖于感知与传感器技术、识别技术、信息传输技术、信息处理技术、信息安全技术等诸多技术。

1. 传感器技术

传感器是物联网系统中的关键组成部分。物联网系统中的海量数据信息来源于终端设备，而终端设备数据来源可归根于传感器，传感器赋予了万物"感官"功能，如人类依靠视觉、听觉、嗅觉、触觉感知周围环境。同样，物体通过各种传感器也能感知周围环境，且比人类感知更准确、感知范围更广。例如，人类无法通过触觉准确感知某物体的具体温度值，也无法感知上千高温，也不能辨别细微的温度变化。

传感器是将物理、化学、生物等信息变化按照某些规律转换成电参量（电压、电流、频率、相位、电阻、电容、电感等）变化的一种器件或装置。传感器种类繁多，按照被测量类型可分为温度传感器、湿度传感器、位移传感器、加速度传感器、压力传感器、流量传感器等。按照传感器工作原理可分为物理性传感器（基于力、热、声、光、电、磁等效应）、化学性传感器（基于化学反应原理）和生物性传感器（基于霉、抗体、激素等分子识别）。

2. 识别技术

对物理世界的识别是实现物联网全面感知的基础，常用的识别技术有二维码、RFID 标识、条形码等，涵盖物品识别、位置识别和地理识别。物联网的识别技术以 RFID 为基础。

RFID（Radio Frequency Identification，射频识别技术）是一种简单的无线系统，由一个询问器（或阅读器）和很多应答器（或标签）组成，如图 10-4 所示。标签由耦合元件及芯片组成，每个标签具有扩展词条唯一的电子编码，附着在物体上标识目标对象，通过天线将射频信息传递给阅读器。这就赋予了物联网一个特性，即可跟踪性，也就是人们可以随时掌握物品的准确位置及其周边环境。该技术不仅无须识别系统与特定目标之间建立机械或光学接触，而且在许多种恶劣的环境下也能进行信息的传输，因此在物联网的运行中有着重要的意义。

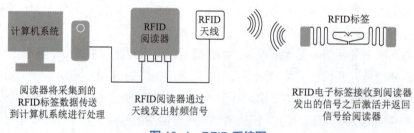

图 10-4 RFID 系统图

3. 信息传输技术

物联网技术是以互联网技术为基础及核心的，其信息交换和通信过程的完成也是基于互联网技术基础之上的。信息传输技术与物联网的关系紧密，物联网中海量终端连接、实时控制等技术离不开高速率的信息传输（通信）技术。

目前信息传输技术包含有线传感网络技术、无线传感网络技术和移动通信技术，其中无线传感网络技术应用较为广泛。无线传感网络技术又分为远距离无线传输技术和近距离无线传输技术。

（1）远距离无线传输技术

远距离无线传输技术包括 2G、3G、4G、5G、NB–IoT、Sigfox、LoRa，信号覆盖范围一般在几千米到几十千米，主要应用在远程数据的传输，如智能电表、智能物流、远程设备数据采集等。

（2）近距离无线传输技术

近距离无线传输技术包括 Wi–Fi、蓝牙、UWB、MTC、ZigBee、NFC，信号覆盖范围则一般在几十厘米到几百米之间，主要应用在局域网，如家庭网络、工厂车间联网、企业办公联网。低成本、低功耗和对等通信，是短距离无线通信技术的三个重要特征和优势。常见的近距离无线通信技术特征如表 10–1 所示。

表 10–1　近距离无线通信技术特征

项目	NFC	UWB	RFID	红外	蓝牙
连接时间	<0.1 ms	<0.1 ms	<0.1 ms	约 0.5 s	约 6 s
覆盖范围	长达 10 m	长达 10 m	长达 3 m	长达 5 m	长达 30 m
使用场景	共享、进入、付费	数字家庭网络、超宽带视频传输	物品跟踪、门禁、手机钱包高速公路收费	数据控制与交换	网络数据交换、耳机、无线联网

（3）5G

尽管互联网在过去几十年中取得了很快发展，但其在应用领域的发展却受到限制。主要原因是现有的 4G 网络主要服务于人，连接网络的主要设备是智能手机，无法满足在智能驾驶、智能家居、智能医疗、智能产业、智能城市等其他各个领域的通信速度要求。

物联网是一个不断增长的物理设备网络，它需要具有收集和共享大量信息/数据的能力，有海量的连接需求，不同的连接场景下，对速率、时延也会有较为严苛的要求，需要有高效网络的支持才能充分发挥其潜力。

5G 是第五代移动电话行动通信标准，也称第五代通信技术，峰值理论传输速率可达每秒数十吉比特，比 4G 网络的传输速率快数百倍。5G 网络就是为物联网时代服务的，相比可打电话的 2G、能够上网的 3G、满足移动互联网用户需求的 4G，5G 网络拥有大容量、高速率、低延迟三大特性。

5G 网络主要面向三类应用场景：移动宽带、海量物联网和任务关键性物联网，如表 10–2 所示。为了更好地面向不同场景、不同需求的应用，5G 网络采用网络切片技术：将一个物理网络分成多个虚拟的逻辑网络，每一个虚拟网络对应不同的应用场景，如图 10–5 所示。

相对于 4G 网络，5G 具备更加强大的通信和带宽能力，能够满足物联网应用高速稳定、覆盖面广等需求。

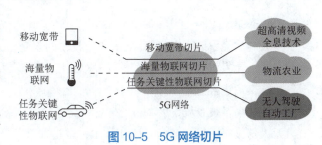

图 10–5　5G 网络切片

表 10–2　5G 网络应用场景

5G 应用场景	应用举例	需求
移动宽带	4K/8K 超高清视频、全息技术、增强现实/虚拟现实	高容量、视频存储
海量物联网	海量传感器（部署于测量、建筑、农业、物流、智慧城市、家庭等）	大规模连接、大部分静止不动
任务关键性物联网	无人驾驶、自动工厂、智能电网等	低时延、高可靠性

4. 信息处理技术

物联网采集的数据往往具有海量性、时效性、多态性等特点，给数据存储、数据查询、质量控制、智能处理等带来极大挑战。信息处理技术的目标是将传感器等识别设备采集的数据收集起来，通过信息挖掘等手段发现数据内在联系，发现新的信息，为用户下一步操作提供支持。当前的信息处理技术有云计算技术、智能信息处理技术等。

5. 信息安全技术

信息安全问题是互联网时代十分重要的议题，安全和隐私问题同样是物联网发展面临的巨大挑战。物联网除面临一般信息网络所具有的如物理安全、运行安全、数据安全等问题外，还面临特有的威胁和攻击，如物理俘获、传输威胁、阻塞干扰、信息篡改等。保障物联网安全涉及防范非授权实体的识别，阻止未经授权的访问，保证物体位置及其他数据的保密性、可用性，保护个人隐私、商业机密和信息安全等诸多内容，这里涉及网络非集中管理方式下的用户身份验证技术、离散认证技术、云计算和云存储安全技术、高效数据加密和数据保护技术、隐私管理策略制定和实施技术等。

10.2.4 万物智联

物联网的应用领域涉及方方面面，遍及智能交通、环境保护、政府工作、公共安全、平安家居、智能消防、工业监测、老人护理、个人健康、花卉栽培、水系监测、食品溯源、敌情侦查和情报搜集等多个领域。

1. 智能家居

智能家居是目前最流行的物联网应用。最先推出的产品是智能插座，相较于传统插座，智能插座的远程遥控、定时等功能让人耳目一新。随后出现了各种智能家电，把空调、洗衣机、冰箱、电饭锅、微波炉、电视、照明灯、监控、智能门锁等能联网的家电都连上网，如图10-6所示。智能家居的连接方式主要是以 Wi-Fi 为主，部分采用蓝牙，少量的采用 NB-IOT、有线连接。智能家居产品的生产厂家较多，产品功能大同小异，大部分是私有协议，每个厂家的产品都要配套使用，不能与其它家混用。

图 10-6 智能家居

2. 智慧穿戴

智能穿戴设备已经有不少人拥有，最普遍的就是智能手环手表，还有智能眼镜、智能衣服、智能鞋等。连接方式基本都是基于蓝牙连接手机，数据通过智能穿戴设备上的传感器送给手机，再由手机送到服务器。

3. 车联网

车联网已经发展了很多年，之前由于技术的限制，一直处于原始的发展阶段。车联网的应用主要有几方面：智能交通、无人驾驶、智慧停车、各种车载传感器应用。

智能交通已经发展多年，是一个非常庞大的系统，集合了物联网、人工智能、传感器技术、自动控制技术等一体的高科技系统，为城市处理各种交通事故，疏散拥堵起到了重要作用。

无人驾驶是刚刚兴起的一门新技术，也是非常复杂的系统，主要的技术是物联网和人工智能，与智能交通有部分领域是融合的。

智慧停车和车载传感器应用，如智能车辆检测、智能报警、智能导航、智能锁车等。这方面技术含量相对较低，但也非常重要，这些应用能够为无人驾驶和智能交通提供服务。

4. 智能工业

智能工业包括智能物流、智能监控和智慧制造。

① 智能物流指的是以物联网、大数据、人工智能等信息技术为支撑，在物流的运输、仓储、包装、装卸搬运、流通加工、配送、信息服务等各个环节实现系统感知、全面分析、及时处理以及自我调整的功能。智慧物流的实现能大幅降低各相关行业运输的成本，提高运输效率，增强企业利润。

② 智能监控是一种防范能力较强的综合系统，主要由前端采集设备、传输网络、监控运营平台三部分组成。智能监控可实现监控领域（图像、视频、安全、调度）等相关方面的应用，通过视频、声音监控以其直观、准确、及时的信息内容，实现物与物之间的联动反应。例如，物联网监控校车运营，时时掌控乘车动态。

校车监控系统可应用RFID身份识别、智能视频客流统计等技术，对乘车学生的考勤进行管理，并通过短信的形式通知学生家长或监管部门，实时掌握学生乘车信息。

③ 智能制造是将物联网技术融入工业生产的各个环节，大幅提高制造效率，改善产品质量，降低产品成本和资源消耗，将传统工业生产提升到智能制造的阶段。

5. 智能医疗

医疗行业成为采用物联网最快的行业之一，物联网将各种医疗设备有效连接起来，形成一个巨大的网络，实现了对物体信息的采集、传输和处理。物联网在智慧医疗领域的应用有很多，主要包括：

① 远程医疗：即不用到医院，在家里就可以进行诊疗。通过物联网技术就可以获取患者的健康信息，并且将信息传送给医院的医生，医生可以对患者进行虚拟会诊，为患者完成病历分析、病情诊断，进一步确定治疗方案。这对解决医院看病难、排队时间长的问题有很大帮助，让处在偏远地区的百姓也能享受到优质的医疗资源。

② 医院物资管理：当医院的设施装置物联网卡后，利用物联网就可以实时了解医疗设备的使用情况以及药品信息，并将信息传输给物联网管理平台，通过平台就可以实现对医疗设备和药品进行管理和监控。物联网技术应用于医院管理可以有效提高医院工作效率，降低医院管理难度。

③ 移动医疗设备：移动医疗设备有很多，常见的智能健康手环就是其中的一种，并且已经得到了应用。

6. 智慧城市

物联网在智慧城市发展中的应用关系各方各面，从市政管理智能化、农业园林智能化、医疗智能化、楼宇智能化、交通智能化到旅游智能化及其他应用智能化等方面，均可应用物联网技术。

10.3 大数据技术

10.3.1 大数据基础知识

随着信息技术的快速发展，特别是移动互联网和物联网技术的广泛使用，数据呈现出指数级爆炸性的增长，数据量动辄就是PB级的数量，并且数据大部分是不规则的非结构化数据或者是半结构化数据。这些数据已经远远超出传统的数据库系统存储和处理能力。因此，寻求有效的大数据处理技术、方法和手段已经成为现实世界的迫切需求。大数据技术就是在这种背景下应运而生，并已经被提升到了国家战略的角度，得到了国家相关法律法规、经济政策、人力政策等方面的支撑，大数据已经得到快速的发展和广泛的应用。

大数据主要处理非结构化数据。非结构化数据是指数据结构不规则或不完整，没有预定义的数据模型，不方便用数据库二维逻辑表来表现的数据，包括所有格式的办公文档、文本、图片、各类报表、图像和音频/视频信息等。

结构化数据是按照一定的规则和结构存放，就是前面学习过的由二维表结构来逻辑表达和实现的数据。

半结构化数据是指处于结构化和非结构化数据之间的数据，如网页标记数据、XML数据和JSON格式的数据。

10.3.2 大数据定义

大数据是指无法在一定时间范围内用常规软件工具进行捕捉、管理和处理的数据集合，是需要新处理模式才能具有更强的决策力、洞察发现力和流程优化能力的海量、高增长率和多样化的信息资产；最早提出"大数据时代"的麦肯锡全球研究所给出的定义是：一种规模大到在获取、存储、管理、分析方面大大超出了传统数据库软件工具能力范围的数据集合。大数据具有4V特征：规模性（Volume）、高速性（Velocity）、多样性（Variety）、价值性（Value）。

1. Volume

数据体量巨大：大数据中的数据不再以几吉字节（GB）或几太字节（TB）为单位来衡量，而是以 PB（1千 TB）、EB（1百万 TB）或 ZB（10 亿 TB）为计量单位。

2. Velocity

数据处理速度快：这是大数据区分于传统数据挖掘最显著的特征。大数据与海量数据的重要区别在于两方面：一方面，大数据的数据规模更大；另一方面，大数据对处理数据的响应速度有更严格的要求。实时分析而非批量分析，数据输入、处理与丢弃立刻见效，几乎无延迟。数据的增长速度和处理速度是大数据高速性的重要体现。

3. Variety

数据类型繁多：体现在一是数据获取渠道变多，可以从各种传感器、智能设备、社交网络、网上交易平台等获得数据；二是数据种类也变得更加复杂，其包括结构化数据、半结构化数据和非结构化数据，不像传统关系数据库仅仅获取结构化数据。据不完全统计，大数据中 10% 是结构化数据，存储在数据库中；90% 是非结构化数据，与人类信息密切相关。

4. Value

价值密度低：尽管企业拥有大量数据，但是有用的价值所占比例非常低，并且随着数据量的增长，有价值数据所占比例更低。而大数据真正的价值体现在从大量不相关的各种类型的数据中，挖掘出对未来趋势与模式预测分析有价值的数据，并通过机器学习方法、人工智能方法或数据挖掘方法深度分析，并运用于科技、经济、工业和农业等各个领域，以便创造更大的价值。

10.3.3 大数据处理基本流程

大数据应用不同，数据来源也不一样，但大数据处理的基本流程是相同的。简单地归纳为对数据源进行抽取和集成，对采集到的数据按照一定的标准统一存储起来，然后对数据进行分析，得出有价值的数据，并展现给用户，如图 10-7 所示。

1. 数据抽取与集成

大数据处理的数据来源类型丰富，有 APP、Web 终端用户的操作行为数据、后台服务器的日志记录和数据库数据以及物联网终端自动采集的数据。大数据处理的第一步是对数据进行抽取和集成，从中提取出关系和实体，经过关联和聚合等操作，按照统一定义的格式对数据进行存储。常用的数据抽取和集成方法有基于物化或 ETL 方法的引擎、基于联邦数据库或中间件方法的引擎和基于数据流方法的引擎。

2. 数据分析

数据分析是大数据处理流程的核心，从异构的数据源中获得的数据构成于大数据处理的原始数据，用户可以根据自己的需求对这些数据进行分析处理，比如数据挖掘、机器学习、数据统计等，数据分析可以用于决策支持、商业智能、推荐系统、预测系统。

3. 数据解释

大数据处理流程中用户最关心的是数据处理的结果，正确的数据处理结果只有通过合适的展示方式才能被终端用户正确理解，因此数据处理结果的展示非常重要，可视化和人机交互是数据解释的主要技术。这个

图 10-7 数据处理基本流程

步骤能够让用户直观地查看分析数据的结果。

10.3.4 大数据处理关键技术

大数据技术是利用一系列工具和算法对大数据进行处理，得到有价值信息的信息技术。随着大数据领域的广泛应用，出现许多新的大数据处理技术。按照大数据处理的流程，可将大数据处理技术分为：大数据采集、大数据预处理、大数据存储、大数据分析和挖掘、大数据展示等。

1. 大数据采集技术

大数据采集技术是指通过 RFID 射频数据、传感器数据、社交网络交互数据及移动互联网数据等方式获得的各种类型的结构化、半结构化及非结构化的海量数据技术。数据类型复杂，数据量大，数据增长速度非常快，所以要保证数据采集的可靠性和高效性。根据数据采集的来源，常用的数据采集工具有日志采集工具 Flume；网络爬虫工具 Nutch、Crawler4j、Scrapy。

2. 大数据预处理技术

大数据预处理技术就是完成对已接收数据的辨析、抽取、清洗等操作。其中，抽取就是因获取的数据可能具有多种结构和类型，数据抽取过程可以帮助人们将这些复杂的数据转化为单一的或者便于处理的结构，以达到快速分析处理的目的。而清洗则是由于对于大数并不全是有价值的，有些数据并不是人们所关心的内容，而另一些数据则是完全错误的干扰项，因此要对数据通过过滤去除噪声从而提取出有效数据。常用的算法有 Bin 方法、聚类分析方法和回归方法。目前常用的 ETL 工具有商业软件 Informatica 和开源软件 Kettle。

3. 大数据存储与管理技术

大数据存储与管理技术是指将采集到的海量的复杂结构化、半结构化和非结构化大数据存储起来，并进行管理和处理的技术。主要解决大数据的可存储、可表示、可处理、可靠性及有效传输等几个关键问题。为了满足海量数据的存储，谷歌公司开发了 GFS、MapReduce、BigTable 为代表的一系列大数据处理技术被广泛应用，同时涌现出以 Hadoop 为代表的一系列大数据开源工具。这些工具有分布式文件系统 HDFS、NoSQL 数据库系统和数据仓库系统。

4. 大数据分析与挖掘技术

数据分析与挖掘是大数据处理流程中最为关键的步骤。大数据分析与挖掘技术就是基于大量的数据，通过特定的模型来进行分类、关联、预测、深度学习等处理，找出隐藏在大数据内部的、具有价值的规律。大数据分析目前需要解决两个方面的问题：一是对结构化、半结构化数据进行高效率的深度分析，挖掘隐性知识，例如自然语言处理，识别其语义、情感和意图；二是分结构化数据如语音、图像和视频数据进行分析，转化为机器可识别的、具有明确语义的信息，进而从中提取有用的知识。大数据分析的理论核心就是数据挖掘算法。数据挖掘的算法包括遗传算法、神经网络方法、决策树方法和模糊集方法等。

5. 大数据展示技术

大数据展示技术解决的是如何将大数据分析的结果直观地展示处理。大数据分析的结果如果单一地用文字来表达，效果不明显，并且很难显示数据之间的关联关系，这要借助可视化技术。所谓的可视化技术是利用计算机图形学和图像处理技术，将数据转换成图形或图像在屏幕上显示出来，并进行交互处理的理论、方法和技术。目前常用的数据可视化工具有 Echarts、Tableau 和 D3。

10.3.5 大数据典型应用

大数据产业正快速发展成为新一代信息技术和服务业态，即对数量巨大、来源分散、格式多样的数据进行采集、存储和关联分析，并从中发现新知识、创造新价值、提升新能力。

大数据价值创造的关键在于大数据的应用，随着大数据技术飞速发展，大数据应用已经融入各行各业。在电子商务行业，借助于大数据技术，分析客户行为，进行商品个性化推荐和有针对性广告投放；在制造业，大数据为企业带来其极具时效性的预测和分析能力,从而大大提高制造业的生产效率;在金融行业,利用大数据可以预测投资市场,降低信贷风险;在汽车行业,利用大数据、物联网和人工智能技术可以实现无人驾驶汽车;在物流行业,利用大数据优化物流网络,提高物流效率,降低物流成本;城市管理,利用大数据实现智慧城市;政府部门,将大数据应用到公共决策当中,提高科学决策的能力。

大数据的价值远远不止于此,大数据对各行各业的渗透,大大推动了社会生产和生活,未来必将产生重大而深远的影响。

10.4 人工智能技术

10.4.1 人工智能概述

人类的许多活动,如下棋、竞技、解题、游戏、规划和编程,甚至驾车和骑车都需要"智能"。如果机器能够执行这种任务,就可以认为机器已具有某种性质的"人工智能"。

人工智能(Artificial Intelligence,AI)是研究、开发用于模拟、延伸和扩展人的智能的理论、方法、技术及应用系统的一门新的技术科学。人工智能的目的就是让机器能够像人一样思考,让机器拥有智能。人工智能的内涵如图10-8所示,已经大大扩展,是一门交叉学科。

图10-8 人工智能的内涵

人工智能领域有两种:一种是希望借鉴人类的智能行为,研制出更好的工具以减轻人类智力劳动,一般称为"弱人工智能",类似于"高级仿生学"。弱人工智能是指机器不能实现自我思考、推理和解决问题,它们只是看起来像拥有智能。另一种是希望研制出达到甚至超越人类智慧水平的人造物,具有心智和意识、能根据自己的意图开展行动,一般称为"强人工智能"。拥有"强人工智能"的机器不仅是一种工具,而且本身拥有思维。这样的机器将被认为是有知觉、有自我意识,能够真正能推理(Reasoning)和解决问题的智能机器。人工智能技术现在所取得的进展和成功,是缘于"弱人工智能"而不是"强人工智能"的研究。

10.4.2 人工智能技术发展

人工智能技术的发展并非是一帆风顺的,自1956年达特茅斯会议上人工智能的概念正式提出以来,其发展历程可以大致分为以下几个阶段。

1940—1950年,来自数学、心理学、工程学、经济学和政治学领域的科学家在一起讨论人工智能的可能性,当时已经研究出了人脑的工作原理是神经元电脉冲工作。

1950—1956年,爱伦·图灵(Alan Turing)发表了一篇具有里程碑意义的论文,其中他预见了创造思考机器的可能性。

1956年,达特茅斯会议中人工智能诞生。约翰·麦卡锡创造了人工智能一词并且演示了卡内基梅隆大学首个人工智能程序。

1956—1974年,推理研究,主要使用推理算法,应用在棋类等游戏中。自然语言研究,目的是让计算机能够理解人的语言。日本早稻田大学于1967年启动了WABOT项目,并于1972年完成了世界上第一个全尺寸智能人形机器人WABOT-1。

1974—1980年,由于当时的计算机技术限制,很多研究迟迟不能得到预期的成就,这时AI处于第一次研究低潮。

1980—1987年,在20世纪80年代,世界各地的企业采用了一种称为"专家系统"的人工智能程序,知识表达系统成为主流人工智能研究的焦点。在1981年,日本政府通过其第五代计算机项目积极资助人工智能。

1982 年，物理学家 John Hopfield 发明了一种神经网络可以以全新的方式学习和处理信息。

1987—1997 年，由于难以捕捉专家的隐性知识，以及建立和维护大型系统的高成本和高复杂性等问题，人工智能技术的发展又失去了动力，第二次出现 AI 研究低潮。

1997—2011 年，这个时期自然语言理解和翻译，数据挖掘和 Web 爬虫出现了较大的发展。2010 年大数据时代到来。里程碑的事件是 1997 年深蓝击败了当时的世界象棋冠军卡斯帕罗夫。2005 年，斯坦福大学的机器人在一条没有走过的沙漠小路上自动驾驶 131 英里（1 英里 ≈ 1.609 千米）。2006 年杰弗里辛顿提出学习生成模型的观点，"深度学习"神经网络使得人工智能性能获得突破性进展。

2011 年至今，深度学习、大数据和强人工智能得到迅速发展。里程碑的事件是 2016 年 3 月，Alpha Go 以 4:1 的比分击败世界围棋冠军李世石。围棋一直是人工智能无法攻克的壁垒，究其原因是因为围棋计算量太大。对于计算机来说，每一个位置都有黑、白、空三种可能，那么棋盘对于计算机来说就有 3^{361} 种可能，所以穷举法在这里不可行。而 Alpha Go 的算法也不是穷举法，而是在人类的棋谱中学习人类的招法，不断进步，而它在后台进行的则是胜率的分析，这跟人类的思维方式有很大的区别，它不像人类一样计算目数而是计算胜率。现代计算机的发展已能够存储极其大量的信息，进行快速信息处理，软件功能和硬件实现均取得长足进步，使人工智能获得进一步的应用。

10.4.3 机器学习

目前人们做出的努力只是集中在弱人工智能部分，只能赋予机器感知环境的能力，而这部分的成功主要归功于一种实现人工智能的方法——机器学习。

1. 机器学习的概念

人类学习是根据历史经验总结归纳出事物的发生规律，当遇到新的问题时，根据事物的发生规律来预测问题的结果，如图 10-9（a）所示。

而机器学习系统是从历史数据中不断调整参数训练出模型，输入新的数据从模型中计算出结果，如图 10-9（b）所示。

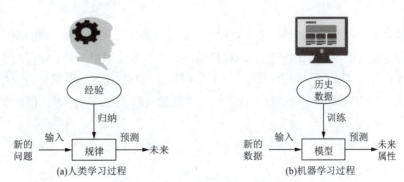

图 10-9　人类和机器的学习过程

机器学习（包括深度学习分支）是研究"学习算法"的一门学问。所谓"学习"是指：对于某类任务 T 和性能度量 P，一个计算机程序在 T 上以 P 衡量的性能随着经验 E 而自我完善，那么称这个计算机程序在从经验 E 学习。

① 任务 T：机器学习系统应该如何处理样本。样本是指从机器学习系统处理的对象或事件中收集到的已经量化的特征的集合，如分类、回归、机器翻译等。

② 性能度量 P：评估机器学习算法的能力，如准确率、错误率。

③ 经验 E：大部分学习算法可以被理解为在整个数据集上获取经验。有些机器学习的算法并不是训练于一个固定的数据集上，例如，强化学习算法会和环境交互，所以学习系统和它的训练过程会有反馈回路。根

据学习过程中的不同经验，机器学习算法可以大致分为无监督算法和监督算法。

举个例子来说明上面机器学习的概念。假如进行人脸识别这个任务 T，那么识别结果的正确率、误检率可以作为性能度量 P，机器学习的经验 E 是什么？就是人工标定的大量图片数据集（即这张图片是谁）。计算机程序在从经验 E 中学习从而达到人脸识别。

机器学习算法的目标是得到模型即目标函数 f。目标函数 f 未知，学习算法无法得到一个完美的目标函数 f。机器学习是假设得到的函数 g 逼近函数 f，但是可能和函数 f 不同，如图 10-10 所示。

图 10-10　机器学习算法的目标

机器学习算法就是学习一个目标函数（方程）f，该函数将输入变量 X 映射到输出变量 Y：$Y=f(X)$。这是一个普遍的学习任务，我们通过大量的训练数据 D，训练出 g 函数逼近函数 f（如果知道函数 f，将会直接使用它，不需要用机器学习算法从数据中学习）。

最常见的机器学习算法作用是学习映射 $Y=f(X)$ 来预测新 X 的 Y。这叫作预测建模或预测分析，我们的目标是尽可能做出最准确的预测。

目前机器学习技术解决的问题实际上是一个最优化的数学问题，它把待解决的问题抽象成一个目标函数（方程），然后求解它的极值（极大值或极小值）。无论是 AlphaGo 还是推荐系统，也无论是语言识别、图像识别还是广告点击率预估，它们内在的原理都是求极值这个数学问题。

2. 机器学习分类

（1）监督学习

利用已知类别的样本，训练学习得到一个最优模型，使其达到所要求的性能，再利用这个训练所得模型，将所有的输入映射为相应输出，对输出进行简单的判断，从而实现分类的目的，即可对未知数据进行分类。

通俗地讲，给计算机一堆选择题（训练样本），并同时提供标准答案，计算机努力调整自己的模型参数，希望自己推测的答案与标准答案越一致越好，使计算机学会怎么做这类题。然后，再让计算机去帮我们做没有提供答案的选择题（测试样本）。

监督算法常见的有线性回归算法、BP 神经网络算法、决策树、支持向量机、KNN 等。

（2）无监督学习

对于没有标记的样本，学习算法直接对输入数据集进行建模，例如聚类，即"物以类聚，人以群分"。我们只需要把相似度高的东西放在一起，对于新来的样本，计算相似度后，按照相似程度进行归类即可。

通俗地讲，给计算机一堆物品（训练样本），但是不提供标准分类答案，计算机尝试分析这些物品之间的关系，对物品进行分类，计算机也不知道这几堆物品的类别分别是什么，但计算机认为每一个类别内的物品应该是相似的。

无监督算法常见的有层次聚类、K-Means 算法（K 均值算法）、DBSCAN 算法等。

（3）半监督学习

让学习系统自动地对大量未标记数据进行利用，以辅助少量有标记数据进行学习。

传统监督学习通过对大量有标记的训练样本进行学习，以建立模型用于预测新的样本的标记。例如，在分类任务中标记就是样本的类别，而在回归任务中标记就是样本所对应的实值输出。随着人类收集、存储数据能力的高度发展,在很多实际任务中可以容易地获取大批未标记数据,而对这些数据赋予标记则往往需要耗费大量的人力物力。例如,在进行 Web 网页推荐时,需要请用户标记出感兴趣的网页,但很少有用户愿意花很多时间来提供标记,因此有标记的网页数据比较少,但 Web 上存在着无数的网页,它们都可作为未标记数据来使用。半监督学习提供了一条利用"廉价"的未标记样本的途径,将大量的无标记的样例加入到有限的有标记样本中一起训练来进行学习,期望能对学习性能起到改进作用。

在处理未标记的数据时,通常采用"主动学习"的方式,也就是首先利用已经标记的样本(也就是带有类别标签)的数据训练出一个模型,再利用该模型去套用未标记的样本数据,通过询问领域专家得到分类结果与模型分类结果做对比,从而对模型做进一步改善和提高。这种方式可以大幅度降低标记成本,但是"主动学习"需要引入额外的专家知识,通过与外界的交互从而将部分未标记样本转化为有标记的样本。

半监督学习算法常见的有标签传播算法 (LPA)、生成模型算法、自训练算法、半监督 SVM、半监督聚类等。

(4)强化学习

学习系统从环境到行为映射的学习,以使奖励信号(强化信号)函数值最大,强化学习不同于监督学习,主要表现在教师信号上,强化学习中由环境提供的强化信号是对产生动作的好坏做一种评价(通常为标量信号),而不是告诉强化学习系统如何去产生正确的动作。

3. 机器学习整体流程

机器学习的整体流程如图 10-11 所示。机器学习的整体流程是一个反馈迭代的过程,经历数据的采集获取数据集,对数据集中噪声数据、缺失数据进行清理后,进行问题的特征提取与选择,使用机器学习算法对特征计算训练出模型(算法),最后对模型进行评估,根据评估结果重新进行特征提取与选择。

图 10-11 机器学习的整体流程

(1)数据收集

数据集是指在机器学习任务中使用的一组数据,其中的每一个数据称为一个样本。反映样本在某方面的表现或性质的事项或属性称为特征。

(2)常见的数据清理

数据集或多或少都会存在数据缺失、分布不均衡、存在异常数据、混有无关紧要的数据等诸多数据不规范的问题。这就需要对收集到的数据进一步进行处理,包括处理缺失值、处理偏离值、数据规范化、数据的转换等,这样的步骤叫作"数据预处理",即数据清理。

(3)常见的特征选择方式

特征是数据中所呈现出来的某一种重要的特性。例如,以预测下雨为例,我们肯定需要获取一些特征或者属性,比如是否出现朝霞、是否出现晚霞、温度、空气湿度、云量等。这样的特征有无穷多种,但是并不是每一种都对最终的判断有帮助,现实中的情况往往是特征太多了,需要减少一些特征。首先是"无关特征"(Irrelevant Feature),比如,通过空气的湿度、环境的温度、风力和当地人的男女比例来预测明天是否会下雨,其中男女比例就是典型的无关特征。其次是"多余特征"(Redundant Feature),比如,通过房屋的面积、卧室的面积、车库的面积、所在城市的消费水平、所在城市的税收水平等特征来预测房价,那么消费水平(或税收水平)就是多余特征。证据表明,税收水平和消费水平存在相关性,只需要其中一个特征就足够了,因为另一个能从其中一个推演出来。

特征选择是指从全部特征中选取一个特征子集,这个过程将会根据某种算法自动挑选出对预测结果有较大贡献的特征,而不需要手工挑选特征。在模型训练时,如果包含太多的无用特征,则会降低模型的准确性。

（4）模型的选择与训练

当处理好数据之后，就可以选择合适的机器学习模型（算法）进行数据的训练。可供选择的机器学习模型有很多，每个模型都有自己的适用场景，那么如何选择合适的模型呢？

首先，要对处理好的数据进行分析，判断训练数据有没有类别标记，若有类别标记，则应该考虑监督学习的模型，否则可以划分为非监督学习问题。其次，分析问题的类型是属于分类问题（预测明天是阴、晴还是雨，就是一个分类任务）还是回归问题（预测明天的气温是多少度，这是一个回归任务），当确定好问题的类型之后再去选择具体的模型。

在选择实际模型时，通常会考虑尝试不同的模型对数据进行训练，然后比较输出的结果，选择最佳的那个模型。此外，还会考虑到数据集的大小。若数据集样本较少、训练的时间较短，通常考虑朴素贝叶斯等一些轻量级的算法，否则就要考虑 SVM 等一些重量级算法。

（5）模型的性能评估

模型选择是在某个模型类中选择最好的模型，而模型评价是对这个最好的模型进行客观评价。

在模型评估过程中，可以判断模型的"过拟合"（模型对训练集预测效果很好，但对新数据的测试集预测结果差，过度地拟合了训练数据而没有考虑到泛化能力）和"欠拟合"（模型过于简单，导致拟合的函数无法满足训练集，误差较大）。若存在数据过度拟合的现象，说明可能在训练过程中把噪声也当作了数据的一般特征，可以通过增大训练集的比例或者正则化的方法来解决过拟合的问题；若存在数据拟合不到位的情况，说明数据训练得不到位，未能提取出数据的一般特征，要通过增加多项式维度、减少正则化参数等方法来解决欠拟合问题。

此外，模型评估还应考虑时间、空间复杂度，稳定性、迁移性等。

4. 机器学习常见算法

（1）线性回归

线性回归（Linear Regression）是利用数理统计中回归分析，来确定两种或两种以上变量间相互依赖的定量关系的一种统计分析方法，比如房子的售价由面积、户型、区域等多种条件来决定，通过这些条件来预测房子的售价可抽象为一个线性回归问题。

线性回归假设目标值与特征之间线性相关，即满足一个多元一次方程。线性回归的目的是得到一个通过属性的线性组合来进行预测的函数，即

$$f(x)=w_1x_1+w_2x_2+\cdots+w_dx_d+b$$

线性回归示意图如图 10-12 所示。

线性回归分析中只包括一个自变量和一个因变量，且二者的关系可用一条直线近似表示，这种回归分析称为一元线性回归分析。如果回归分析中包括两个或两个以上的自变量，且因变量和自变量之间是线性关系，则称为多元线性回归分析。

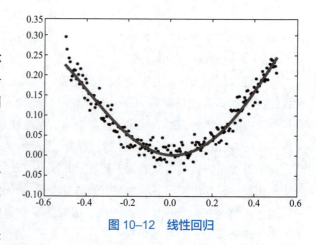

图 10-12 线性回归

（2）决策树

决策树（Decision Tree）是一个树结构（可以是二叉树或非二叉树）。其每个非叶结点表示一个特征属性上的测试，每个分支代表这个特征属性在某个值域上的输出，而每个叶结点存放一个类别。使用决策树进行决策的过程就是从根结点开始，测试待分类项中相应的特征属性，并按照其值选择输出分支，直到到达叶子结点，将叶子结点存放的类别作为决策结果。决策树算法示意图如图 10-13 所示。

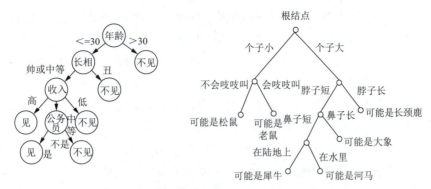

图 10-13　决策树示意图

决策树最重要的是决策树的构造。所谓决策树的构造就是进行属性选择度量确定各个特征属性之间的拓扑结构。构造决策树的关键步骤是分裂属性，即在某个结点处按照某一特征属性的不同划分构造不同的分支。

决策树的学习算法用来生成决策树，常用的学习算法为 ID3，C4.5，CART。

（3）KNN 分类算法

K 最近邻（K-Nearest Neighbor，KNN）分类算法，是一个理论上比较成熟的方法，也是最简单的机器学习算法之一。该方法的思路是：如果一个样本在特征空间中的 k 个最相似(即特征空间中最邻近)的样本中的大多数属于某一个类别，则该样本也属于这个类别。

（4）KMEANS

KMEANS 算法是输入聚类个数 k，以及包含 n 个数据对象的数据集，输出满足方差最小的标准的 k 个聚类的一种算法。KMEANS 算法示意图如图 10-14 所示。

KMEANS 算法需要输入聚类的最终个数 k；然后将 n 个数据对象划分为 k 个聚类，而最终所获得的聚类满足：①同一聚类中的对象相似度较高；②不同聚类中的对象相似度较低。

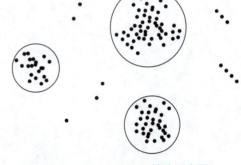

图 10-14　KMEANS 算法示意图

10.4.4　深度学习

深度学习（Deep Learning）是机器学习（Machine Learning）研究中的一个新领域，是具有多隐含层的神经网络结构。深度学习在语音识别、自然语言处理、计算机视觉等领域有极大的优势。

1. 生物神经元

大脑大约由 140 亿个神经元组成，神经元互相连接成神经网络，每个神经元平均连接几千条其他神经元。神经元是大脑处理信息的基本单元，一个神经元的结构如图 10-15 所示。

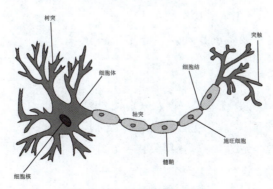

图 10-15　生物神经元结构

可以看到，一个可视化的生物神经元中是由细胞体、树突和轴突三部分组成。以细胞体为主体，由许多向周围延伸的不规则树枝状纤维构成，其形状像一棵枯树的枝干。其中，轴突负责细胞体到其他神经元的输出连接，树突负责接收其他神经元到细胞体的输入。来自神经元（突触）的电化学信号聚集在细胞核中。如果聚合超过了突触阈值，那么电化学尖峰（突触）就会沿着轴突向下传播到其他神经元的树突上。

由于神经元结构的可塑性，突触的传递作用可增强与减弱，因此，神经元具有学习与遗忘的功能。

2. 人工神经网络

人工神经网络是反映人脑结构及功能的一种抽象数据模型。它使用大量的人工神经元进行计算，该网络将大量的"神经元"相互连接，每个"神经元"是一种特定的输出函数，又称为激活函数。每两个"神经元"间的连接都通过加权值，称为权重，这相当于人工神经网络的记忆。网络的输出则根据网络的连接规则来确定，输出因权重值和激励函数的不同而不同。

一个简单的人工神经网络如图10-16所示，其中$x_1(t)$等数据为这个神经元的输入，代表其他神经元或外界对该神经元的输入；w_{i1}等数据为这个神经元的权重，$u_i=\sum_j w_{ij} \cdot x_i(t)$是对输入的求和，$y_i=f(u_i(t))$称为激活函数（或称激励函数），是对求和部分的再加工，也是最终的输出。

因此神经网络就是将许多个单一的神经元联结在一起的一个典型网络，如图10-17所示。神经网络最左边的一层叫作输入层，有三个输入单元，最右的一层叫作输出层，输出层只有一个结点。中间两层称为隐藏层，因为不能在训练过程中观测到它们的值。其实神经网络可以包含更多的隐藏层。

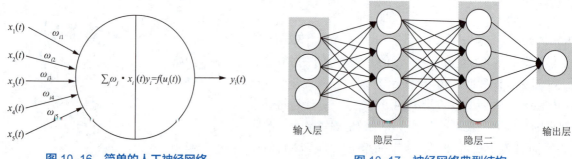

图10-16　简单的人工神经网络　　　　　图10-17　神经网络典型结构

下面通过一个三好学生成绩问题形象地说明神经网络模型。三好学生的"三好"指的是品德好、学习好、体育好；而要评选三好学生，学校会根据德育分、智育分和体育分三项分数来加权计算一个总分，然后根据总分来确定谁能够被评选为三好学生。例如：

总分 = 德育分 ×0.6+ 智育分 ×0.3+ 德育分 ×0.1

现在问题是总分的计算公式学校没有公布，两位学生家长知道是三项分数乘以权重相加后计算出总分，现在家长使用人工智能中神经网络的方法（见图10-18）来大致推算三项的权重分别是多少。

第一个学生A的德育分90、智育分80和体育分70，总分是85。用W_1、W_2、W_3来代表三项的权重。

$90*W_1+80*W_2+70*W_3=85$

第二个学生A的德育分98、智育分95和体育分87，总分是96。

$98*W_1+95*W_2+87*W_3=96$

图10-18的X_1、X_2、X_3结点就是输入的数据，分别代表德育分、智育分和体育分。$*W_1$、$*W_2$、$*W_3$、Σ都代表结点上的运算。在隐藏层用圆圈代表一个神经元结点。输出层只有一个结点y，把n_{11}、n_{12}、n_{13}这三个结点输出进行相加求和。建立这样一个神经网络后，需要训练该模型，不断调整神经网络里的可变参数

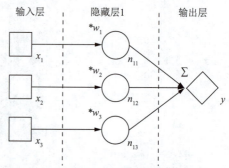

图10-18　三好学生成绩问题的神经网络模型

（W_1、W_2、W_3），直到误差低于理想水平，神经网络训练就完成了。

三好学生总成绩计算问题是一个线性问题，如何解决非线性问题？例如是否是三好学生。学校根据总分把学生分成两类：三好学生和非三好学生，这是一个常见的二分类问题。假设学校本次评选规则是总分 >85 即可当选，但是学校没有公布评选规则。这里收集到所有学生的三项成绩，如 [90,80,70]，评选结果只有两种可能"是三好学生"和"不是三好学生"。在计算机中需要把所有数据数字化，对这种只有"是"或"不是"的问题，一般可以用数字"1"代表是，数字"0"代表不是。我们建立如图 10-19 所示的神经网络来解决二分类问题。这个神经网络的输入层接收三项分数，经过内部计算后，最后输出数字"1"或者数字"0"的结果。理论上，当用足够多的数据训练这个神经网络时，让它对已知学生分数都能计算出正确的结果，就可以看作这个神经网络具备一定预测的能力。如果新来一个学生，把他的分数送入神经网络，也很可能得到正确的三好学生评选结果。神经网络最初就被用来解决分类问题，故分类问题非常适合神经网络来处理。本例的二分类问题是分类问题中相对最简单的。

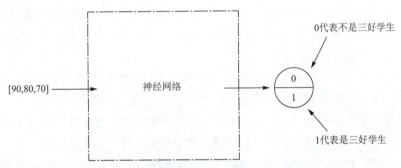

图 10-19　三好学生评选结果问题的神经网络

下面分析此二分类问题，从三项分数到计算出总分，与前面解决的三好学生总分问题是一样的，关键在于后面从总分得出评选结果这一步如何实现。如果把评选结果的"是"与"否"分别定义为 1 和 0，那么从总分得出评选结果的过程就可以看成从一个 0 ~ 100 的数字得出 0 或 1 的计算过程。要实现这个过程，人工智能领域早已有了对应的方法，这个方法就是 sigmoid 函数。

$$\text{sigmoid}(x) = \frac{1}{1+e^{-x}}$$

sigmoid 函数可以把任何数字变成 0 ~ 1 之间的数字。从图 10-20 中可以看到，在趋于正无穷或负无穷时，函数趋近平滑状态，由于 sigmoid 函数输出范围为 [0，1]，所以二分类问题常常使用这个函数。

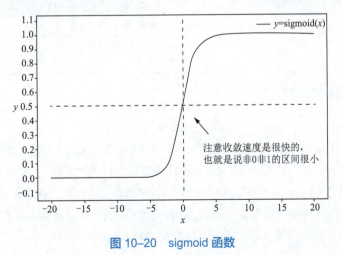

图 10-20　sigmoid 函数

在神经网络中线性关系转化成非线性关系的函数称为激活函数。sigmoid 函数就是一种激活函数。图

10-21 所示的三好学生评选结果问题的神经网络模型使用两个隐藏层，隐藏层 1 的三个结点 n_{11}、n_{12}、n_{13} 接收输入层结点 X_1、X_2、X_3 的输入数据，进行权重相乘后，都送入隐藏层 2 的结点 n_2，n_2 汇总后再送到输出层，输出层结点 y 将 n_2 的数据使用激活函数 sigmoid 处理后，作为神经网络最终的计算结果。

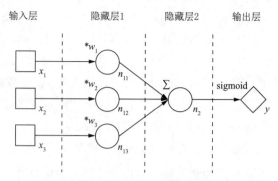

图 10-21　三好学生评选结果问题的神经网络模型

3. 深度学习之卷积神经网络（CNN）

深度学习的概念源于人工神经网络的研究。含有多隐层的神经网络就是一种深度学习结构。深度学习的实质是通过构建具有很多隐层的机器学习模型和海量的训练数据，组合低层特征形成更加抽象的高层特征，来学习和发现数据更有用的特征，从而最终提升分类或预测的准确性。

图 10-17 所示的全连接多隐层的神经网络（DNN），每层的每个神经元结点与前层的所有神经元结点有连接，也会与后一层的所有结点相连，这样导致的问题是每个结点都有很多个权重参数。当神经网络的层数、结点数变大时，会导致参数过多等问题。

深度学习中的卷积神经网络近年来有了非常出色的表现，它与普通的神经网络的区别在于，卷积神经网络包含了一个由卷积层构成的特征抽取器。在卷积神经网络的卷积层（隐藏层）中，并不是所有上下层神经元都能直接相连，一个神经元只与部分邻层神经元相连接，而是通过"卷积核"作为中介。同一卷积层的神经元共享权值，这里共享的权值就是卷积核。卷积核一般以随机小数矩阵的形式初始化，在网络的训练过程中卷积核将学习得到合理的权值。共享权值（卷积核）带来的直接好处是减少网络各层之间的连接，同时又降低了过拟合的风险。卷积大大简化了模型复杂度，减少了模型的参数。

卷积神经网络是实现深度学习的典型方法之一，主要用于图像处理与分析、车牌识别、人脸识别、物体检测与分类、自动驾驶等计算机视觉领域。

4. 深度学习和机器学习区别

深度学习和机器学习区别如表 10-3 所示。

表 10-3　深度学习和机器学习区别

机 器 学 习	深 度 学 习
对计算机硬件需求较小	进行大量的矩阵运算，可以使用 GPU 优化该进程
适合小数据量训练，再增加数据量难以提升性能	高维的权重参数，海量的训练数据下可以获得高性能
需要将问题逐层分解	"端到端"的学习
人工进行特征选择	利用算法自动提取特征自行学习
特征可解释性强	特征可解释性弱

10.4.5　知识图谱和知识推理

1. 知识图谱

知识图谱（Knowledge Graph）是一种基于图的数据结构，由结点（Point）和边（Edge）组成。在知识图谱里，每个结点表示现实世界中存在的"实体"，每条边为实体与实体之间的"关系"，实体和关系又有其自身的"属性"。实体（Entity）、关系（Relation）和属性构成知识图谱的核心三要素。知识图谱是结构化的语义知识库，用于以符号形式描述物理世界中的概念及其相互关系，其基本组成单位是"实体–关系–实体"三元组（Triple），以及实体及其属性–值对，实体间通过关系相互联结，构成网状的知识结构。

例如："小明出生于中国上海"可以用三元组表示为（Xiao Ming, Place Of Birth, Shanghai）。这里可以简单地把三元组理解为（Entity, Relation, Entity）。如果把实体看作是结点，把实体关系（包括属性、类别等）

看作是一条边,那么包含了大量三元组的知识库就成为了一个庞大的知识图。实体关系也可分为两种:一种是属性(Property),另一种是关系(Relation)。属性和关系的最大区别在于,属性所在的三元组对应的两个实体,常常是一个实体和一个字符串。例如,身高 Hight 属性对应的三元组(Xiao Ming, Hight, 185 cm),而关系所在的三元组所对应的两个实体,常常是两个实体。例如,出生地关系 Place Of Brith,对应的三元组(Xiao Ming, Place Of Birth, Shanghai)。Xiao Ming 和 Shanghai 都是实体。

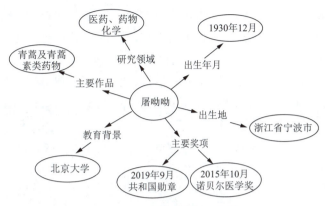

图 10-22 屠呦呦的知识图谱

知识图谱本质上是语义网络(Semantic Network)。目前知识图谱这个概念最早由 Google 在 2012 年提出,主要用来优化现有的搜索引擎。有知识图谱的辅助,搜索引擎就能够根据用户查询背后的语义信息,返回更准确、更结构化的信息。Google 知识图谱的宣传语"things not strings"道出了知识图谱的精髓:不要无意义的字符串,需要文本背后的对象或事物。以屠呦呦为例,当用户以"屠呦呦"作为关键词进行搜索,没有知识图谱的情况下,只能得到包含这个关键词的网页,然后不得不点击进入相关网页查找需要的信息。有了知识图谱(以屠呦呦为例,通过对"屠呦呦"实体进行扩展,得到如图 10-1 所示的知识图谱),搜索引擎在返回相关网页的同时,还会返回一个包含查询对象基本信息的"知识卡片"。如果需要的信息就在卡片中,就无须进一步操作。也就是说,知识图谱能够提升查询效率,让用户获得更精准、更结构化的信息。

最近,知识图谱慢慢地被泛指各种大规模的知识库。知识图谱的构建属于知识工程的范畴,其发展历程如图 10-23 所示。从数据的处置量来看,早期的专家系统只有上万级知识体量,后来阿里巴巴和百度推出了千亿级、甚至是兆级的知识图谱系统。

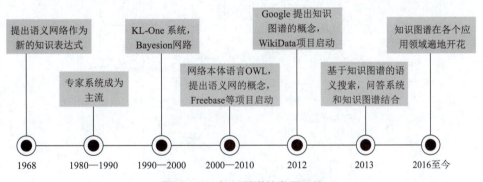

图 10-23 知识图谱的发展历程

知识图谱从其知识的覆盖面来看可以分为开放域知识图谱和垂直领域知识图谱,前者主要是百科类和语义搜索引擎类的知识基础,后者在金融、教育、医疗、汽车等垂直领域积累行业内的数据而构成。

知识图谱相关的关键技术包括构建和使用。知识图谱的构建有自顶向下和自底向上两种方法,现在大部分情况会混合使用这两种方法。知识图谱的构建应用了知识工程和自然语言处理的很多技术,包括知识抽取、知识融合、实体链接和知识推理。知识的获取是多源异构的,从非结构化数据中抽取知识是构建时的难点,包括实体、关系、属性及属性值的抽取。对不同来源的数据需要做去重、属性归一及关系补齐的融合操作。同时,根据图谱提供的信息可以推理得到更多隐含的知识,常用知识推理方法有基于逻辑的推理和基于图的推理。知识图谱的使用需要自然语言处理和图搜索算法的支持。

知识图谱在语义搜索、百科知识及自动问答等方面有着很典型的应用。在语义搜索领域,基于知识图谱的语义搜索可以用自然语言的方式查询，通过对查询语句的语义理解，明确用户的真实意图，从知识图谱中获取精准的答案，并通过知识卡片等形式把结果结构化地展示给用户，目前具体应用有 Google、百度知心、搜狗知立方等。在百科知识领域，知识图谱构建的知识库与传统的基于自然文本的百科相比，有高度结构化的优势。在自动问答和聊天机器人领域，知识图谱的应用包括开放域、特定领域的自动问答以及基于问答的自动问答。例如，IBM 的 Watson、Apple 的 Siri、Google Allo、Amazon Echo、百度度秘以及各种情感聊天机器人、客服机器人、教育机器人等。

图 10-24 所示为非常经典的知识图谱整体架构图。

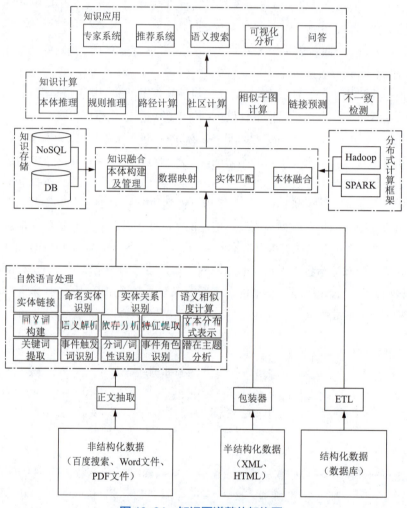

图 10-24 知识图谱整体架构图

① 通过百度搜索、Word 文件、PDF 文档或是其他类型的文献，抽取出非结构化的数据，从 XML、HTML 抽取出半结构化的数据和从数据库抽取出结构化的数据。

② 通过自然语言处理技术，使用命名实体识别的方式，来识别出文章中的实体，包括地名、人名、以及机构名称等。通过语义相似度的计算，确定两个实体或两段话之间的相似程度。通过同义词构建、语义解析、依存分析等方式，找到实体之间的特征关系。通过诸如 TF-IDF 和向量来提取文本特征，通过触发事件、分词词性等予以表示。通过 RDA（冗余分析）来进行主题的含义分析。

③ 使用数据库进行知识存储，包括 MySQL、SQL Server、MongoDB、Neo4j 等。

针对所提取出来的文本、语义、内容等特征，通过知识本体的构建，实现实体之间的匹配，进而将它们存放到 Key-Value 类型的数据库中，以完成数据的映射和本体的融合。当数据的体量过大时，使用 Hadoop 和

Spark 之类的分布式数据存储框架。

④ 当需要进行数据推理或知识图谱的建立时，再从数据中进行知识计算，抽取出各类关系，通过各种集成规则来形成不同的应用。

总结起来，在使用知识图谱进行各种应用识别时，需要注意的关键点包括：如何抽取实体的关系，如何做好关键词与特征的提取，以及如何保证语义内容的分析。这便是构建一整套知识图谱的常用方法与理论。

2. 知识推理

知识推理（Knowledge Reasoning）能力是人类智能的重要特征，能够从已有知识中发现隐含知识。推理往往需要相关规则的支持，例如从"配偶"+"男性"推理出"丈夫"，从"妻子的父亲"推理出"岳父"，从出生日期和当前时间推理出年龄，等等。

这些规则可以通过人们手动总结构建，但往往费时费力，人们也很难穷举复杂关系图谱中的所有推理规则。因此，很多人研究如何自动挖掘相关推理规则或模式。目前主要依赖关系之间的同现情况，利用关联挖掘技术来自动发现推理规则。

实体关系之间存在丰富的同现信息。如图 10–25 所示，在康熙、雍正和乾隆三个人物之间，有（康熙，父亲，雍正）、（雍正，父亲，乾隆）以及（康熙，祖父，乾隆）三个实例。根据大量类似的实体 X、Y、Z 间出现的（X，父亲，Y）、（Y，父亲，Z）以及（X，祖父，Z）实例，可以统计出"父亲 + 父亲 => 祖父"的推理规则。类似地，还可以根据大量（X，首都，Y）和（X，位于，Y）实例统计出"首都 => 位于"的推理规则。

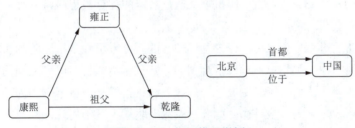

图 10–25　知识推理举例

知识推理可以用于发现实体间新的关系。例如，根据"父亲 + 父亲 => 祖父"的推理规则，如果两实体间存在"父亲 + 父亲"的关系路径，就可以推理它们之间存在"祖父"的关系。利用推理规则实现关系抽取的经典方法是 Path Ranking Algorithm（Lao&Cohen 2010），该方法将每种不同的关系路径作为一维特征，通过在知识图谱中统计大量的关系路径构建关系分类的特征向量，建立关系分类器进行关系抽取，取得不错的抽取效果，成为近年来关系抽取的代表方法之一。但这种基于关系的统计的方法，面临严重的数据稀疏问题。

在知识推理方面还有很多的探索工作，例如采用谓词逻辑（Predicate Logic）等形式化方法和马尔科夫逻辑网络（Markov Logic Network）等建模工具进行知识推理研究。目前来看，这方面研究仍处于百家争鸣阶段，人们在推理表示等诸多方面仍未达成共识，未来路径有待进一步探索。

10.4.6　自然语言处理

自然语言处理（Natural Language Processing，NLP）是人工智能领域中早期活跃的研究领域之一。因为自然语言处理的关键是要让计算机"理解"自然语言，所以自然语言处理又称为自然语言理解（Natural Language Understanding，NLU），也称为计算语言学。一方面它是语言信息处理的一个分支；另一方面它是人工智能 AI 的核心课题之一。

自然语言处理研究的内容主要包括机器翻译、文本挖掘和情感分析等。自然语言处理的技术难度高，技术成熟度较低、语义复杂度高，仅靠目前基于大数据、并行计算的深度学习很难达到人类的理解层次。

自然语言处理意义在于一方面，如果计算机能够理解、处理自然语言，将是计算机技术的一项重大突破；

另一方面，自然语言处理有助于揭开人类高度智能的奥秘，深化对语言能力和思维本质的认识。

1. 自然语言处理的难点

自然语言处理，即实现人机间自然语言通信，或实现自然语言理解和自然语言生成是十分困难的。造成困难的根本原因是自然语言文本和对话的各个层次上广泛存在的各种各样的歧义性或多义性（Ambiguity）。

一个中文文本从形式上看是由汉字(包括标点符号等)组成的一个字符串。由字可组成词，由词可组成词组，由词组可组成句子，进而由一些句子组成段、节、章、篇。形式上一样的一段字符串，在不同的场景或不同的语境下，可以理解成不同的词串、词组串等，有不同的意义。反过来，一个相同或相近意义的思想表达，同样可以用多个中文文本或多个汉字串来表示。

因此，自然语言的形式（字符串）与其意义之间是一种多对多的关系。但从计算机处理的角度看，必须消除歧义，把带有潜在歧义的自然语言输入转换成某种无歧义的计算机内部表示。

人类理解一个句子不是单凭语法，还运用了大量的有关知识，包括生活知识和专门知识，这些知识无法全部存储在计算机里。目前一个自然语言理解系统只能建立在有限的词汇、句型和特定的主题范围内；计算机的存储量和运算速度大大提高之后，才有可能适当扩大应用范围。

2. 自然语言处理应用

自然语言处理技术应用包括机器翻译、信息检索、自动摘要、情感分析和社会媒体处理等。

（1）机器翻译

机器翻译（Machine Translation）是指运用机器，通过特定的计算机程序将一种书写形式或声音形式的自然语言，翻译成另一种书写形式或声音形式的自然语言。

机器翻译从方法的角度进行分类，可以分为基于理性的研究方法和基于经验的研究方法两种。所谓"理性主义"的翻译方法，是指由人类专家通过编撰规则的方式，将不同自然语言之间的转换规律生成算法，计算机通过这种规则进行翻译。所谓"经验主义"的翻译方法，指的是以数据驱动为基础，主张计算机自动从大规模数据中学习自然语言之间的转换规律。如今，以数据驱动为基础的统计翻译方法逐渐成为机器翻译的主流技术，但是同时统计机器翻译也面临诸如数据稀疏、难以设计特征等问题。而深度学习能够较好地缓解统计机器翻译所面临的挑战，基于深度学习的机器翻译正在迅速发展，成为当前机器翻译领域的热点。

机器翻译从媒介的角度进行分类，可以分为文本翻译、语音翻译、图像翻译等。

（2）信息检索

信息检索（Information Retrieval）是用户进行信息查询和获取的主要方式，是查找信息的方法和手段。传统的全文检索技术基于关键词匹配进行检索，往往存在查不全、查不准、检索质量不高的现象，特别是在网络信息时代，利用关键词匹配很难满足人们检索的要求。

采用自然语言处理技术的智能检索利用分词词典、同义词典，同音词典改善检索效果，比如用户查询"计算机"，与"电脑"相关的信息也能检索出来；进一步还可在知识层面或者说概念层面上辅助查询，通过主题词典、上下位词典、相关同级词典，形成一个知识体系或概念网络，给予用户智能知识提示，最终帮助用户获得最佳的检索效果。另外，智能检索还包括歧义信息和检索处理，如"苹果"究竟是指水果还是计算机品牌，将通过歧义知识描述库、全文索引、用户检索上下文分析以及用户相关性反馈等技术结合处理，高效、准确地反馈给用户最需要的信息。

（3）自动摘要

自动摘要就是利用计算机自动地从原始文献中提取文摘，有助于用户快速评价检索结果的相关程度，在信息服务中，自动摘要有助于多种形式的内容分发，如发往 PDA、手机等。相似性检索技术基于文档内容特征检索与其相似或相关的文档，是实现用户个性化相关反馈的基础，也可用于去重分析。自动分类可基于统计或规则，经过机器学习形成预定义分类树，再根据文档的内容特征将其归类；自动聚类则是根据文档内容的相关程度进行分组归并。自动分类（聚类）在信息组织、导航方面非常有用。

（4）情感分析和社会媒体处理

情感分析又称意见挖掘、倾向性分析，是指通过计算技术对文本的主客观性、观点、情绪、极性的挖掘和分析，对文本的情感倾向做出分类判断。

情感分析在一些评论机制的 App 中应用较为广泛，比如某酒店网站，会有居住过的客人的评价，通过情感分析可以分析用户评论是积极的还是消极的，根据一定的排序规则和显示比例，在评论区显示。这个场景同时也适用于亚马逊、阿里巴巴等电商网站的商品评价。

除此之外，在互联网舆情分析中情感分析起着举足轻重的作用，话语权的下降和网民的大量涌入，使得互联网的声音纷繁复杂，利用情感分析技术获取民众对于某一事件的观点和意见，准确把握舆论发展趋势，并加以合理引导显得极为重要。图 10-26 所示为互联网舆情分析过程示意图。同时，在一些选举预测、股票预测等领域情感分析也逐渐体现出越来越重要的作用。

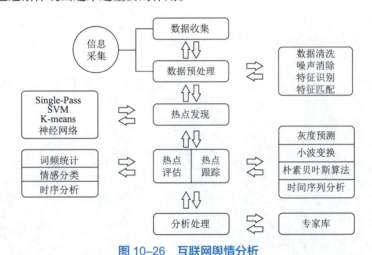

图 10-26　互联网舆情分析

思考与练习

一、选择题

1. 物联网的核心和基础是（　　）。

　　A. 无线通信网　　B. 传感器网络　　C. 互联网和物联网　　D. 有线通信网

2. 射频识别（RFID）技术由电子标签和阅读器组成，电子标签附着在需要标识的物品上，阅读器通过获取（　　）信息来识别目标物品。

　　A. 物品　　B. 条形码　　C.IC 卡　　D. 标签

3. （　　）利用已知类别的样本，训练学习得到一个最优模型，使其达到所要求的性能，再利用这个训练所得模型对未知数据进行分类。

　　A. 监督学习　　B. 无监督学习　　C. 半监督学习　　D. 强化学习

4. （　　）让学习系统自动对大量未标记数据进行利用，以辅助少量有标记数据进行学习。

　　A. 监督学习　　B. 无监督学习　　C. 半监督学习　　D. 强化学习

二、思考题

1. 举例说明你对互联网创新思维的理解。
2. 云计算服务有哪些特点？
3. 结合生活实例，谈谈机器学习主要有哪些应用场景。

第 11 章 信息安全

随着计算机技术的发展，尤其是互联网技术的飞速发展，计算机和计算机网络成为重要的工具和手段，计算机信息系统被广泛应用于政治、军事、经济、科研、教育、文化等各行各业。

正是由于信息及信息系统的广泛应用和重要性，才使其成为被攻击的目标。因此，信息安全已成为信息系统生存和成败的关键，也构成了信息技术中的一个重要应用领域。

本章介绍信息安全的概念、信息安全涉及的问题、实现信息安全的技术以及计算机病毒及其防治方法。

> **学习目标：**
> 通过对本章内容的学习，学生应该能够做到：
> ① 了解：信息安全的基本概念、网络道德规范与相关法规。
> ② 理解：信息安全相关技术：访问控制技术、数据加密技术、防火墙技术。
> ③ 掌握：计算机病毒防治技术。

11.1 信息安全概述

在讨论信息安全问题之前，首先介绍信息安全的概念以及它们之间的内在联系，然后讨论网络信息系统中的不安全因素，最后介绍实现网络安全的技术问题。

11.1.1 信息安全定义

信息安全是指信息系统的硬件、软件及其系统中的数据受到保护，不受偶然的或者恶意的原因而遭到破坏、更改、泄露，系统能连续、可靠地正常运行，网络服务不中断。

信息安全包含两方面的内容：数据安全和信息系统安全。

1. 数据安全

数据安全是指对所处理数据的机密性、完整性和可用性的保证。

机密性是指保证信息不被非授权的访问，即使非授权用户得到信息也无法知道信息的内容，因而不能使用。

完整性是指信息在生成、传输、存储和利用过程中不应发生人为或非人为的篡改。

可用性是指保障信息资源随时随地可以被利用的特性。

2. 信息系统安全

信息系统安全是指构成信息系统的三大要素的安全，即信息基础设施安全、信息资源安全和信息管理安全。信息基础设施由各种通信设备、信道、计算机系统和软件系统等构成，是信息空间存在、运作的物理基础；

信息资源指各种类型、各种媒体的信息数据；信息管理指有效地生成、处理、存储、传输和使用信息资源的一系列管理，有效地管理信息，可以增强信息的安全程度。

由于信息具有抽象性、可塑性、可变性以及多效性等特征，使得它在处理、存储、传输和使用中存在严重的脆弱性，很容易被干扰、滥用、遗漏和丢失，甚至被泄露、窃取、篡改、冒充和破坏。

11.1.2 信息安全威胁

信息的不安全因素主要来自网络信息系统的脆弱性、对信息系统的攻击和有害程序的威胁。

1. 网络信息系统的脆弱性

信息不安全因素是由网络信息系统的脆弱性决定的，主要有以下三方面的原因：

（1）网络系统的开放性

由于网络系统的开放性，网络系统的协议和实现技术等是公开的，其中的设计缺陷很可能被别有用心的人所利用；在网络环境中，可以不到现场就实施对网络的攻击；网络各成员之间的信任关系可能被假冒；等等。这些因素决定了网络信息系统的脆弱性是先天的。

（2）软件系统的自身缺陷

由于软件系统本身的复杂性以及系统设计人员的认知能力和实践能力的局限性，在系统的设计、开发过程中会产生许多缺陷、错误，形成安全隐患，而且系统越大、越复杂、这种安全隐患就越多。

1999年，安全应急响应小组论坛FIRST的专家指出，每千行程序中至少有一个缺陷，随着系统功能、复杂性的增加，错误也会增加。

（3）黑客攻击

早期人们对黑客的看法是褒义的，他们是一些独立思考、充满自信和展现创意欲望的计算机迷。而当今的黑客则是指专门从事网络信息系统破坏活动的攻击者。由于网络技术的发展，在网上存在大量公开的黑客站点，使得获得黑客工具、掌握黑客技术越来越容易，从而导致网络信息系统所面临的威胁也越来越大。

2. 对信息系统的攻击

对网络信息系统的攻击有许多种。美国国家安全局在2000年公布的《信息保障技术框架IATF》3.0版本中把攻击划分为以下五种类型。

（1）被动攻击

被动攻击是指在未经用户同意和认可的情况下将信息泄露给系统攻击者，但不对数据信息做任何修改。这种攻击方式一般不会干扰信息在网络中的正常传输，因而也不容易被检测出来。被动攻击通常包括监听未受保护的通信、流量分析、获得认证信息等。

被动攻击常用的手段包括：搭线监听、无线截获、其他截获。

搭线监听是最常用的一种手段，只需将一根导线搭在无人值守的网络传输线路上就可以实现监听。只要所搭载的监听设备不影响网络负载平衡，就很难被觉察出来。

无线截获是通过高灵敏度的接收装置接收网络站点辐射的电磁波，再通过对电磁信号的分析，恢复原数据信号，从而获得信息数据。

其他截获是通过在通信设备或主机中预留程序或释放病毒程序后，这些程序会将有用的信息通过某种方式发送出来。

其他截获手段包括以下方式：

① 发送含恶意代码的电子邮件，当用户使用具有执行脚本能力的电子邮件客户端软件时，计算机就会受到攻击，例如使用Outlook打开包含恶意代码的电子邮件。

② 发送带有迷惑性描述并以可执行文件作为附件的电子邮件，当用户执行附件中的可执行文件时，计算机遭到破坏或攻击。

③ 发布带欺骗性的后门程序或病毒软件，当用户不小心下载了这些后门程序或病毒软件时，计算机就会遭到破坏或攻击。

被动攻击由于没有对被攻击的信息做任何修改，很少或根本就不留痕迹，非常难检测，因而不易被发现。抗击被动攻击的重点在于预防。

（2）主动攻击

主动攻击是指攻击者不仅要截获系统中的数据，还要对系统中的数据进行修改，或者制造虚假数据，因此，主动攻击通常具有更大的破坏性。

主动攻击方式主要有中断、假冒、重放、篡改消息、拒绝服务、对静态数据的攻击、漏洞扫描、利用漏洞实施攻击等。

中断是指通过破坏系统资源或使其变得不能再利用，造成系统因资源短缺而中断；假冒是以虚假的身份获取合法用户的权限，进行非法的未授权操作；重放指攻击者对截获的合法数据进行复制，并以非法目的重新发送；篡改消息指将一个合法消息进行篡改、部分删除，或使消息延迟或改变顺序；拒绝服务指拒绝系统的合法用户、信息或功能对资源的访问和使用；对静态数据的攻击包括三种方式：一是口令猜测，通过穷举方式扫描口令空间，实施非法入侵；二是 IP 地址欺骗，通过伪装、盗用 IP 地址方式，冒名他人，窃取信息；三是指定非法路由，通过选择不设防路由逃避安全检测，将信息发送到指定目的站点。

主动攻击一般采用如下实施步骤：

① 漏洞扫描，针对特定目标的主机，搜索其基本信息，包括操作系统的类型、开放服务、防火墙路由器信息等，寻找薄弱点或突破口。

② 利用漏洞实施攻击，黑客会根据不同目的对系统采取不同的攻击行动。一般而言，大多是窃取重要资料或者植入木马程序的黑客，也有涂改网页、破坏重要数据库的黑客。

（3）物理临近攻击

物理临近攻击指非授权个人物理接近网络、系统或设备实施攻击活动。物理攻击的手段非常多，如切断网络连线，破坏计算机单机系统、服务器或网络设备使之瘫痪。

（4）内部人员攻击

这种攻击包括恶意攻击和非恶意攻击。恶意攻击是指内部人员有计划地窃听、偷窃或损坏信息，或拒绝其他授权用户的正常访问。有统计数据表明，80% 的攻击和入侵来自组织内部。由于内部人员更了解系统的内部情况，所以这种攻击更难于检测和防范。非恶意攻击则通常是由于粗心、工作失职或无意间的误操作而造成对系统的破坏行为。

（5）软硬件装配攻击

软硬件装配攻击指采用非法手段在软硬件的生产过程中将一些"病毒"植入到系统中，以便日后待机攻击，进行破坏。

3. 有害程序的威胁

常见的有害程序有以下几种：

（1）程序后门

后门是指信息系统中未公开的通道，系统设计者或其他用户可以通过这些通道出入系统时不被用户发觉。

后门的形成可能有几种途径：黑客设置，黑客通过非法入侵一个系统而在其中设置后门，伺机进行破坏活动；非法预留，一些设备生产厂家或程序员在生产时留下后门。这两种后门的设置有些是为了测试、维护信息系统而设置的，有些是恶意设置的。

（2）特洛伊木马程序

这种称谓是借用于古希腊传说中的著名计策木马计。它是冒充正常程序的有害程序，将自身程序代码隐藏在正常程序中，在预定时间或特定事件中被激活从而起破坏作用。

（3）"细菌"程序

"细菌"程序是指不明显危害系统或数据的程序，其唯一目的就是复制自己。它本身没有破坏性，但通过不停地自我复制，能耗尽系统资源，造成系统死机或拒绝服务。

（4）蠕虫程序

蠕虫程序也称超载式病毒，它不需要载体，不修改其他程序，而是利用系统中的漏洞直接发起攻击，通过大量繁殖和传播造成网络数据过载，最终使整个网络瘫痪。

（5）逻辑炸弹程序

这类程序与特洛伊木马程序有相同之处，它将一段程序（炸弹）蓄意置入系统内部，在一定条件下发作（爆炸），并大量吞噬数据，造成整个网络爆炸性混乱，乃至瘫痪。

11.1.3 信息安全的主要特征

信息安全具有以下几个特征：

① 保密性：指信息不被泄露给非授权的用户、实体、过程或供其利用的特性，即防止信息泄露给非授权个人或实体，只为授权用户使用的特性。

② 完整性：指信息未经授权不能改变的特性，即信息在存储或传输过程中保持不被偶然或蓄意地删除、修改、伪造、乱序、插入等破坏和丢失的特性。完整性要求保持信息的原样，即信息的正确生成、正确存储和传输。完整性与保密性不同，保密性要求信息不被泄露给未授权的人，而完整性则要求信息不受到各种原因的破坏。

③ 真实性：在信息系统的信息交互作用过程中，确信参与者的真实同一性，即所有参与者都不可能否认或抵赖曾经完成的操作和承诺。利用信息源证据可以防止发信方不真实地否认已发送信息，利用递交接收证据可以防止收信方事后否认已经接收到信息。

④ 可用性：指信息可被授权实体访问并按需求使用的特性，即信息服务在需要时，允许授权用户或实体使用的特性，或者信息系统（包括网络）部分受损或需要降级使用时，仍能为授权用户提供有效服务的特性。

⑤ 可控性：指对信息的传播及内容具有控制能力的特性，即授权机构可以随时控制信息的保密性。密钥托管、密钥恢复等措施就是实现信息安全可控性的例子。

11.2 信息安全技术

由于网络上信息系统的脆弱性和黑客的攻击，使得信息系统安全受到极大的威胁。随着信息科学和信息技术的发展和进步，人们对信息安全理论和信息安全技术的研究也不断取得进展，包括确立学科体系、制定相关法律、规范和标准、建立评估认证准则、安全管理机制，以及使用信息安全技术等。

常用的网络安全技术有：防火墙技术、数据加密技术、身份认证技术、访问控制技术、数字签名技术、入侵检测技术、信息审计技术、安全评估技术、网络反病毒技术、安全监控技术、网络隔离技术，以及备份与恢复技术等。

本节讨论网络安全的常用技术，主要是访问控制技术、数据加密技术和防火墙技术。

11.2.1 访问控制技术

访问控制技术主要有以下几方面的内容：

1. 制定安全管理制度和措施

这是从管理角度来加强安全防范。通过建立、健全安全管理制度和防范措施，约束对网络信息系统的访问者。例如，规定重要网络设备使用的审批、登记制度，网上言论的道德、行为规范，违规、违法的处罚条例等。

2. 设置用户标识和口令

从通信的基本原理和技术上来讲，每个连接在计算机网络上的用户都可以对网络上的任何站点进行访问。但是针对具体的信息内容，又不应该对所有的人都允许无限制地访问网络中的任何信息，例如并非所有人都有权访问银行或商业公司网站上的信息数据。因此，应针对某些人对某种信息的访问进行限制，或者说某些人可以访问哪些信息，常用的方法是设置合法访问信息的用户。

通常，限制用户对网络系统访问的方法是设置合法的用户，主要包括使用用户名和口令。通过对用户标识和口令的认证进行信息数据的安全保护，其安全性取决于口令的秘密性和破译口令的难度。

3. 设置用户权限

用户权限是指限制用户具有对文件和目录的操作权力，例如对某个文件的只读、可读写等。通过在系统中设置用户权限可以减小系统非法进入造成的破坏。当用户申请一个计算机系统的账号时，系统管理员会根据该用户的实际需要和身份分配给一定的权限，允许其访问指定的目录及文件。用户权限是设置在网络信息系统中信息安全的第二道防线。

通过配置用户权限，黑客即使得到了某个用户的口令，也只能行使该用户被系统授权的操作，不会对系统造成太大的损害。

11.2.2 数据加密技术

数据加密是将原文信息进行变换处理，即使这些数据被偷窃，非法用户得到的也只是一堆杂乱无章的垃圾数据，无法直接读懂这些垃圾数据。而合法用户通过解密处理，可以将这些数据还原为有用的信息。因此，数据加密是防止非法使用数据的最后一道防线。

数据加密技术涉及下列一些常用的术语，如明文、密文、加密、加密算法、解密、解密算法和密钥等。

① 明文：指要传输的原始数据。
② 密文：指经过变换后的数据。
③ 加密：指把明文转换为密文的过程。
④ 加密算法：指加密所采用的变换方法。
⑤ 解密：指对密文实施与加密相逆的变换，从而获得明文的过程。
⑥ 解密算法：指解密所采用的变换方法。
⑦ 密钥：用来控制数据加密、解密的过程，有加密密钥和解密密钥。密钥是由数字、字母或特殊符号组成的字符串。

加密技术是目前防止信息泄露的有效技术之一，它的核心技术是密码学。密码学是研究密码系统或通信安全的一门学科，它又分为密码编码学（加密）和密码分析学（解密或密码破译）。

任何一个加密系统都是由明文、密文、算法和密钥组成。发送方通过加密设备或加密算法，用加密密钥将数据加密后发送出去。接收方在收到密文后，用解密密钥将密文解密，恢复为明文。在传输过程中，即使密文被非法分子偷窃获取，得到的也只是无法识别的密文，从而起到数据保密的作用。

1. 古典密码算法

古典密码有悠久的历史，尽管这些密码大都比较简单，但今天仍有参考价值。较为经典的古典加密算法有：棋盘密码、凯撒密码（又称循环移位密码）、代码加密、替换加密、变位加密、一次性密码簿加密等。

例 11-1 棋盘密码是世界上最早的密码，于公元前 2 世纪由一位希腊人提出，该密码将 26 个字母放在一个 5×5 的方格里，I 和 J 放在同一个格子里，如图 11-1 所示。

在棋盘密码中，每个字母由两个数构成，如 C 对应 14，S 对应 74 等。例如，如果接收到的密文为 12 56

56 28，则对应的明文为 BOOK。

在替代加密算法中，用一组密文字母代替一组明文字母，凯撒（Kaesar）密码就是其中的一种。

凯撒密码又称移位代换密码，其加密方法是：将英文 26 个字母 a、b、c、d、e、……、w、x、y、z 分别用 D、E、F、G、H、……、Z、A、B、C 代换，换句话说，将英文 26 个字母中的每个字母用其后第三个字母进行循环替换，这个加密方法中的密钥为 3。

	0	2	4	6	8
1	A	B	C	D	E
3	F	G	H	I,J	K
5	L	M	N	O	P
7	Q	R	S	T	U
9	V	W	X	Y	Z

图 11-1　棋盘密码示意图

例 11-2　假设明文为 hello，则对应的密文为 KHOOR，在解密时，将每个字母用其前面的第三个进行循环替换即可。

密文转换为明文的过程称为解密，是加密的逆过程。

凯撒密码仅有 25 个可能的密钥，显然，这种密码很容易破解，因为最多只要尝试 25 次就可以将其破解。

可以在此基础上增加密钥的复杂度，方法是让明文字母和密文字母之间的对应关系没有规律可循，例如将表中的字母用任意字母进行替换，也就是说密文能够用 26 个字母的任意排列去替换，这样就有 26！种可能的密钥，从而加大了破译的难度。

例如，以下就是其中一种字母置换的加密算法，显然，明文和密文之间没有规律。

明文字母	a b c d e f g h i g k l m n o p q r s t u v w x y z
密文字母	p o i u y t r e w q l k j h g f d s a m n b v c x z

2．对称式加密法

对称式加密法的加密和解密使用同一个密钥，例如替代加密算法就是典型的对称式加密法。加密和解密的过程如图 11-2 所示。

图 11-2　加密和解密示意图

对称式加密法加密技术方法很简单，目前被广泛采用。它的优点是：安全性高，加密速度快。缺点是：密钥的管理比较困难；在网络上传输加密文件时，很难做到在绝对保密的安全通道上传输密钥。

3．非对称式加密法

非对称式加密法也称为公钥密码加密法。这里的非对称是指它的加密密钥和解密密钥是两个不同的密钥，其中一个称为"公开密钥"，另一个称为"私有密钥"。公开密钥是公开的、向外界公布。而私有密钥是保密的、只属于合法持有者本人所有。两个密钥必须配对使用才有效，否则不能打开加密的文件。

公钥密码加密的使用有两种基本的模型，分别是加密模型和认证模型，如图 11-3 所示。

图 11-3 中的 A 是发送方，B 是接收方，从图中可以看出，在加密模型中，加密和解密使用的是接收方的公钥和私钥，而在认证模型中，加密和解密使用的是发送方的公钥和私钥。

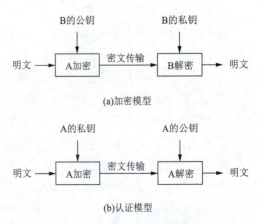

图 11-3　公钥加密的使用模型

使用加密模型在网络上传输数据之前，发送者先用接收方的公钥将数据加密，接收者则使用自己的私钥进行解密，因为解密用的私钥只有接收方自己拥有，用这种方式来保证信息秘密不外泄，很好地解决了密钥传输的安全性问题。

非对称式加密法的主要缺点是加密、解密时速度太慢，因此，非对称式加密法主要用于数字签名、密钥管理和认证。

认证的主要目的有两个：一是信源识别，即验证信息的发送者是真实的而不是冒充的；二是完整性验证，即保证信息在传送过程中没有被篡改过。

在实际应用中，网络信息传输的加密通常采用对称密钥和公钥密钥密码相结合的混合加密体制。具体地说，就是加密、解密采用对称密钥密码，而公钥密钥则用于传递对称的加密密钥，这样既解决了密钥管理的困难，又解决了加密和解密速度慢的问题。

目前最有影响的非对称密钥密码体制是 RSA 算法。

11.2.3 防火墙技术

防火墙的本义是防止火灾蔓延而设置的防火障碍。网络系统中的防火墙其功能与此类似，它是用于防止网络外部的恶意攻击对网络内部造成不良影响而设置的安全防护设施。这是在网络安全中，使用得最广泛的技术。

1. 防火墙的基本概念

防火墙是一种专门用于保护网络内部安全的系统。它的作用是在内部局域网和外部网络之间构建网络通信的监控系统，用于监控所有进、出网络的数据流和来访者。根据预设的安全策略，防火墙对所有流通的数据流和来访者进行检查，符合安全标准的予以放行，不符合安全标准的一律拒之门外。

利用防火墙技术来保障网络安全的基本思想是：无须对网络中的每台设备进行保护，而是只为所需要的重点保护对象设置保护"围墙"，并且只开一道"门"，在该门前设置门卫。所有要进入内部网络的来访者或"信息流"都必须通过这道门，并接受检查。由于这道门是进入网络内部的唯一通道，只要防护检查严格，拒绝任何不合法的来访者或信息流，就能保证网络安全，如图11-4所示。

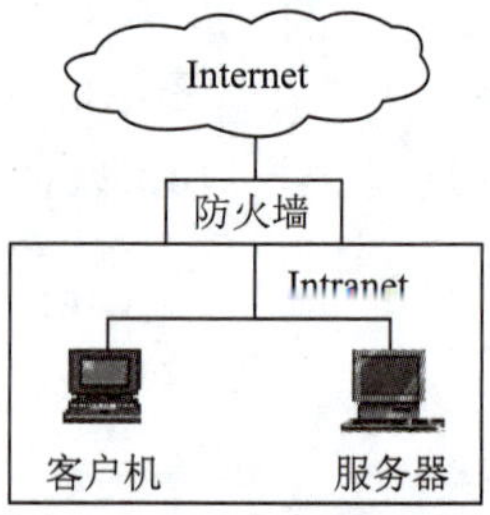

图 11-4 防火墙示意图

2. 防火墙的功能

对于防火墙有两个基本要求：保证内部网络的安全性和保证内部网和外部网间的连通性。这两者缺一不可，既不能因安全性而牺牲连通性，也不能因连通性而失去安全性。基于这两个基本要求，一个性能良好的防火墙系统应具有以下功能：

① 实现网间的安全控制，保障网间通信安全。
② 能有效记录网络活动情况。
③ 隔离网段，限制安全问题扩散。
④ 自身具有一定的抗攻击能力。
⑤ 综合运用各种安全措施，使用先进的信息安全技术。

但是，防火墙技术自身也有其局限性，主要表现在：

① 它能保障系统的安全，但不能保障数据安全，因为它无法理解数据内容。
② 由于执行安全检查，会带来一定的系统开销，导致传输延迟、对用户不透明等问题。
③ 无法阻止绕过防火墙的攻击。
④ 防火墙无法阻止来自内部的威胁。

3. 防火墙技术分类

防火墙技术从原理上可以分为包过滤技术和代理服务器技术两种。

（1）包过滤技术

包过滤技术是指对于所有进入网络内部的数据包按指定的过滤规则进行检查，凡是符合指定规则的数据包才允许通行，否则将被丢弃。包过滤检查是针对数据包头部进行的，基于包过滤技术的防火墙优点是简单、灵活。通过修改过滤规则表中的 IP 地址，从而可以阻止来自或去往指定地址的链接。例如，为便于收费管理，在校园网内阻塞去往国外站点的链接。

包过滤防火墙有如下缺点：

① 不能防止假冒。对熟悉包过滤技术的黑客来说，他可以先窃取真正的源 IP 地址，并将该地址加入到他恶意构成的 IP 数据包的包头中。由于防火墙不具有识别真假 IP 源地址的能力，使得该数据包可以骗过防火墙而非法入侵。

② 由于只在网络层和传输层实现包过滤，对于通过高层进行非法入侵的行为无防范能力。

③ 包过滤技术只是丢弃非法数据包，并不作任何记录，也不向系统汇报，从而不具有安全保障系统所要求的可审核性，也不能防止来自内部人员造成的威胁。例如，不能阻止内部人员复制保密的数据。

包过滤技术有一个重要的特点是防火墙内、外的计算机系统之间的连接是直接连通。但由此产生的副作用是外部用户能够获得内部网络的结构和运行情况，为网络安全留下隐患。而代理服务器技术就是针对包过滤技术的这一缺陷而设计和改进防护策略的。

（2）代理服务器

为了防止网络外部的用户直接获得网络内部的信息，在网络内部设置一个代理服务器，将内部网络和外部网络分隔开，使得内、外部网之间没有直接的链接，而是通过具有详细注册和安全审计功能的代理服务器进行链接，也就是通过"代理"实现内、外部网之间的数据交流，如图 11–5 所示。

当外部主机请求访问内部网络中的某一台应用服务器时，请求被送到代理服务器上，并在此接受安全检查后，再由代理服务器与内部网中的应用服务器建立链接，从而实现外部主机对网络内部的应用服务器的访问。

图 11–5 代理服务器示意图

4. Window 7 中使用的防火墙技术

防火墙技术可以由专门的服务器实现，也可以由一些软件实现，例如一些杀毒套装软件中就包含实现防火墙的模块。

Windows 7 中也包含了防火墙技术，启用该防火墙有助于提高计算机的安全性。

防火墙将限制从其他计算机发送到用户计算机上的信息，这使得用户可以更好地控制自己计算机上的数据，并且针对那些未经邀请而尝试连接到用户计算机上的客户或程序提供了一条防御线，这些程序包括病毒和蠕虫。

可以将防火墙片看作是一道屏障，它首先检查来自 Internet 或网络的信息，然后根据防火墙设置，决定拒绝信息或允许信息到达用户的计算机。

Windows 的防火墙在默认情况下处于打开状态。如果选择安装了另一个防火墙软件，这时要关闭 Windows 防火墙。

Windows 防火墙的工作原理如下：

当 Internet 或网络上的某人尝试连接到用户的计算机时，将这种尝试称为"未经请求的请求"。计算机收到未经请求的请求时，如果 Windows 防火墙已经启用，该防火墙会阻止该连接。如果正在运行的程序需要从 Internet 或网络接收信息，那么防火墙会发出询问，询问是阻止连接还是允许连接。

在 Window 7 中设置防火墙的操作过程如下：

① 打开"控制面板"窗口。

② 在"控制面板"窗口中单击"系统和安全"。

③在窗口中单击"检查防火墙状态",窗口显示内容如图11-6所示。

图11-6　检查防火墙状态

④单击窗口中的"打开或关闭Windows防火墙",窗口显示的内容如图11-7所示。

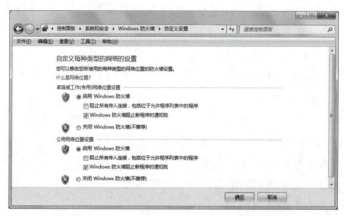

图11-7　打开或关闭Windows防火墙

⑤在窗口中,可以分别对家庭或工作网、公用网络位置设置"启用"或"关闭"Windows防火墙。

⑥如果单击图11-5中的"允许程序或功能通过Windows防火墙",窗口显示内容如图11-8所示。在该窗口中可以选择允许通过Windows防火墙的程序。

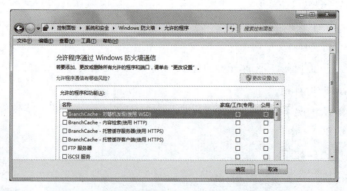

图11-8　设置允许通过Windows防火墙的程序

如果单击图11-5中的"高级设置",可以在打开的高级安全Windows防火墙窗口中进行更多的设置,如"入站规则""出站规则"等。

使用Windows防火墙时还要注意以下问题:

① Windows 防火墙能阻止计算机病毒和蠕虫到达的计算机，但是，这个防火墙并不能检测或禁止计算机病毒和蠕虫，所以，还应该安装防病毒软件并及时进行更新。

② Windows 防火墙能阻止或取消阻止某些连接请求，但不能阻止用户打开带有危险附件的电子邮件。所以，不要打开自己不认识的发件人发送的电子邮件的附件，就算自己知道并信任电子邮件的来源，也要十分小心。

11.3 计算机病毒与防治

随着计算机技术的不断发展和人们对计算机系统和网络依赖程度的增加，计算机病毒已经构成了对计算机系统和网络的严重威胁。

本节介绍计算机病毒的常识，目的是使用户对计算机病毒有所认识，了解病毒的危害，增强防范意识，从而保证计算机系统能够正常地工作。

11.3.1 计算机病毒

1. 计算机病毒的定义

计算机病毒本身是一段人为编制的程序代码，寄生在计算机程序中，破坏计算机的功能或者毁坏数据，从而给信息安全带来危害。计算机病毒由于具有自我复制能力，感染能力非常强，可以很快地蔓延，且有一定的潜伏期，往往难以根除，这些特性与生物意义上的病毒非常相似。

计算机病毒可以非法入侵，然后隐藏在存储介质的引导部分、可执行程序和数据文件中。当病毒被激活时，源病毒可以将自身复制到其他程序体内，影响和破坏程序的正常执行和数据的正确性，有些恶性病毒对计算机系统具有更大的破坏性。

某台计算机感染病毒后，就可能迅速扩散，就像生物病毒侵入生物体并在生物体内传染一样，病毒一词由此而得名。

2. 计算机病毒的特性

计算机病毒（以下简称病毒）具有传染性、寄生性、隐蔽性、破坏性、未经授权性等特点，其中最大特点是具有"传染性"。病毒可以侵入到计算机的软件系统中，而每个受感染的程序又可能成为一个新的病毒，继续将病毒传染给其他程序，因此传染性成为判定一个程序是否为病毒的首要条件。

计算机病毒是由人为编制的程序代码，和普通的计算机程序又有所不同。计算机病毒的代码长度一般小于 4 KB，而且病毒代码不是一个独立的程序，它寄生在一个正常工作的程序中，通过这个程序的执行进行病毒传播和病毒破坏。计算机病毒具有以下特点：

（1）破坏性

无论何种病毒程序一旦侵入计算机都会对系统造成不同程度的影响，有的病毒破坏系统运行，有的病毒掠夺系统资源（如争夺 CPU、大量占用存储空间），还有的病毒删除文件、破坏数据、格式化磁盘、甚至破坏主板等。

（2）传染性

计算机病毒不但本身具有破坏性，而且具有传染性。传染性是病毒最本质的特征。病毒借助非法复制进行传染，其中一部分是自己复制自己，并在一定条件下传染给其他程序；另一部分则是在特定条件下执行某种行为。计算机病毒传染的渠道多种多样，如光盘、移动硬盘、网络等。一旦病毒被复制或产生变种，若不加控制，其传染速度之快令人难以预防。特别是在互联网环境下，病毒可以在极短的时间内传遍世界。

（3）隐蔽性

隐蔽是病毒的本能特性，为了避免被察觉，病毒制造者总是想方设法地使用各种隐藏术。病毒一般都是一些短小精悍的程序，通常依附在其他可执行程序体或磁盘中较隐蔽的地方，因此用户很难发现。

（4）潜伏性

为了达到更大破坏作用的目的，病毒在未发作之前往往是潜伏起来。有的病毒可以几周或者几个月内在系统中进行复制而不被人们发现。病毒的潜伏性越好，其在系统内存中的时间就越长，传染范围也就越广，因而危害就越大。

（5）发作性

病毒在潜伏期内一般是隐蔽地复制，当病毒的触发机制或条件满足时，就会以各自不同的方式对系统发起攻击。病毒触发机制和条件可以是五花八门，如指定日期或时间、文件类型或指定文件名、一个文件的使用次数等。

（6）不可预见性

不同种类的病毒的代码千差万别，病毒的制作技术也在不断提高，就病毒而言，它永远超前于反病毒软件。新的操作系统和应用系统的出现、软件技术的不断发展，为计算机病毒的发展提供了新的发展空间。对未来，病毒的预测将更加困难，这就要求人们不断提高对病毒的认识，增强防范意识。

3. 计算机病毒的分类

目前针对计算机病毒的分类方法很多，以下是基于技术的几个基本的类型。

（1）引导型病毒

引导型病毒是利用系统启动的引导原理而设计的。系统正常启动时，是将系统引导程序装入内存。而病毒程序则修改引导程序，先将病毒程序装入内存，再去引导系统。这样就使病毒驻留在内存中，然后进行感染和破坏活动。引导型病毒在 MS-DOS 时代特别猖獗，典型的有大麻病毒、小球病毒等。

（2）文件型病毒

文件型病毒主要感染可执行文件（.com、.exe、.ovl、.sys 等）。这种病毒把可执行文件作为病毒传播的载体，它通常寄生在文件的首部或尾部，并修改文件的第一条指令。当用户执行带病毒的可执行文件时，病毒就获得了控制权，开始其破坏活动。

曾经的 CIH 病毒就是一种文件型病毒。在使用 MS-DOS 时代，文件型病毒一度非常猖獗，如 1575/1591 病毒等。

文件型病毒还有很多的变体，这些变体病毒的特点是每次进行传染时都会改变程序代码的特征，以防止杀毒软件的追杀。此类病毒的算法比一般病毒复杂，甚至用到数学算法为病毒程序加密，使病毒程序每次都呈现不同的形态，让杀毒软件无法检测到。

（3）混合型病毒

混合型病毒是指兼有两种以上病毒类型特征的病毒，例如有些病毒可以传染磁盘的引导区，也可以传染可执行文件。

（4）宏病毒

宏病毒是一种寄存于文档或模板的宏中的计算机病毒。它主要利用软件（如 Word、Excel 等）本身所提供的宏功能而设计的。一旦打开这样的文档，宏病毒就会被激活，转移到计算机上，并驻留在 Normal 模板中。以后，所有自动保存的文档都会"感染"上这种宏病毒，而且如果其他用户打开了感染病毒的文档，宏病毒又会转移到其他的计算机上。例如，Macro/Concept、Macro/Atoms 等宏病毒感染 .doc 文件。

宏病毒的数量已占目前全部病毒数量的 80% 以上，此外，宏病毒还可衍生出各种变形、变种病毒。

（5）网络病毒

网络病毒是在网络上运行并传播、破坏网络系统的病毒。该病毒利用网络不断寻找有安全漏洞的计算机，一旦发现这样的计算机，就趁机侵入并寄生于其中。这种病毒的传播媒介是网络通道，所以网络病毒的传染能力更强，破坏力更大。网络病毒大多数是通过电子邮件进行传播的。

（6）邮件病毒

邮件病毒主要是利用电子邮件软件（如 Outlook Express）的漏洞进行传播的计算机病毒。常见的传播方式是将病毒依附于电子邮件的附件中。当接收者收到电子邮件打开附件时，即激活病毒。

例如，SirCam 病毒会让用户收到无数封陌生人的邮件（垃圾邮件），在这些邮件中附带有病毒文件，可以进一步感染别的计算机。它寻找被感染的计算机通讯录中的邮件地址，还可以在系统中搜寻 HTML 文件中的邮件地址，从而去感染这些邮件地址的计算机。

典型的邮件病毒有 Melissa（梅丽莎）和 Nimda（妮姆达）等。

11.3.2 计算机病毒危害及防治

1. 计算机病毒的主要危害

随着计算机在各行各业的广泛应用，计算机病毒的危害程度也越来越大。从早期对单台计算机系统资源的破坏，发展到如今对全球计算机网络安全都构成了极大的危害。主要表现为：

（1）对磁盘上数据的直接破坏

大部分病毒在发作时直接破坏计算机系统的重要数据，如格式化磁盘、改写文件分配表和目录区、删除重要文件。

例如，磁盘杀手病毒（Disk Killer）内含计数器，在硬盘感染病毒后累计开机时间达 48 小时发作，它的破坏作用主要是改写硬盘数据。

（2）非法侵占磁盘空间破坏信息数据

病毒体总是要占用一部分磁盘空间，不同类型的病毒，其破坏作用和方式不同。

引导型病毒驻留在磁盘引导区，为此它要把原来的引导区转移到其他扇区。被覆盖扇区的数据永久性丢失，无法恢复。

文件型病毒把病毒体写到其他可执行文件中或磁盘的某个位置。文件型病毒传染速度很快，被感染文件因为附带了病毒体，其长度会不同程度地增大，以此造成非法占据大量的磁盘空间。

（3）抢占系统资源、影响计算机运行速度

除 Vienna、Casper 等少数病毒外，大多数病毒在发作时都是常驻内存，这就必然抢占一部分内存空间，导致内存减少，使其他合法软件无法正常运行。

此外，病毒进驻内存后，还要与其他程序争夺 CPU，从而影响计算机速度。

因为上述这些现象，计算机病毒给用户心理上造成了严重的恐惧和压力，大多数普通用户在计算机工作异常时往往认为是病毒所为。他们对病毒采取的是宁可信其有、不可信其无的态度，这对于保护计算机安全是十分必要的，但是往往要付出时间、金钱等方面的代价。

总之，计算机病毒像"幽灵"无处不在，它所造成的有形损失和无形损失都是难以估量的。

2. 计算机病毒的预防

计算机病毒防治的关键是做好预防工作，制定切实可行的预防病毒的管理措施，并严格地贯彻执行，这些预防管理措施包括：

① 尊重知识产权，使用正版软件，不随意复制、使用来历不明及未经安全检测的软件。

② 建立、健全各种切实可行的预防管理规章、制度及紧急情况处理的预案措施。

③ 对服务器及重要的网络设备做到专机、专人、专用，严格管理和使用系统管理员的账号，限定其使用范围。

④ 对于系统中的重要数据要定期与不定期地进行备份。

⑤ 严格管理和限制用户的访问权限，特别加强对远程访问、特殊用户的权限管理。

⑥ 随时观察计算机系统及网络系统的各种异常现象，并经常用杀毒软件进行检测。

3. 计算机病毒的检测

检测一台计算机是否感染病毒并不容易，但通常还是会具有一些异常现象的，下面是一些常见的症状：

① 屏幕显示异常或出现异常提示。

② 计算机执行速度越来越慢，这是病毒在不断传播、复制、占用、消耗系统资源所致。

③ 原来可以执行的一些程序无故不能执行了，这是病毒的破坏导致这些程序无法正常运行。

④ 计算机系统出现异常死机，这是病毒感染系统的一些重要文件，导致死机情况。

⑤ 文件夹中无故多了一些重复或奇怪的文件。例如 Nimda 病毒，它通过网络传播，在感染的计算机中会出现大量扩展名为 ".eml" 的文件。

⑥ 硬盘指示灯无故闪亮，或突然出现坏块和坏道，或不能开机。

⑦ 存储空间异常减少导致空间不足，病毒在自我繁殖过程中，产生出大量垃圾文件占据磁盘空间。

⑧ 网络速度变慢或者出现一些莫名其妙的网络连接，这说明系统已经感染了病毒或特洛伊木马程序，它们正通过网络向外传播。

⑨ 电子邮箱中有来路不明的信件，这是电子邮件病毒的症状。

以上列举的只是较常见的症状，实际上，计算机感染病毒后的症状远远不止这些，而且病毒制造者制造病毒的技术越来越高，病毒具有更高的欺骗性、隐蔽性，需要进行细心的观察。

4. 计算机病毒的清除

在检测出系统感染了病毒或确定了病毒种类之后，就要设法消除病毒。消除病毒可采用人工消除和自动消除两种方法。

（1）人工消除病毒法

人工消除病毒法是借助工具软件对病毒进行手工清除。操作时使用工具软件打开被感染的文件，从中找到并消除病毒代码，使之复原。

手工消除操作复杂，要求操作者具有熟练的操作技能和丰富的病毒知识。这种方法是专业防病毒研究人员用于消除新病毒时采用的。

（2）自动消除病毒法

自动消除病毒法是使用杀毒软件来清除病毒。用杀毒软件进行消毒，操作简单，用户只要按照菜单提示和联机帮助去操作即可。自动消除病毒法具有效率高、风险小的特点，是一般用户都可以使用的杀毒方法。

目前，国内常用的杀毒软件有金山毒霸、360 杀毒软件、瑞星、电脑管家、卡巴斯基反病毒软件、江民杀毒软件等，微软官方的杀毒软件 Microsoft Security Essentials。

11.4 网络道德规范与相关法规

11.4.1 大学生应遵守的网络道德

所谓网络道德，是网民利用网络进行活动和交往时所应遵循的原则和规范，并在此基础上形成的新的伦理道德关系。可从以下三点来了解网络道德：

第一，网络上的虚拟社会与现实社会是紧密相连的，在定义网络道德时，应明确凡是与网络相关的行为和观念都应纳入网络道德的范围，而并不仅仅限于是在网络中发生的活动。

第二，网络道德既然属于道德的范畴，就应该突出其对人们活动和关系的调节作用。

第三，起到调节规范作用的道德准则应涵盖道德价值观念和行为规范。

所有的网络道德规范要实现其价值性，成为有实效的东西，变为实际的道德风尚，只有通过广大"网民"的思想和行为转化为道德的自律，即道德主体借助于对自然和社会规律以及现实生活条件的认知，自愿地认同网络道德规范,并结合个人的实际情况加以践行,从而把被动的服从变成主动的律己,把外在的网络道德要求变为自觉的行动。

因此,在强调建设完善的网络道德规范体系和法律法规等他律机制的同时,还必须注重发挥自律机制的作用,引导大学生加强自身的道德修养。通过其自身的道德修养提高道德水平,坚定道德信念,升华道德人格,从而在自律的基础上遵守和践行网络道德规范。

大学生与互联网的联系非常密切,在日常的网络生活中应该遵守的网络道德有以下几点:

① 不应该未经许可而接近他人的文件。
② 不应该干扰别人的计算机工作。
③ 不应该用计算机去伤害他人。
④ 不应该偷窃资料、设备或智力成果。
⑤ 不应该用计算机作伪证。
⑥ 不应该有意地造成网络交通混乱或擅自闯入网络及其相连的系统。
⑦ 不应该商业性或欺骗性地利用大学计算机资源。
⑧ 不应该非法侵入计算机系统。
⑨ 不应该破坏计算机信息系统功能。
⑩ 不应该破坏计算机数据、程序。
⑪ 不应该制作、传播计算机破坏性程序。
⑫ 不应该利用计算机实施其他犯罪。

所以,大学生在日常的网络生活中应该加强思想道德修养,自觉按照社会主义道德的原则和要求规范自己的行为,严格遵守"网络文明公约",净化网络语言,坚决抵制网络有害信息和低俗之风,健康、合理、科学地上网。

11.4.2 我国信息安全的相关法律法规

网络的普及程度越来越高,计算机犯罪的危害也就越大。计算机犯罪不仅会造成企业或个人的财产损失,还可能危及公共安全和国家安全。全球数字化进程的加速让网络安全威胁前所未有地放大。网络基础设施更加多样化,网络攻击、数据泄露、勒索软件等类型的网络安全事件频繁发生。为了应对日益复杂的网络安全风险,国家不断完善网络安全保护方面的顶层设计,以加强对网络安全、信息安全的监管与治理,为我国数字化转型和科技发展提供安全保障,肃清网络空间环境,推动网络安全企业技术创新,企业综合服务能力提升,为我国数字经济战略落地提供网络安全屏障。《中华人民共和国网络安全法》(简称《网络安全法》)于2016年11月7日发布,自2017年6月1日起施行。

《网络安全法》是我国第一部全面规范网络空间安全管理方面问题的基础性法律,是我国网络空间法治建设的重要里程碑。网络安全法的发布得到了社会各界的广泛关注,其中有六大亮点成了关注的焦点:

① 不得出售个人信息。近些年,公民个人信息的泄露、收集、转卖,已经形成了完整的黑色产业链。为了更加有效地保护公民个人信息,《网络安全法》中做出了专门的规定,并且规定了相应的法律责任网络产品服务,具有收集用户信息功能的,其提供者应该向用户明示并且取得同意。网络运营者不得泄露篡改损毁其收集的个人信息,任何个人和组织不得窃取或者以其他非法方式获得个人信息,不得非法出售或者非法向他人提供个人信息。

② 严厉打击网络诈骗。除了严防个人信息的泄露,网络安全法针对层出不穷的新型网络诈骗犯罪,还做出了相应的规定。任何个人和组织不得设立用于实施诈骗,传授犯罪方法,制作或销售违禁物品,管制物品等违法犯罪活动的网站和通信群组。不得利用网络发布、实施诈骗,制作或者销售违禁物品、管制物品,以及其他违法犯罪活动的信息。

③ 以法律形式明确了网络实名制。网络运营者为用户办理网络接入、域名注册服务、固定电话、移动电话入网手续，或者为用户提供信息发布、即时通信服务，应当要求用户提供真实身份信息。用户不提供真实身份信息的网络运营者不得为其提供相应服务。

④ 重点保护关键信息基础设施。《网络安全法》专门单列一节，对关键信息基础设施的运行安全进行了明确规定，指出国家对公共通信、信息服务、能源、交通、水利、金融、公共服务、电子政务等重要行业和领域的关键信息基础设施实行重点保护。保护国家关键信息基础设施是国际惯例，以法律的形式给予明确和强调，是非常及时和必要的。

⑤ 惩治攻击破坏我国关键信息基础设施的境外组织和个人。《网络安全法》规定，组织从事攻击入侵干扰破坏等危害我国关键信息基础设施活动造成严重后果的，依法追究法律责任。公安部门和有关部门可以决定对该个人或者组织采取冻结财产，或者其他必要的制裁措施。

⑥ 重大突发事件可以采取网络通信管制。现实社会中出现重大突发事件时，为了确保应急处置，维护国家和公共安全，有关部门往往会采取交通管制等措施，网络空间也不例外。

网络安全法中特别规定，因维护国家安全和社会公共秩序，处置重大突发社会安全事件的需要，国务院决定或批准，需要在特定区域对网络通信采取限制等临时措施。

2019年7月，第十三届全国人民代表大会常务委员会第十一次会议对《中华人民共和国密码法（草案）》进行了审议。2019年10月26日，十三届全国人民代表大会常务委员会第十四次会议表决通过《中华人民共和国密码法》（简称《密码法》）。2020年1月1日《中华人民共和国密码法》正式实施。

《密码法》是我国密码领域的第一部法律，是党的十九大以来出台的维护国家安全的又一部重要法律。

密码工作是党和国家的一项特殊重要事业，在党领导我国革命、建设、改革的各个历史时期，都发挥了不可替代的作用。随着新技术的发展，新形势下，密码工作面临许多新的机遇和挑战，担负着更加繁重的保障和管理任务。制定和实施《密码法》，全面提升密码工作法治化和现代化水平，更好地发挥密码在维护国家安全、促进经济社会发展、保护人民群众利益方面的重要作用，具有十分重要的意义。

《密码法》是总体国家安全观框架下，国家安全法律体系的重要组成部分，是我国密码领域的综合性、基础性法律。该法律的颁布实施，极大提升了密码工作的科学化、规范化、法治化水平，有力促进密码技术进步、产业发展和规范应用，切实维护国家安全、社会公共利益以及公民、法人和其他组织的合法权益。

国家对网络安全与信息安全的监管和考核越发严格，针对网络安全建设、数据安全治理、个人信息安全保护等方向发布的多项政策也不断加码。随着多项政策、法规的密集发布和落地实施，国家关于网络安全、信息安全相关法律法规及配套制度不断完善，逐渐形成了包括法律法规、监管制度、标准规范在内的综合性政策体系。

在政府、企业对网络安全的合规要求下，社会各界网络安全意识和重视程度都不断提升，驱动网络安全行业继续保持高速发展和技术创新。在国家政策的护航下，网络安全行业挑战与机遇并存，相信我国网络安全行业厂商会抓住这个战略机遇期，在网络安全的舞台上大放异彩。

思考与练习

一、选择题

1. 计算机病毒活动时，经常有（　　）现象出现。
   A. 速度变快　　　　B. 速度变慢　　　　C. 数据完好　　　　D. 没有影响
2. 计算机信息系统的安全是指保证对所处理数据的机密性、（　　）和可用性。
   A. 可理解性　　　　B. 完整性　　　　C. 可关联性　　　　D. 安全性

3. 寄存于文档或模板的宏中的计算机病毒一般是（ ）。

   A. 引导型病毒　　　　B. 文件型病毒　　　　C. 宏病毒　　　　D. 变体病毒

4. 计算机病毒是一种（ ）。

   A. 特殊的计算机部件　　　　　　　　B. 特殊的生物病毒

   C. 游戏软件　　　　　　　　　　　　D. 人为编制的特殊的计算机程序

5. 下列攻击中，（ ）属于主动攻击。

   A. 无线截获　　　　B. 搭线监听　　　　C. 拒绝服务　　　　D. 流量分析

6. 网络信息系统不安全因素不包括（ ）。

   A. 自然灾害威胁　　B. 操作失误　　　　C. 蓄意破坏　　　　D. 散布谣言

7. 使计算机病毒传播范围最广的媒介是（ ）。

   A. 硬磁盘　　　　　B. U盘　　　　　　 C. 内部存储器　　　D. 互联网

8. 以下属于被动攻击的是（ ）。

   A. 拒绝服务攻击　　B. 电子邮件监听　　C. 消息重放　　　　D. 消息篡改

9. 近期某市电力信息系统由于不明原因，偶尔会出现宕机情况，影响了用户的正常使用，该描述主要指网络信息安全的（ ）属性。

   A. 机密性　　　　　B. 可靠性　　　　　C. 可用性　　　　　D. 完整性

10. 某App一次未经客户同意，获取客户的个人身份信息、电话号码等，被工业和信息化部责令停顿整改，此行为会侵犯客户的（ ）。

    A. 机密性　　　　　B. 可控性　　　　　C. 可用性　　　　　D. 完整性

二、思考题

1. 防火墙可以防止计算机病毒吗？为什么？
2. 能够制造出一台不受计算机病毒侵害的计算机吗？
3. 有没有理论上不能破解的密码？